U0241344

# 水生动物病理学

## 诊断技术

汪开毓　黄小丽　杜宗君／主编

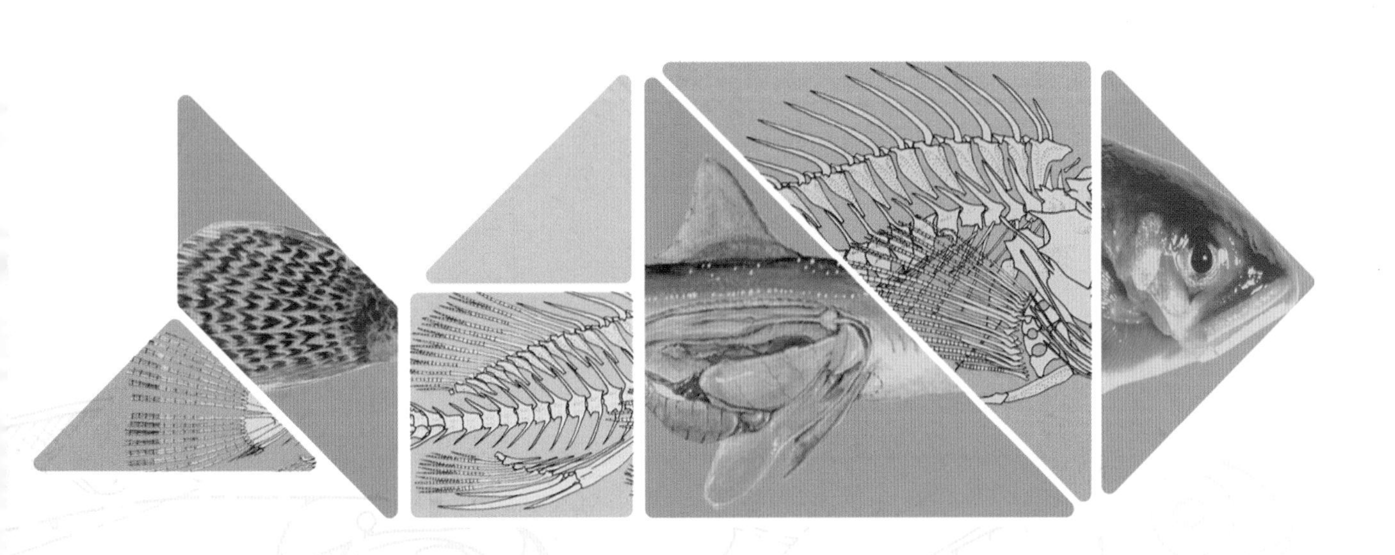

中国农业出版社
农村设物出版社
北京

**图书在版编目（CIP）数据**

水生动物病理学诊断技术 / 汪开毓，黄小丽，杜宗君主编．—北京：中国农业出版社，2021.5
ISBN 978-7-109-27296-5

Ⅰ.①水… Ⅱ.①汪… ②黄… ③杜… Ⅲ.①水生动物—病理学—诊断 Ⅳ.①S94

中国版本图书馆 CIP 数据核字（2020）第 170846 号

---

中国农业出版社出版
地址：北京市朝阳区麦子店街 18 号楼
邮编：100125
责任编辑：郑 珂 杨晓改
责任校对：刘丽香
印刷：北京通州皇家印刷厂
版次：2021 年 5 月第 1 版
印次：2021 年 5 月北京第 1 次印刷
发行：新华书店北京发行所
开本：889mm×1194mm 1/16
印张：14.25
字数：450 千字
定价：168.00 元

---

## 本书资助基金项目

四川省农业科技成果转化项目（2015）
四川省产业技术体系省创新团队项目（2017）
四川省产业技术体系省创新团队项目（2018）
四川省“十三五”育种攻关项目（2019）

# 本书编委会


主　编　汪开毓（四川农业大学）

　　　　黄小丽（四川农业大学）

　　　　杜宗君（四川农业大学）

副主编　欧阳萍（四川农业大学）

　　　　冯　杨（四川农业大学）

　　　　陈德芳（四川农业大学）

　　　　刘绍春（湖南渔美康集团）

参　编（以姓氏笔画为序）

　　　　王　均（内江师范学院）

　　　　王晶晶（江苏省渔业技术推广中心）

　　　　陈　霞（成都市农林科学院）

　　　　段　靖（四川农业大学）

　　　　贺　扬（内江师范学院）

　　　　耿　毅（四川农业大学）

　　　　黄锦炉（广东海大集团股份有限公司）

　　　　魏文燕（成都市农林科学院）

# 前言

病理学技术是病理学的重要内容，是病理研究的方法学，也是病理诊断的重要基础和手段。其任务是研究如何创立和运用经典的及现代生命科学技术和方法探讨疾病的病因、致病机制与病理变化，为认识疾病的本质和疾病的病理诊断提供技术支撑。病理工作的日常临床诊断、科学研究以及人才培养都离不开病理学技术。病理学技术与病理学的发展互为依靠、相互促进，病理学史上的重大发展无一不是病理新技术发明和应用的结果。

18 世纪中叶，意大利医学家 Morgagni（1682—1771 年）创立了器官病理学，促进了病理尸检技术的发展；到了 19 世纪中叶，随着显微镜的发明，德国病理学家 Virchow（1821—1902 年）将显微镜应用于观察细胞和组织，促进了组织病理学技术的发展；之后，随着德国科学家 Ernst Ruska（1906—1988 年）设计制造出第一台电子显微镜，逐渐创立了超微病理学，促进了超微病理学技术的发展。近年来，病理技术蓬勃发展，在原有的常规病理学技术基础上衍生发展出免疫组织化学技术、分子病理学技术、信息病理学技术、数字病理学技术、人工智能病理学技术等。由于充分认识到病理学技术的重要性，在人类医学方面，我国于 2002 年将病理学技术从病理学专业中分列出来，成立了病理技术专业，标志着病理技术学在国内正式成为一门独立的学科。

水生动物病理学技术是伴随水生动物疾病学的发展而发展起来的。生物化学技术、免疫组织化学技术以及分子生物学技术的发展极大地促进了水生动物病理学技术的飞速发展。此外，病理技术、产品、设备的不断推陈出新，使其逐步朝着自动化、信息化、智能化、标准化的方向发展，提高了诊断效率，缩短了诊断时间，真正做到了将病理学技术应用于临床疾病诊断。现阶段，很多国家已将病理学技术应用于水生动物疾病诊断中并成功商用，但由于我国水生动物病理学起步较晚、行业对其重要性认识不足、掌握相关技术的人才十分稀缺等多种因素，使其在我国水产疾病临床诊断中全面推广应用还有很长的路要走。

我国水产养殖一般采用开放式养殖，且并未对养殖场进出的水生动物进行强制性的健康评估，因此，养殖过程中存在着病原的扩散及其他较大的生物性安全风险。此外，由于水生动物特殊的生活环境，其患病后很难被察觉，发现时往往已经错过了最佳治疗时机，从而导致疾病的最终暴发，造成了重大的损失。为了解决这些问题，需要建立一种能进行疾病监测并能对疾病进行准确分类的诊断方法。虽然细菌分离鉴定技术、病毒PCR诊断技术等已广泛应用于水产疾病临床诊断，在一定程度上满足了疾病诊断的需求，但容易出现一旦分离到了某种细菌即将发病原因归结为细菌感染、一旦PCR检测到了某种病毒则将发病原因归结为病毒感染的误区，忽略了机体病原携带、稀有或难培养病原等多种因素的影响，从而出现疾病类型区分失误而导致误诊。因此，无论在疾病监测还是疾病诊断中，病理学技术都大有用武之地，既可以通过病理解剖技术、组织病理学技术和细胞病理学技术在显微镜下观察到不同器官组织的病理特征和表现，又可以观察到光镜下可见的细菌、寄生虫和真菌等病原体的分布情况，以及部分病毒在细胞内的包涵体等，还可以直接反映疾病的急慢程度、发病病程、当前和过往的机体状况等，并可对疾病的发展趋势进行预警。通过病理学诊断，结合细菌学、病毒学、真菌学、寄生虫学和其他分子生物学检测结果，可判断水生动物的健康程度，判断疾病类型，最终找到准确病因。而且许多疾病有其重要的病理特征，甚至是示病性的变化，掌握其病理特征及规律，有经验的水生动物病理从业人员往往可通过临诊的病理剖检和病理组织学的检查，基本确定其疾病的本质及病因。因此，病理学技术不但可用于水生动物疾病监测和疾病诊断中，还可对疾病的病因进行准确的分类，最大限度地防止误诊，亟待在水产临床生产和科学研究中推广应用。

20世纪80年代初，四川农业大学开始了水生动物病理学的教学、科研和生产服务工作。在汪开毓教授的带领下，逐渐开始水生动物病理学人才培养与队伍建设。1997年开始招收水生动物病理学方向的硕士研究生，2003年开始招收该方向的博士研究生，到目前已培养水生动物病理学方向硕士博士近百人，建立了一支理论知识扎实、病理诊断能力强的人才队伍。此外，收集并制作了大量水生动物病理标本，发表了大量病理相关论文，汇总并撰写病理相关书籍7部，获省部级相关奖励6项。团队成员注重国际交流，先后赴加拿大圭尔夫大学、爱德华王子岛大学，美国田纳西州立大学等高校进修水生动物病理学诊断技术，通过走出去请进来等多措施结合的方式提升团队病理诊断水平，及时与国际最前沿水生动物病理诊断技术接轨。

我国水生动物病理学和病理学技术才刚刚起步，专业从业人员还十分稀缺，加上水生动物病理学技术在病理剖检、采样、固定等多方面与人类医学和兽医病理学有较大差异，且不同的水生动物之间也存在较大差异，直接将人类医学和兽医病理学技术用于水生动物病理学技术的人才培养显然不合适。为了进一步规范各项操作及培养更多的专业人才，本团队整理了几十年来团队在水生动物病理学方面的研究成果、技术方法和经验，总结了一套比较成熟的水生动物病理学诊断技术，编撰《水生动物病理学诊断技术》。全书共分为八章，分别讲述了水生动物病理剖检技术、病理采样技术、病理切片技术、病理染色技术、分子病理学技术、细胞凋亡检测技术、其他相关病理技术以及病理实验室的建设与管理。书中包含了大量本研究团队在临床病理诊断及科研过程中的示例图片，辅以简洁生动的模式图，图文并茂，使读者更容易理解。本书的资料多是本团队长期以来在水生动物病理学技术工作的总结，既是一本适合病理初学者学习的启蒙书，也是一本适合长期从事水生动物病理学相关临床诊断、科学研究等从业人员使用的参考书或工具书。本书的出版将有助于更多水产病理学技术专业人才的培养。

在此，感谢所有编委会成员为本书付出的艰苦努力；感谢成都蜀渝净化工程有限公司为第八章第一至三节内容提供的相关资料与图片支持；感谢成都里来生物科技有限公司为第三章第三节内容提供的图片支持；感谢徕卡显微系统（上海）贸易有限公司为第八章第四节内容提供的相关资料和图片支持。

本书重点着眼于水生动物病理学诊断技术的介绍。限于编者水平及参考资料，书中难免出现疏漏和不足之处，恳请广大读者提出宝贵意见和建议。

编　者

2020年11月

汪开毓教授在20世纪80年代开始进行水生动物病理学临床诊断

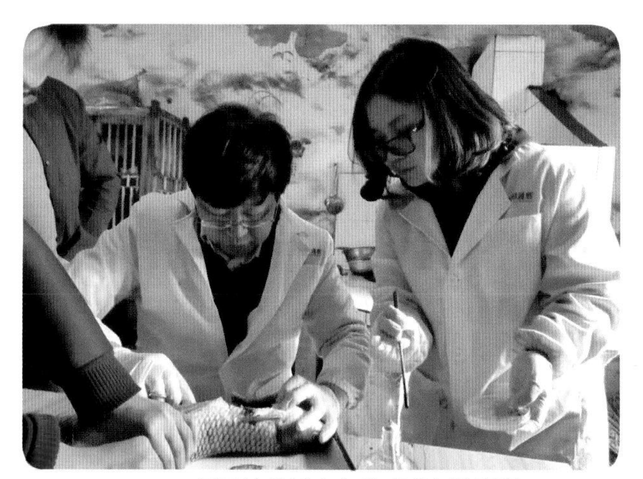

汪开毓教授在鱼类疾病剖检现场

四川农业大学于20世纪末开始进行鱼类病理学人才队伍建设，2000年完成首届硕士研究生培养

David Groman博士在组织病理学教学现场

四川农业大学邀请加拿大著名鱼类病理学专家David Groman博士进行合作交流、教学指导

目录
Contents

# 第一章　水生动物病理剖检技术

水生动物病理学（aquatic animal pathology）是探究水生动物疾病发生的原因，发病原理，以及疾病发生过程中细胞、组织和器官在结构、功能和代谢等方面的改变及其规律的学科。它既可作为基础理论学科为临床医学奠定坚实的基础，又可作为应用学科直接参与疾病的诊断和防治。水生动物病理剖检技术是开展水生动物病理诊断和研究的第一步，被广泛应用于各种水生动物疾病研究中。在剖检过程中，为了保证检查结果的可靠性，必须要采用科学、正确的剖检方法。水生动物的生活环境为水环境，无论在组织结构还是新陈代谢方面都与陆生动物存在着很大的区别，加上水生动物种类繁多，身体构造差异较大，因此，运用正确的剖检技术对水生动物进行剖检有利于疾病的诊断和后续研究的开展。本章主要介绍了鱼类、蟹类、虾类、两栖类、龟鳖类常见水生动物的剖检器械、基本结构、剖检步骤及方法。

# 第一节　鱼类病理剖检技术

鱼类是我国水产养殖中最重要、养殖规模最大、产量最多的水生动物。随着鱼类人工养殖技术的提高，我国鱼类总产量不断增加，已达到水产品总产量的80%以上。但随着近年来鱼类人工养殖朝着高密度、工厂化、集约化方向发展，鱼类疾病问题愈发严重，对鱼病的预防和治疗已成为鱼类养殖过程中必须要面对的问题。而且，我国食用鱼养殖种类多达上百种，不同养殖品种的生物学特性、养殖条件等差异较大，疾病表现各不相同。此外，相对于人类和陆生动物，对鱼类威胁较大的多为传染性疾病，且不同类型的传染性疾病可能表现出较为相似的症状。鱼类的许多疾病，往往不能单靠摄食、活动情况和外部观察来判断病情，部分器官如脑、眼睛、头肾、心脏、鳔等的病变，均需要正确细致的剖检才能被发现。因此，对鱼体进行全面而正确的剖检有利于发现器官的病变特征，为疾病的正确诊断提供必要条件。鱼类的剖检方法大体相似，但剖检顺序可以根据鱼种类的不同进行适当调整。

## 一、剖检器械

鱼类剖检前应准备好适合剖检对象的解剖器械，以使解剖过程更方便、快捷，主要包括解剖台和解剖器具等。

解剖台：以不锈钢材质且台面光滑、方便冲洗为宜（图1-1）。

解剖器具：有钩/无钩弯头镊；大、中、小号钝头剪，大、中、小号尖头剪，大、中、小号骨剪；手术刀若干；解剖垫板；天平；刻度尺（图1-2）。

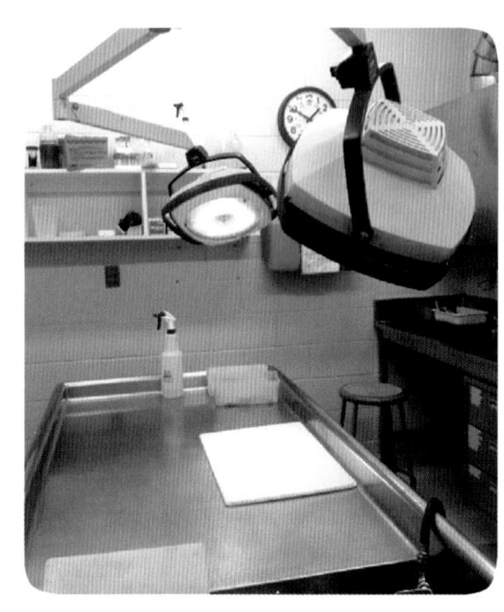

图1-1　解剖台

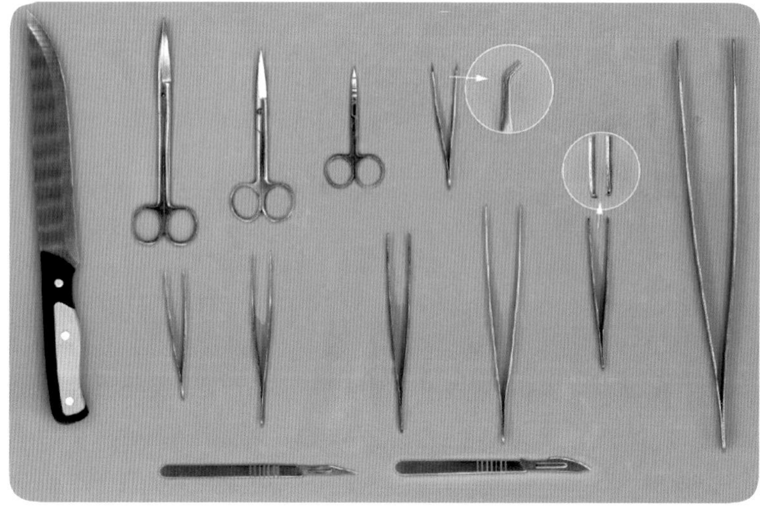

图1-2　鱼类解剖常用器具

剖检器械：光学显微镜、载玻片、盖玻片、Diff quick染色液（迪夫快速染色液）或革兰氏染色液（Gram stain）等。

其他防护类器械：剖检者和助手防护用实验服、口罩、手套（一次性手套和橡胶手套）、防护镜、头套等。

## 二、鱼类的基本结构

鱼类主要包括被皮系统、呼吸系统、循环系统、骨骼系统、肌肉系统、消化系统、神经系统、感觉系统、尿殖系统和内分泌系统共 10 个系统。鱼类各系统与哺乳动物均存在不同程度的差异。如哺乳动物皮肤上有角质层、汗腺、皮脂腺及毛发等皮肤衍生物，而鱼类的皮肤上没有角质层，其主要皮肤衍生物为鳞片；哺乳动物通过肺呼吸，而鱼类则主要通过鳃呼吸；哺乳动物的血液系统为双循环而鱼类为单循环等。此外，由于生活环境的不同，鱼类与陆生动物之间，鱼类不同品种之间各个器官的形态结构也存在着明显差异。掌握鱼类器官的位置、形态、颜色及功能，对于鱼类剖检过程中准确地描述疾病病理变化、研究疾病发生机制及发生发展过程等具有重大意义，是剖检者必须具备的基础知识。

鲫的主要器官及分布位置见图 1－3。

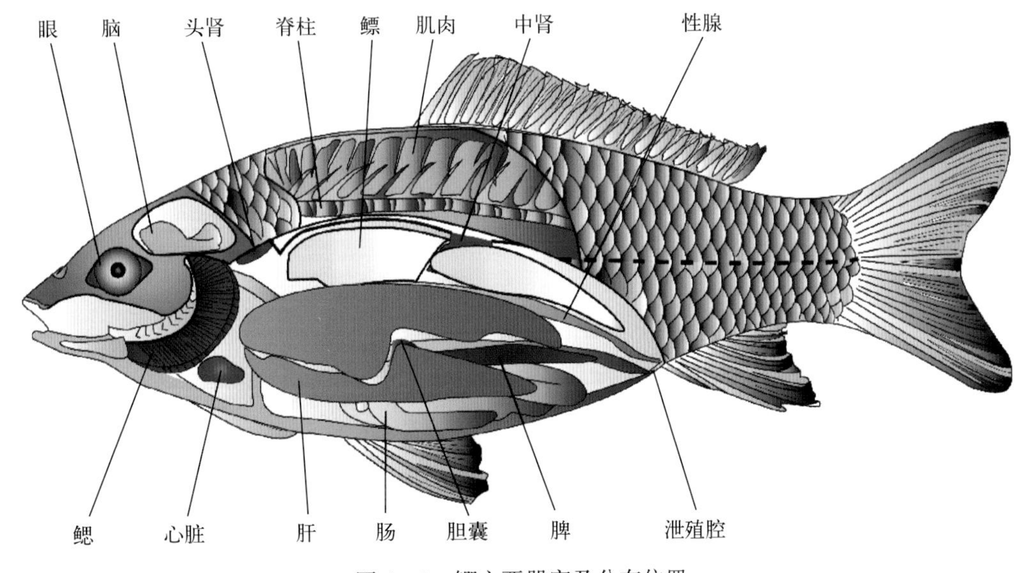


图 1－3　鲫主要器官及分布位置

## 三、剖检步骤及方法

### （一）样本要求

#### 1. 样本采集

不同于陆生动物，鱼类死亡后的自溶及腐败过程更为迅速，加上鱼类死亡后常沉入水底，随着身体腐烂才浮出水面，当被发现时，病鱼往往由于腐败而丧失一些典型的病理症状，难以作为疾病诊断剖检的对象，因此，用于剖检的鱼类对象应为活体。对于经济价值较高或者较难获得的患病样本，可选用新鲜死亡的鱼类个体进行剖检，一般要求样本在冬季死亡不超过 2 h、夏季死亡不超过 0.5 h。

在选择剖检对象时，需要考虑样本的代表性，样本的正确选择将有利于疾病的正确诊断，避免误判。一般选择具有典型症状且发病特征与其他患病鱼相似的样本进行剖检。

**2. 样本数量**

适当的样本数量既能提高病理诊断的准确性，也是节省人工成本的必要前提。一般根据养殖面积及患病鱼的患病情况进行样本数量的界定。样本数量应与动物剖检目的相适应，不同目的的剖检所需样本数量不同，一般情况下，以流行病学调查为目的的样本数量＞以疾病监测为目的的样本数量＞以疾病检测为目的的样本数量。以流行病学调查和疾病监测为目的的剖检往往需要广范围、大样本进行，对某些疾病暴发区还应加大调查的样本数量。参考《实验用鱼　第 4 部分：病理学诊断规范》（DB11/T 1053.4—2013）、《实验动物病理学检测　第 2 部分：病理剖检方法》（DB53/T 293.2—2009）等相关标准规范进行样本数量选择（表 1－1）。

**表 1－1　鱼类剖检样本数量参考**

| 同一水环境鱼数量 | 剖检样本数量 |
| --- | --- |
| 患病样本较难获得 | 不能少于 3 尾 |
| 100 尾及以下 | 5 尾 |
| 100 尾以上 | 鱼数量的 5%（最大取样量为 30 尾） |

### （二）样本的临床剖检

正确的剖检顺序有利于减少人为因素的干扰，避免器官的交叉污染和疾病的误判。鱼类病理剖检一般按照从前到后、从外到内的顺序进行，常见的剖检顺序为：体表检查→血液检查→鳃盖、鳃腔及鳃检查→口咽腔检查→围心腔及心腔检查→腹腔检查→颅腔检查→肌肉检查（图 1－4）。观察各器官的形态和颜色变化，有无肿胀、凹陷、出血、溃疡、增生、畸形等现象。此外，在剖检过程中，考虑到细菌、真菌、寄生虫等病原感染的可能性，需对实质器官进行涂片或压片检查，以及病原的分离等，为了避免解剖过程中的人为污染，病原的检测或分离应优先进行。

图 1－4　鱼类的常规剖检部位及顺序（以鲫示例，按照①→②→③→④→⑤顺序进行剖检）

由于鱼类的病理剖检一般是活检，从动物福利方面考虑，在剖检之前需要对待检鱼进行麻醉处理。将待检鱼从容器中捞出后，浸入溶有麻醉剂的溶液中麻醉，一段时间后，抓住其尾柄，若未出现挣扎等行为，说明其已进入麻醉状态，可进行剖检。目前国内常用的鱼用麻醉剂为间氨基苯甲酸乙酯甲磺酸盐（俗称鱼安乐、MS－222），除此之外，也有使用丁香酚、盐酸苯佐卡因、液态二氧化碳、喹哪啶、2－苯氧乙醇、甲苄咪酯、尿烷、三氯乙醛等药物进行鱼类麻醉的报道。麻醉时间因麻醉剂的种类、麻醉剂的有效浓度、鱼品种的不同而不同。

**1. 体表检查**

体表检查主要包括对样本的外观以及暴露于体表的皮肤、鳞片、鳍条和眼睛等器官进行检查。检查过程中，应对各器官的病变情况进行记录。

（1）外观检查

先将解剖垫板置于解剖台上，垫板上可铺上一层无尘擦拭纸以方便剖检结束后受检鱼尸体的整理，再将麻醉好的鱼捞出置于垫板上开始剖检。常按照体型、体态、颜色、完整性、赘生物的顺序对受检鱼的外观进行检查。首先观察受检鱼的体型，判断有无脊柱弯曲、鳃盖缩短等明显畸形，如重金属中毒或维生素 E 缺乏时病鱼可表现为脊柱弯曲、尾部上翘（图 1－5）；鲢缺氧后可见其口腔极度扩张、下颌前伸（图 1－6）。之后观察受检鱼的体态，判断有无体型增大、消瘦等病理变化，如维氏气单胞菌（*Aeromonas veronii*）感染后，可出现明显的腹部膨大、眼球突出（图 1－7）；而黏孢子虫（Myxosporea）常导致鲢（*Hypophthalmichthys molitrix*）身体极度消瘦，呈头大尾小的体态。然后观察鱼体颜色和光泽度，判断鱼体表有无发黑、发红、发白、发黄等颜色变化或光泽度降低等改变。当鱼患病后，大部分鱼类表现为体色发暗、光泽度降低，有些以体表充出血为主要症状的疾病则表现为体表皮肤发红，而部分疾病还表现为体表皮肤全部或部分区域褪色发白。如鲑

图 1－5 维生素 E 缺乏鲤（*Cyprinus carpio*）脊柱畸形

（上：维生素 E 缺乏鲤；下：健康鲤）

图 1－6 鲢口腔极度扩张，下颌前伸

传染性造血器官坏死病（infectious pancreatic necrosis in trout，IPN）发生时，病鱼表现为明显的体色发黑；草鱼出血病（grass carp haemorrhagic disease）发生时，病鱼体表出血明显，皮肤发红；斑点叉尾鮰（*Ietalurus punetaus*）套肠病（intussusception）发生时则表现为典型的体表圆形或椭圆形褪色斑；黄颡鱼（*Pelteobagrus eupogon*）、斑点叉尾鮰被鮰爱德华氏菌（*Edwardsiella ictaluir*）感染后，表现为头部皮肤和背鳍（dorsal fin）基部明显发红（图1-8、图1-9）。最后观察体表的完整性和有无赘生物出现，判断鱼体表有无鳞片脱落竖鳞、溃疡、烂尾、烂鳍等症状，是否出现肿瘤或肉眼可见寄生虫、水霉等异物。如草鱼赤皮病发生时可出现典型的体侧鳞片脱落（图1-10）；

图1-7　黄颡鱼（*Pelteobagrus fulvidraco*）腹部严重膨大

图1-8　斑点叉尾鮰头部皮肤严重充出血，明显发红

图1-9　斑点叉尾鮰头顶皮肤及背鳍基部皮肤明显发红

图1-10　草鱼（*Ctenopharyngodon idellus*）尾柄鳞片脱落、皮肤糜烂、尾鳍腐烂

加州鲈（*Micropterus salmoides*）感染诺卡氏菌（*Nocardia* sp.）后可在体表形成明显的皮肤溃疡；斑点叉尾鮰感染柱状黄杆菌（*Flavobacterium cloumnare*）后可出现明显的烂尾蛀鳍现象，感染维氏气单胞菌后可在体表不同部位形成大小不等的溃疡（图 1－11）；黄颡鱼感染爱德华氏菌后期头顶可形成典型的开放性溃疡（图 1－12）；碘泡虫（Myxobolidae）、小瓜虫（*Ichthyophthirius*）等寄生虫可以寄生于鱼类体表形成包囊（图 1－13）；水蛭（*Whitmania pigra* Whitman）、锚头鳋（*Lernaea*）、鱼虱等虫体可以直接附着在鱼体表等。此外，若体表有典型的结节，如黏孢子虫在皮肤上形成的包囊、鱼类患淋巴囊肿病（lymphocystis disease）而在体表形成的巨大结节，应进行压片检查。

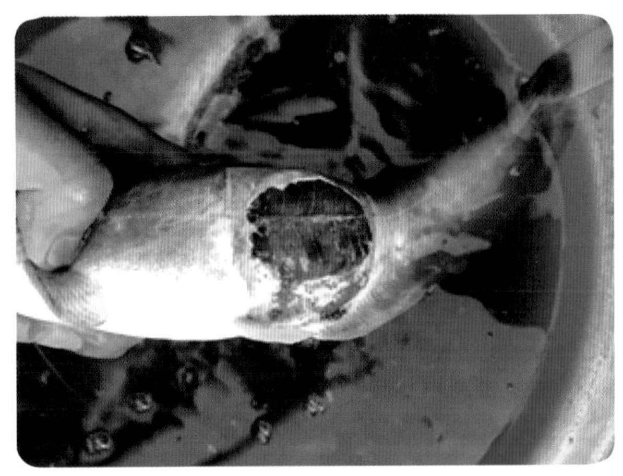

图 1－11　斑点叉尾鮰皮肤溃烂

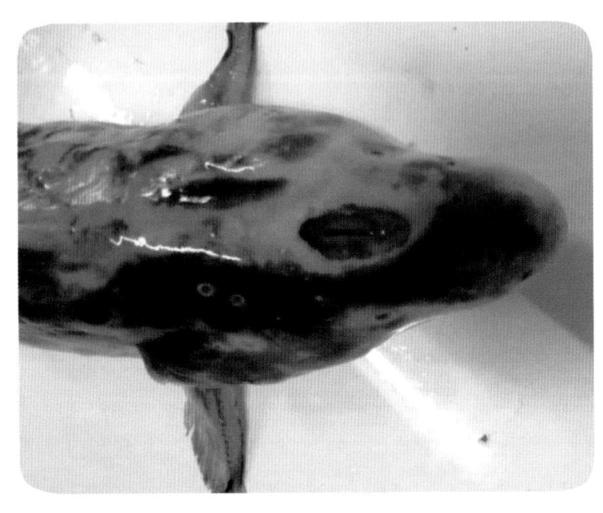

图 1－12　黄颡鱼头顶开放性溃疡

图 1－13　斑点叉尾鮰头部皮肤大量小白点

（2）皮肤检查

皮肤是覆盖鱼机体最大的器官且直接与外界环境接触，是最容易出现病理表现的器官之一，往往是细菌、病毒、寄生虫、真菌等病原攻击的靶器官。皮肤可在不同疾病中表现出不同的病理变化特征，因此除肉眼观察外，还应使用放大镜、显微镜等工具辅助对皮肤进行重点检查。黏液（mucus）作为鱼体的第一道防线，在鱼类抵抗外界病原入侵中起到了重要作用，故引起皮肤病变的病原多反映在黏液中。如车轮虫（*Trichodina*）、斜管虫（*Chilodonella*）、小瓜虫、三代虫（*Gyrodactylus*）等寄生虫常常在黏液中出现；黄杆菌感染鱼皮肤和鳍条的同时在黏液中也经常出现；水霉（*Saprolegnia*）是皮肤上最常见的真菌性病原，在黏液中往往也可以发现其菌丝。因此应重点检查黏液中是否有寄生虫、细菌、真菌等病原。

在进行黏液检查时，首先观察及触摸样本体表黏液有无增多或减少。之后，制作黏液涂片进行微生物检查：首先在载玻片中央滴一滴干净的双蒸水，然后使用棉签或镊子从受检鱼体表刮取少量黏液，均匀涂抹于水滴中，注意涂抹量不能太多以免影响后期光镜检查，最后取一张盖玻片覆盖在样本处，直接置于显微镜下观察，检测有无寄生虫出现（图 1-14）。观察时应注意调暗显微镜视野，并调高对比度，从低倍视野逐渐放大到高倍视野，从而更有利于发现不同类型、不同大小的寄生虫。之后，再制作一张黏液涂片，将涂片置于酒精灯火焰上方 15～20 cm 处，晃动载玻片，利用火

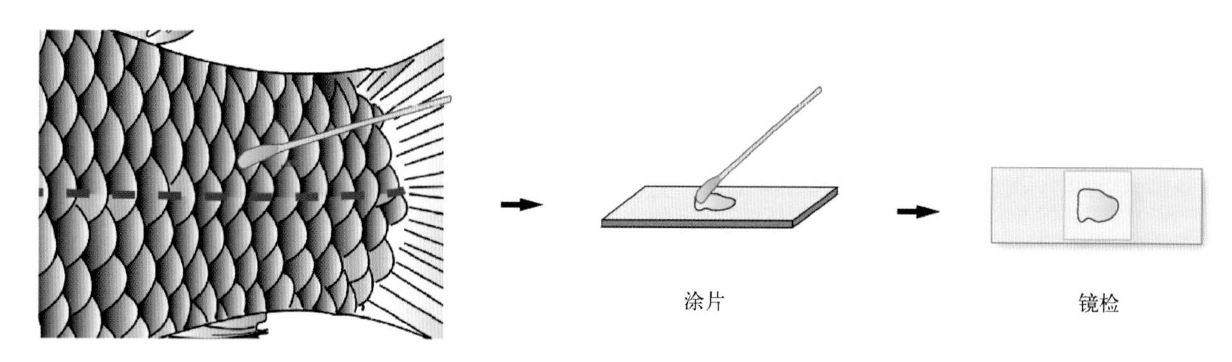

图 1-14　鱼类黏液涂片制作

焰余温加热固定。此处应特别小心，不能将涂片直接置于火焰上烤干，否则易破坏细胞而影响后续观察。固定完成后可进行 Diff quick 染色，树脂胶（resin）封片后烘干置于光学显微镜下观察；或染色完成后暂不封片直接在显微镜下观察。观察过程中应善用油镜（oil immersion lens），以发现黏液中的细菌及小型寄生虫如小瓜虫、黏孢子虫等病原（图 1-15）。

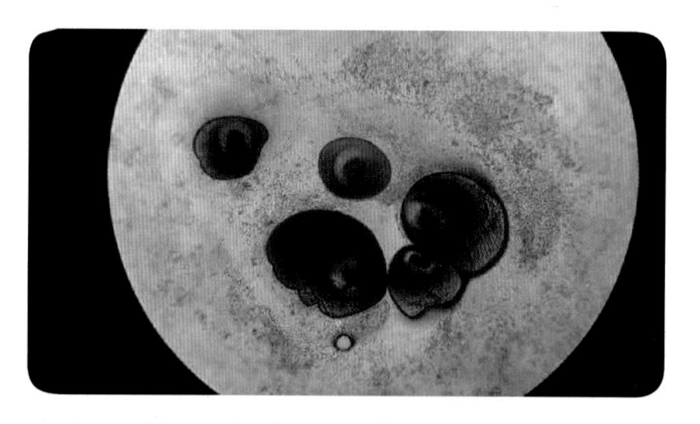
图 1-15　皮肤黏液检查可见小瓜虫

检查体表结节时可直接将结节取下，置于载玻片上，用盖玻片覆盖后直接置于显微镜下观察。若结节较为坚硬，可用眼科剪剪开，暴露内容物后再覆盖盖玻片。若有必要，可用 Diff quick 染色液染色后再在显微镜下观察。

（3）眼睛检查

眼睛一般位于鱼体前端，成对出现。作为直接暴露于外界环境的器官之一，加上眼角膜只有2～3层细胞，故眼睛也是鱼类最容易出现病理变化的器官之一。如患有细菌性败血症的鱼常出现典型的眼球突出、眼眶充血症状；锦鲤感染疱疹病毒（herpesvirus）Ⅲ型后可见眼球凹陷；无乳链球菌（*Streptococcus agalactiae*）感染的罗非鱼（*Oreochroms mossambcus*）、米尔伊丽莎白金菌（*Elizabethkingia miricola*）感染的虎纹蛙（*Hoplobatrachus chinensis*）以及茎双穴吸虫（*Posthodiplostmum cuticola*）感染的鱼类可出现明显的白内障（图 1-16）；黄杆菌感染的大西洋鲑（*Salmo salar*）

常表现为眼球脱落；鱼体长期暴露于紫外线及在缺乏维生素A、维生素$B_1$或维生素$B_2$时常出现角膜水肿、角膜模糊等症状。

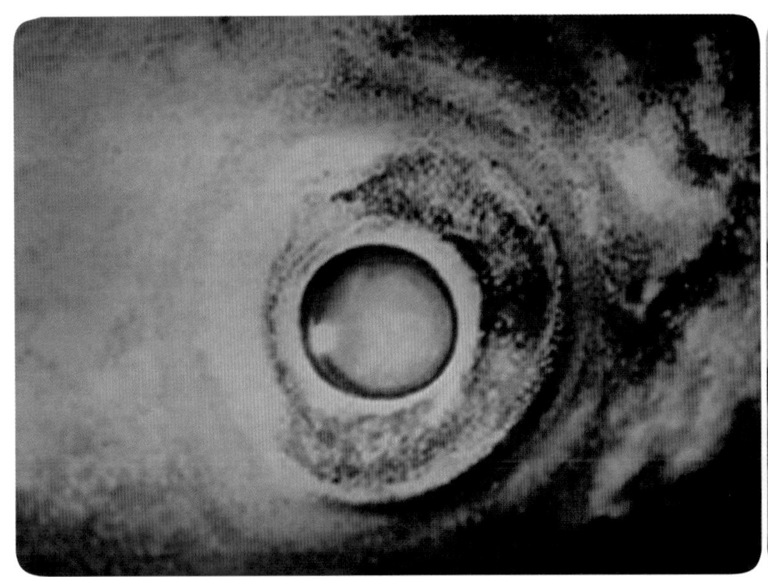
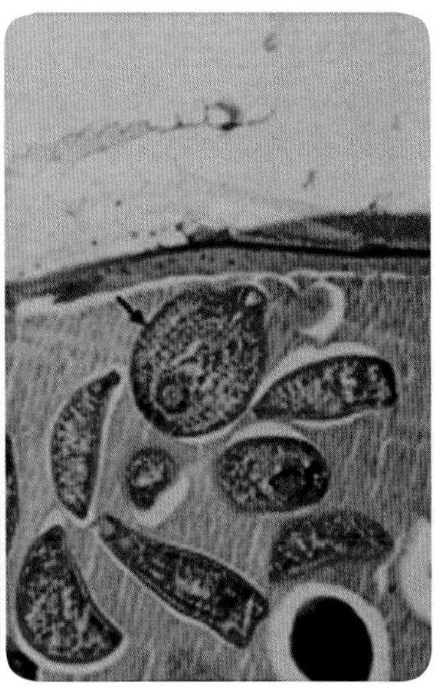

图1-16 患病鲢眼球出现明显白内障

检查时，可握住鱼体，俯视观察眼球有无突出、凹陷现象。此外，目检或使用放大镜观察眼球外表面是否清澈透明，有无色泽变化、充出血等，并用镊子轻压眼球，目检或使用放大镜观察眼眶内有无充出血、寄生虫附着等病理变化。之后，剪破眼球取出晶状体，刮下晶状体表面一层，在显微镜下观察有无寄生虫。但由于感染眼睛的病原如黄杆菌往往寄生在眼睛软骨和脉络膜上，而茎双穴吸虫多在晶状体内，通过常规剖检观察往往不易发现病原，故应结合组织病理切片联合诊断。

**2. 血液检查**

血液检查一般在剖检开始前进行，以免在解剖过程中造成血液污染或发生鱼体死亡导致血液循环停滞、出现血液样本采集困难等问题。血液检查一般可采用血细胞比容检测和涂片检查。血细胞比容的检测方法较多，常用的有微量离心法（micro centrifugation），有条件的实验室可配备血液分析仪进行血细胞比容或生理生化指标（physiological and biochemical indexes）检测。

在进行红细胞比容检测时，可用抗凝剂处理后的注射器从鱼的尾静脉或心脏采集0.2 mL左右血液（采血方法见第二章第一节），将抗凝血置于孔径统一的温氏管（Wintrobe）或毛细玻管（capillary glass tube）中，以一定转速离心后，计算红细胞层占全血的体积比。由于不同种类以及不同发育阶段的鱼类的红细胞比容可能不同，在实际操作中往往需要与正常对照组的鱼相比较或与正常鱼比容数据相比较，以评估受检鱼的红细胞比容情况。如传染性鲑贫血症（infectious salmon anaemia）发生时可出现严重的贫血，红细胞比容可降低至10%以下，故临床检测时可作为重要的评判标准。

通过血液涂片可检查受检鱼血细胞的形态、血液中的寄生虫和细菌等变化。从尾静脉或者心脏采集0.2 mL左右血液，迅速将血液滴到载玻片的一端，使用另一张载玻片作为推片置于血滴前沿，与第一张载玻片呈30°～45°角并向血滴靠拢、接触，待血液分散到推片末端边缘后，将推片向另一端匀速推动，使血液在载玻片上形成一层薄膜。注意推动速度不能太慢，且力度要均匀，保证血液被均匀推开，以出现明显的拖尾为宜（图1-17）。之后，在酒精灯火焰上方15～20 cm处

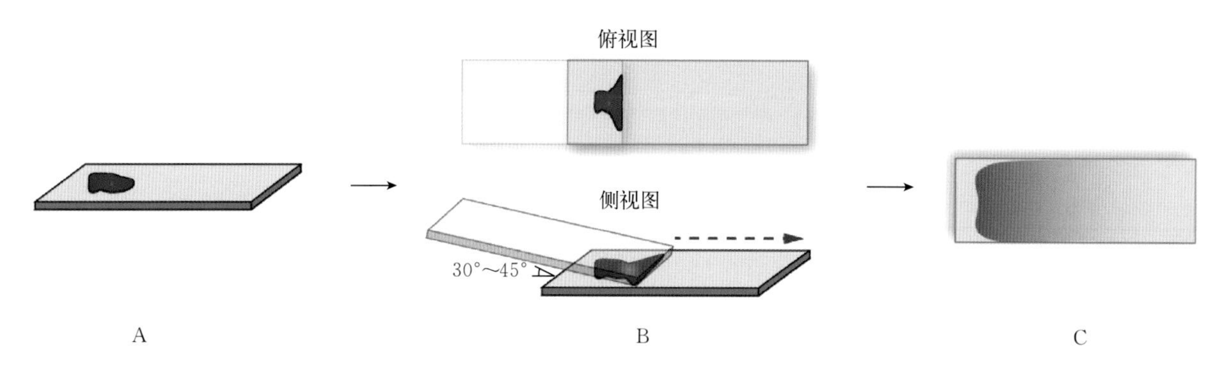


图 1-17　血液涂片的制作

A. 将血液滴于载玻片一端　B. 将推片置于血液前端，推动推片　C. 染色，镜检

将血液涂片烘干固定，注意不要直接烘烤，防止血细胞变形。血液涂片制作完成后使用端氏染液（Wright's stain）、吉姆萨染液（Giemsa stain）或 Diff quick 染液染色，在显微镜下评估红细胞形态、血细胞组成情况，并观察血液内有无细菌、寄生虫等病原，如患锥体虫病的大口鲇血液中可观察到大量锥体虫（图 1-18）。

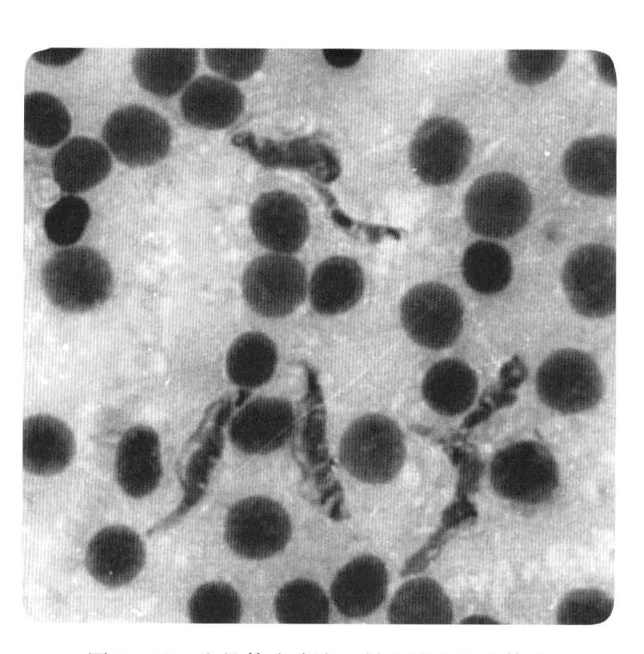

图 1-18　患锥体虫病大口鲇血液中的锥体虫

**3. 鳃盖、鳃腔及鳃检查**

鳃盖（gill cover）为保护鳃和鳃腔（gill cavity）的重要器官。检查时可首先观察鳃盖形态是否正常，有无缩短、上翘等畸形或充出血、溃烂等损伤。然后，用带钩镊子轻轻夹住鳃盖，用骨剪或锋利的大手术剪沿着鳃盖边缘将鳃盖剪下，暴露鳃丝（图 1-19），目检或使用放大镜观察鳃腔内、鳃盖上有无寄生虫、结节、红肿、充出血等病变，鳃丝有无颜色变化，有无溃烂、杂质附着或黏液增多的症状。

图 1-19　加州鲈鳃腔的剖检

鳃作为鱼类最主要的呼吸器官，由于含血量丰富，是鱼类最容易出现病变的器官之一，易遭受寄生虫、细菌、真菌的感染和水体中化学物质的损伤。剖检时除了肉眼观察，还应制作鳃丝水浸片检查。用镊子夹住鳃弓，并用手术剪剪取3～6根鳃丝。将鳃丝贴放于滴有一滴洁净生理盐水或自来水的载玻片上，使用盖玻片轻压鳃丝使其分散变薄，制好鳃丝水浸片（图1-20）。将压片置于光学显微镜下观察寄生虫、真菌寄生情况以及鳃上藻细胞或其他杂质等。注意：水浸片制成后应及时观察，以免影响镜检结果。

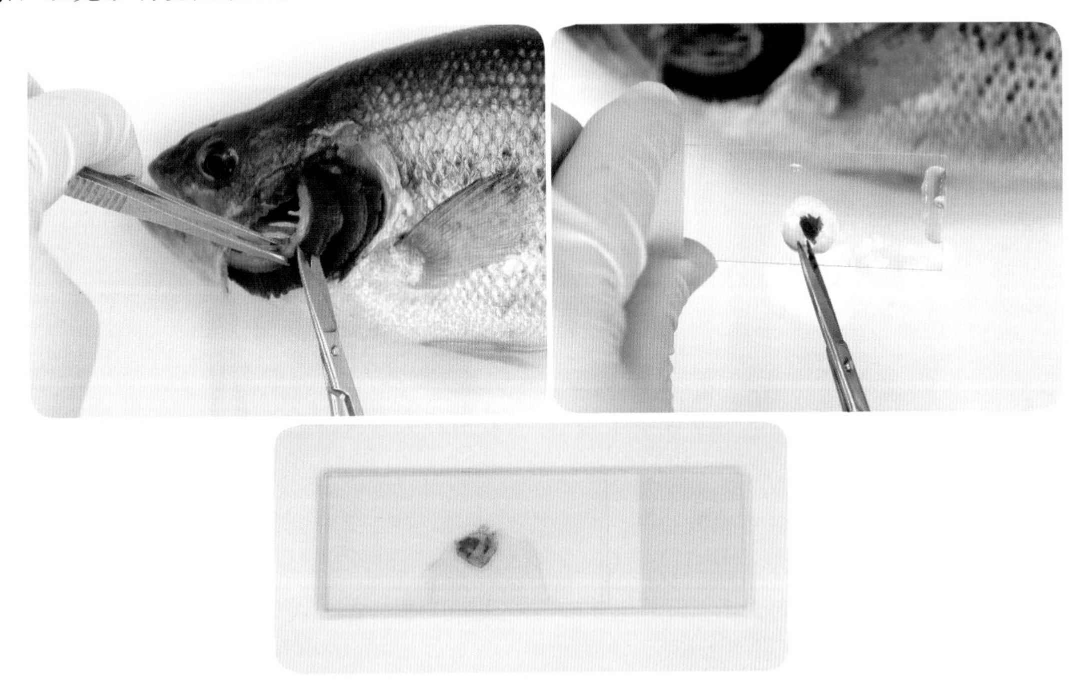

图1-20 加州鲈鳃丝水浸片的制作

寄生虫、细菌、真菌和病毒常导致鳃出现黏液增多、发红或发白、鳃丝腐烂断裂等症状。口丝虫（*Costia*）、隐鞭虫（*Cryptobia*）、车轮虫、斜管虫、指环虫（Dactylogyridae）和三代虫等寄生虫会导致鳃上出现大量黏液。中华鳋、狭腹鳋以及黏孢子虫包囊常导致鱼鳃盖张开、鳃丝肿大等。鲤疱疹病毒Ⅲ型（Cyprinid herpesvirus Ⅲ）感染锦鲤后鳃丝可出现典型的坏死灶，鲤疱疹病毒Ⅱ型（Cyprinid herpesvirus Ⅱ）感染鲫后鳃丝则表现为严重充血发红（图1-21）；柱状黄杆菌感染草鱼后可导致鳃丝明显溃烂，并有大量污物附着（图1-22）。

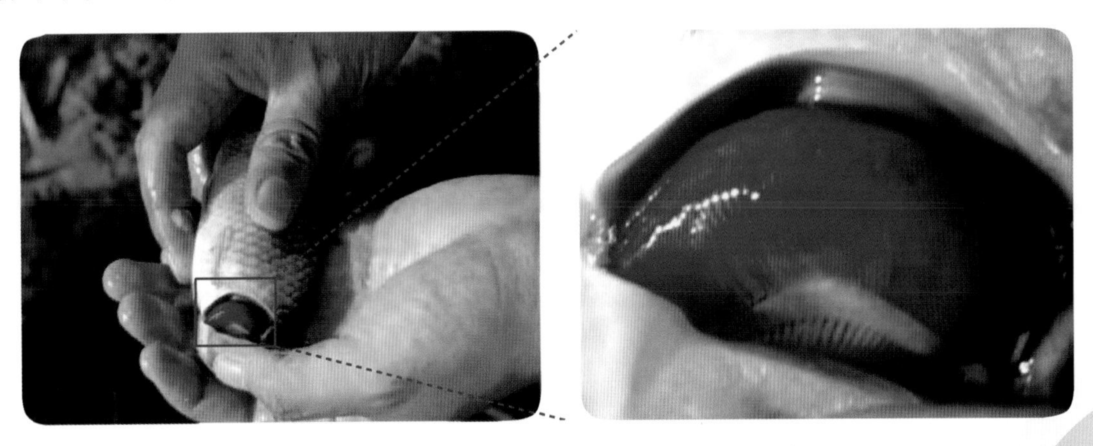

图1-21 患病异育银鲫鳃黏液增多，呈西瓜红色

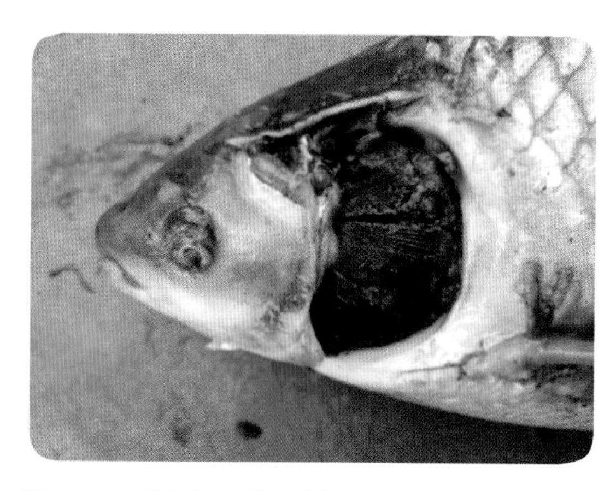

图 1－22　草鱼鳃丝明显溃烂、污物附着、参差不齐

**4. 口咽腔检查**

不同品种、体型的鱼类口咽腔（oropharyngeal cavity）大小不一，因此主要通过扩张或剖开口咽腔的方式进行检查。对于口咽腔较大的鱼类，可使用镊子夹住受检鱼吻端向外拉伸，受检鱼的口咽腔会自动张开。而对于鳅科或其他小体型和小口型鱼类，在检查前需要使用骨剪沿着吻裂的方向剪开颊部，暴露口咽腔（图1－23）。由于口咽腔和鳃腔贯通，离鳃瓣位置较近，故使用骨剪剖开口咽腔时切勿剪到鳃造成大出血。扩张或剖开口咽腔后，在光照下目检或使用放大镜观察口腔内部有无充出血、溃烂等病变，以及寄生虫寄生等情况。一些寄生虫如扁弯口吸虫（*Clinostomum complanatum*）（图 1－24）、锚头鳋等可在口腔内寄生。

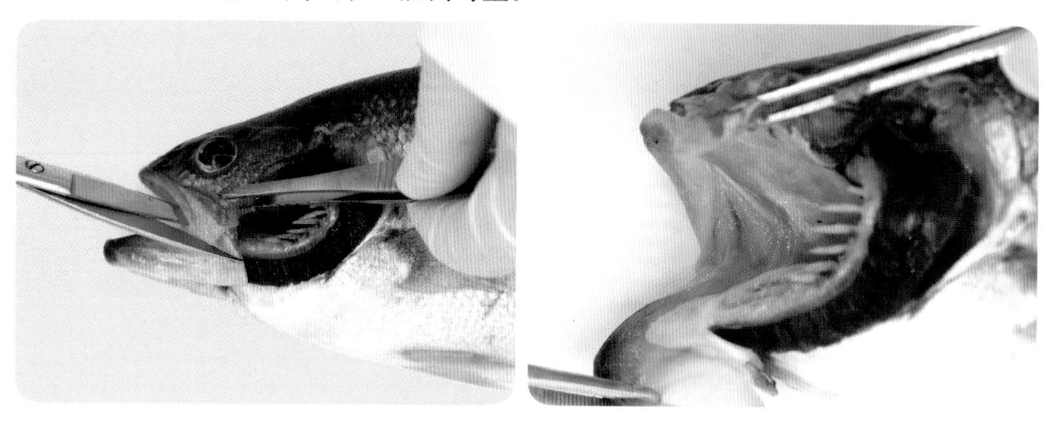

图 1－23　鱼类口咽腔的剖检

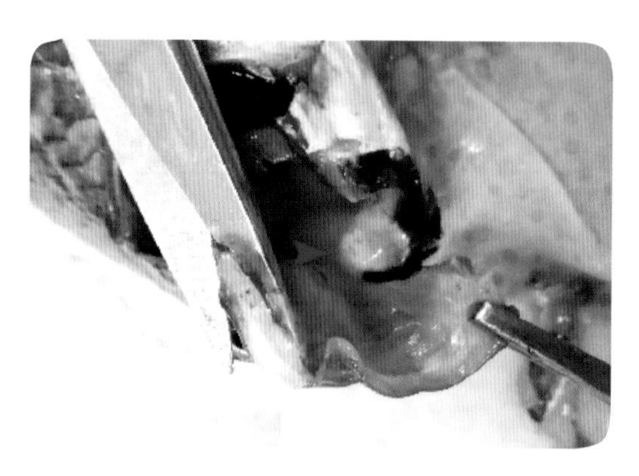

图 1－24　鲫口腔内可见扁弯口吸虫在口腔皮下形成的黄色包囊

**5. 围心腔及心脏检查**

鱼类的围心腔（pericardial）位于腹腔前端，与胸鳍（pectoral fin）基部靠近，呈封闭状态。在进行围心腔检查时，用手术刀先在胸鳍基部的肌肉上切开一个小口，并用手术剪沿着这个小口往上往前剪开，剪掉包裹围心腔的肌肉和包膜，暴露整个围心腔（图 1－25），目检或使用放大镜观察围心腔内有无粘连、积液、积血等病变。比如，肾杆菌（*Renibacterium*）感染心脏后，可造成围心腔积血或积液，后期可见围心腔内大量纤维素渗出而导致心脏与围心腔膜粘连；溴氰菊酯等药物会造成鱼围心腔扩张；鱼怪会在鱼的胸鳍基部开一个小孔进入围心腔并寄生于围心腔后端；此外，线虫感染六须鲇（*Silurus glanis*）后可缠绕在其心脏表面。

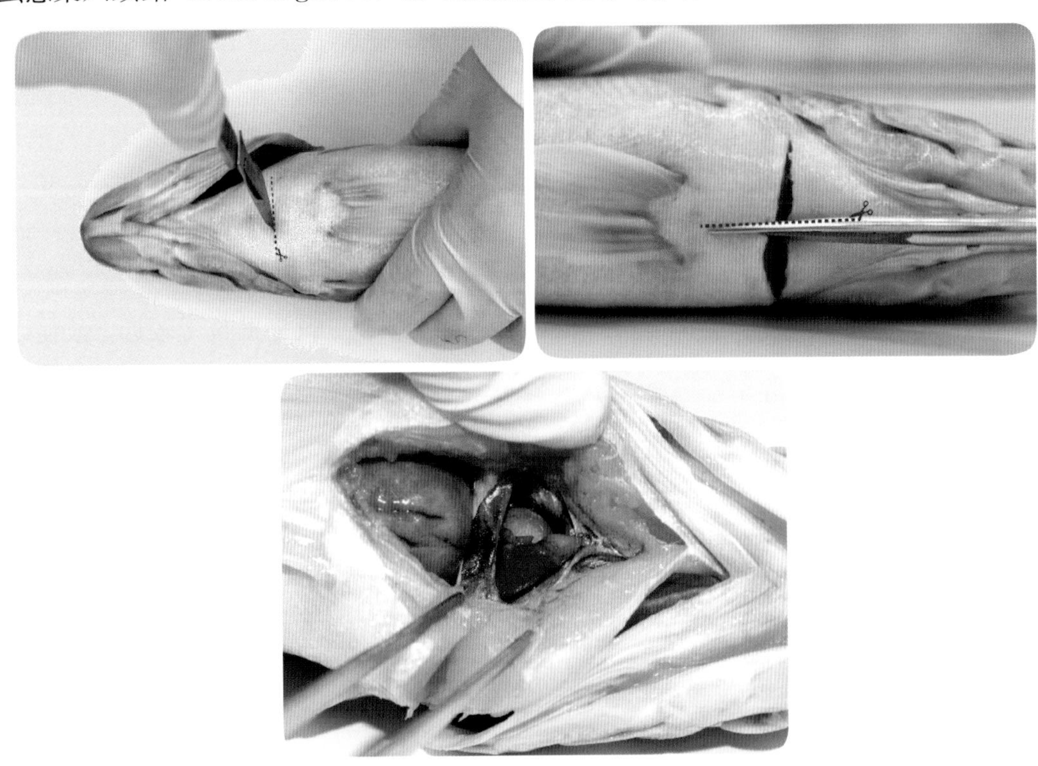

图 1－25　鱼类围心腔的剖检

心脏及附属大血管作为围心腔内主要器官以及鱼类全身的血液泵，需进行重点检查。在围心腔检查完毕后，对心脏的形态、颜色等进行检查。如肾杆菌感染鲑心脏后，心脏明显发白，心脏边缘变钝、变圆，心壁显著肥大增厚（图 1－26）；传染性胰腺坏死病毒感染导致虹鳟心脏出现明显出血斑（图 1－27）。

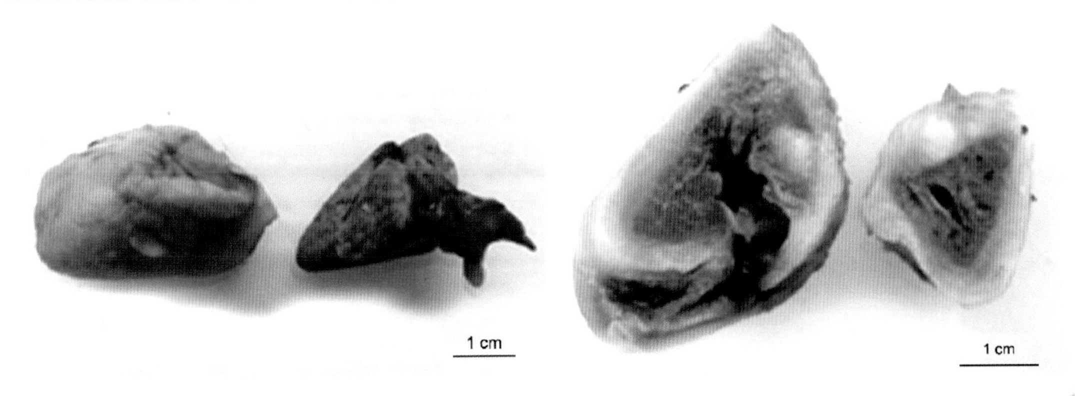


图 1－26　大西洋鲑肾杆菌感染致心脏变圆，表面凹凸不平，心壁明显增厚

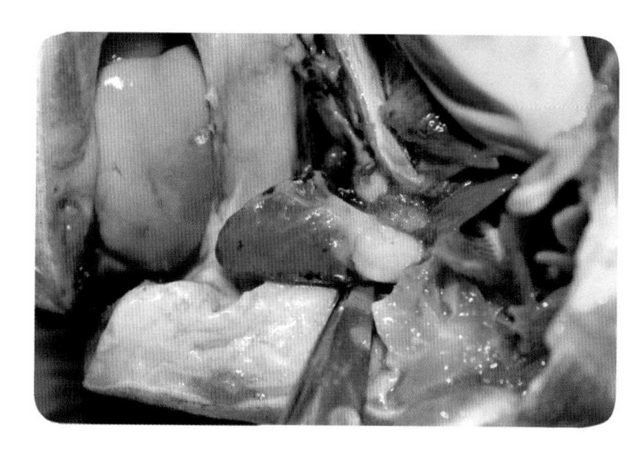

图 1-27　传染性胰腺坏死病毒导致虹鳟心脏出现明显出血斑

**6. 腹腔检查**

腹腔（abdominal）包裹了鱼类多数的内脏器官，以“围心腔后端→腹正中线→泄殖腔前缘→侧线”的路径，从前向后打开腹腔。当围心腔及心脏检查结束后，剖检者一手持带钩镊子夹住围心腔外的肌肉，另一手持手术剪从该剖口处进刀，沿腹正中线朝肛门方向剪开，剪至肛门后剪刀向上，经侧线最后返回至围心腔附近，剪下整个腹壁，充分暴露内脏器官（图 1-28）。若此时涉及微生物学检查，则整个剖检过程应在无菌条件下进行，剖开腹腔前应先用 70%酒精进行体表消毒，且剖剪时应十分小心，不要剪破肠道，避免造成污染而影响微生物的分离。暴露腹腔后，观察腹腔内是否有积液或积血、腹膜是否出血等。

图 1-28　鱼类腹腔的剖检（按照①→②→③→④顺序进行解剖）

腹水是腹腔中常见的病变之一，腹水一般由机体器官如心脏、肝、肾病变，腹膜毛细血管通透性增高，或炎症反应增强等导致。如嗜水气单胞菌（*Aeromonas hydrophila*）感染异育银鲫、鲢、鳙、鲤、鲟等可引起腹水（图 1－29）；维氏气单胞菌可导致斑点叉尾鮰出现大量腹水（图 1－30）；斑点叉尾鮰病毒可感染斑点叉尾鮰鱼苗，使其腹腔内出现大量淡黄色或淡红色腹水；鲤春病毒血症病毒（spring viremia of carp virus）可导致鲤腹腔内出现严重带血腹水（图 1－31）；诺卡氏菌可导致鱼腹腔出现黄色腹水；鳜鱼腹水病毒可引起幼鳜鱼腹腔内充满大量低黏性的淡黄色透明腹水。腹水中可能存在细菌等微生物或红细胞，解剖后若发现肉眼可见的腹水，可参照黏液涂片制作方法，用棉签蘸取少量腹水于载玻片上，烘干后用 Diff quick 染液染色，置于光学显微镜下观察（图 1－32）。

图 1－29　患病杂交鲟腹腔内可见大量清亮积液

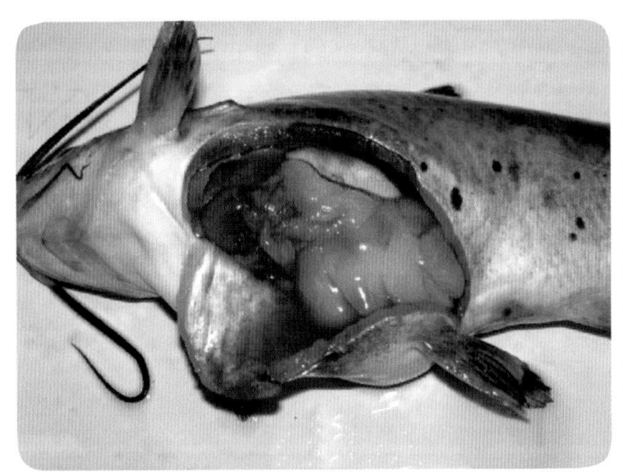

图 1－30　患维氏气单胞菌病的斑点叉尾鮰腹腔内可见大量带血腹水

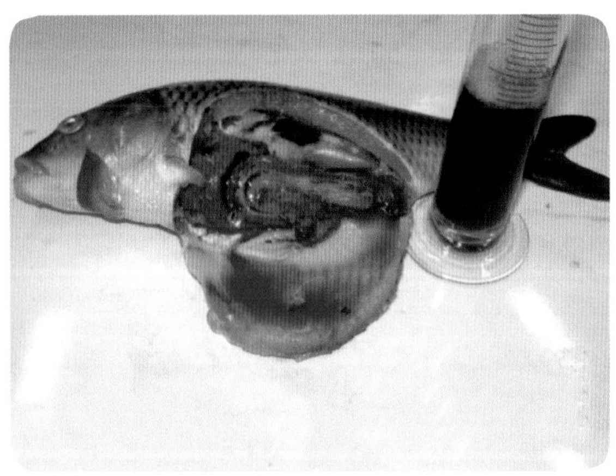

图1－31　患鲤春病毒血症的鲤腹腔内可见大量带血腹水

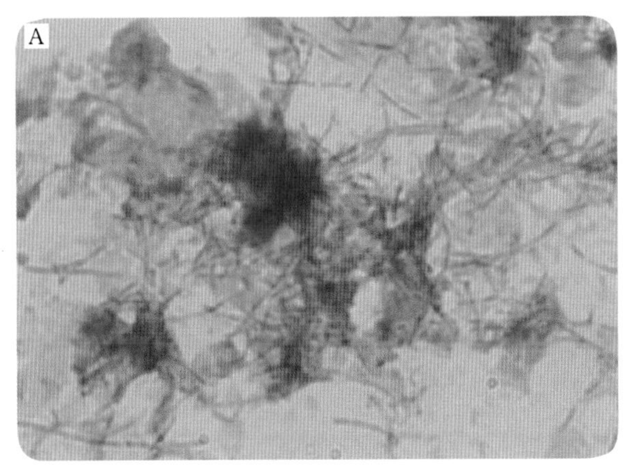



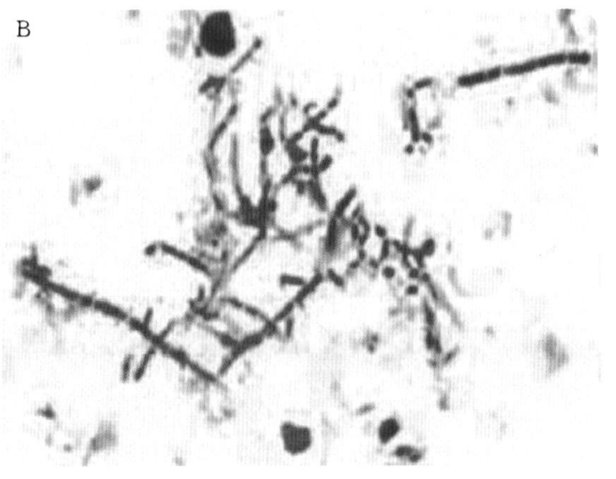



图 1－32　乌鳢（*Ophiocephalus argus*）腹水涂片可见大量丝状细菌

A. 抗酸染色　B. 革兰氏染色

腹腔检查完毕后，一手持带钩镊子夹住食道，另一只手持剪刀剪断食道往肛门方向拉，剪断直肠后取出内脏（图 1－33）。仔细观察肝、胆囊、消化道、脾的颜色和形态，之后用镊子夹下鳔（swim bladder），暴露肾，观察鳔和肾的病理变化。若内脏器官检查前需要进行微生物学检查则应在打开腹壁后先进行微生物学检查再进行剖检观察。

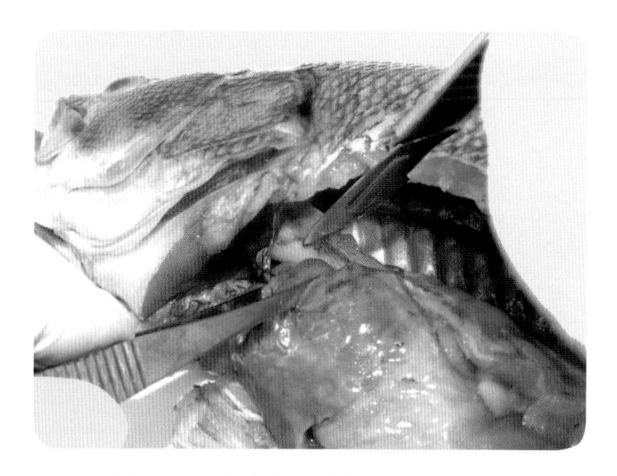

图 1－33　切断加州鲈食道，取出内脏

（1）肝胰腺检查

肝胰腺（hepatopancreas）位于整个腹腔内脏器官的前端，占据了较大的体积。打开腹腔后，用带钩的镊子夹住肝叶边缘，观察肝胰腺正面和反面的颜色、质地变化，有无肿胀、充出血、腐烂、萎缩等病变，有无结节样物质、寄生虫等附着。由于肝含血量丰富，是微生物攻击的靶器官之一。因此，在目检完成后可对肝胰腺进行触片检查。首先用带钩镊子夹住部分肝胰腺，用无菌手术刀切断另一端，将断面在载玻片上轻触，制成触片，然后将制得的触片在酒精灯火焰上方微热固定，用 Diff quick 或 Giemsa 等染色液染色后置于光学显微镜下观察真菌、细菌等微生物生长情况（图 1－34）。特别注意，若需要对肝胰腺进行细菌接种，需要在目检前进行，防止操作污染。

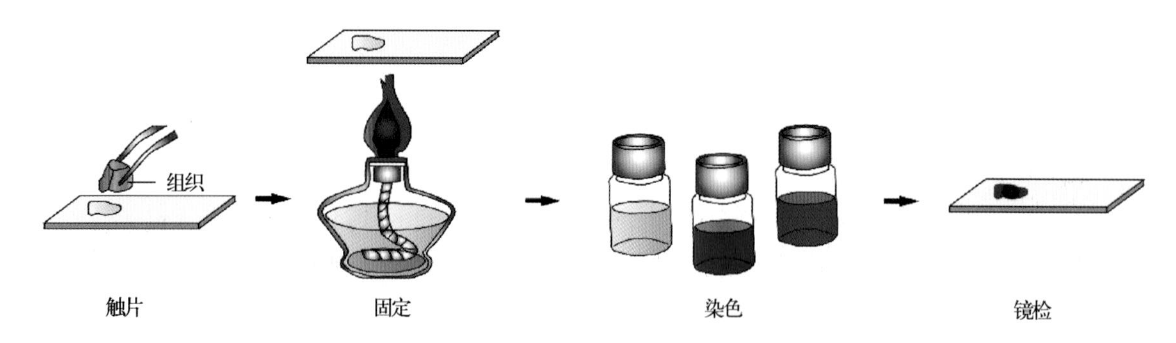


图 1－34　组织触片制作方法

集约化养殖过程中，肝不仅常遭受微生物的感染，也是营养性疾病的靶器官，病变极为常见。如爱德华氏菌感染黄颡鱼后，肝表现为肿大、边缘钝圆和明显出血斑等症状；无乳链球菌感染斑点叉尾鮰后可用触片法检查出大量链状球菌（图 1－35）；传染性造血器官坏死病病毒（infectious hematopoietic necrosis virus）感染可导致虹鳟肝明显出血（图 1－36）。此外，由于肝还是重要的解毒和消化器官，若投喂饲料中碳水化合物或脂肪含量过高以及养殖过程中过度追饲，则易造成养殖鱼类的肝脂含量偏高，表现为花斑肝、黄肝、白肝、肝肿大等明显的脂肪肝甚至肝坏死的症状（图 1－37、图 1－38）。

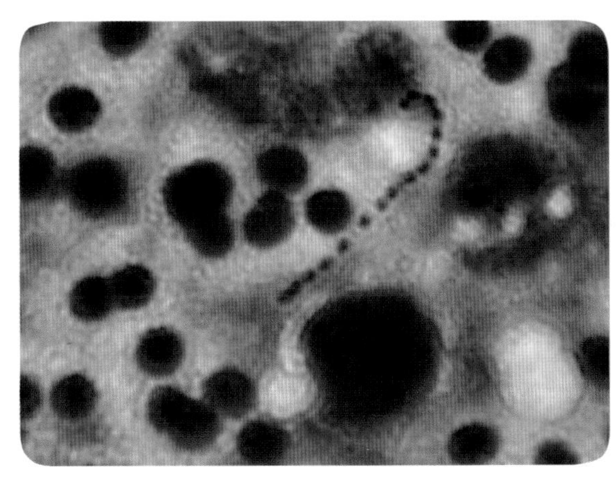

图 1-35 斑点叉尾鮰肝触片可见无乳链球菌

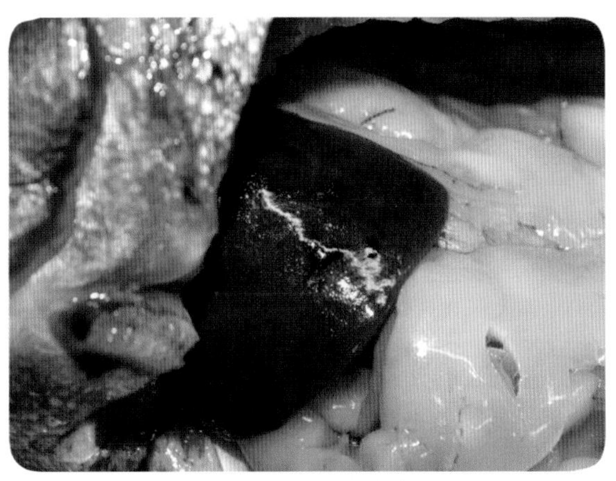

图 1-36 传染性造血器官坏死病病毒感染导致虹鳟肝肿大出血

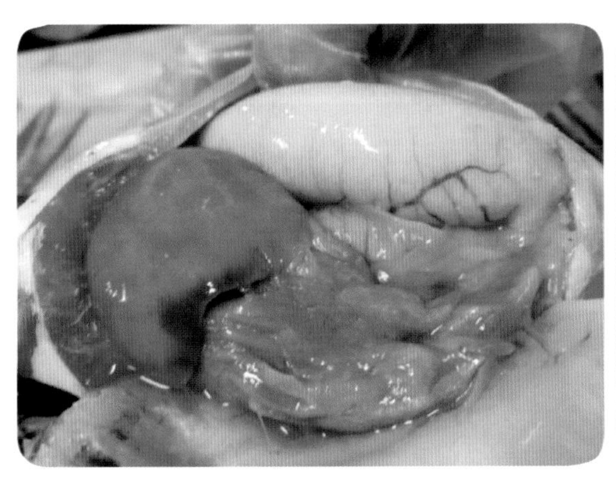

图 1-37 鲈肝严重发白

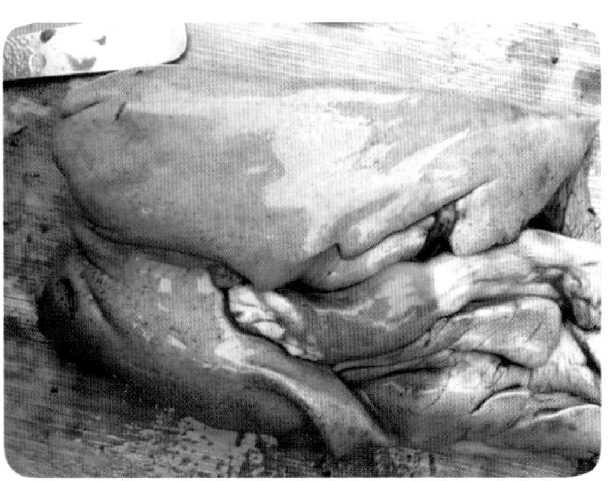

图 1-38 鲟肝严重肿大发黄

(2) 胆囊检查

胆囊位于肝胰腺与肠道连接处，常隐藏在肝下方，因此在剖检过程中很容易被忽略。检查胆囊时，主要观察其形态大小、颜色及有无寄生虫等变化。不同鱼类的胆囊由于胆汁内胆绿素和胆红素的比例不同导致颜色存在一定差异。常见的养殖鱼类胆囊呈青绿色，有的鱼类如杜父鱼（*Cottus*）的胆呈无色或浅绿色，而牙鲆（*Paralichthys olivaceus*）的胆呈暗绿色。鱼类在不同生理状态时胆囊颜色和大小也存在一定差别，因此在对不同鱼进行剖检时最好有正常鱼进行对照，或者剖检者对于相关鱼类的正常结构比较了解。目检完毕后，用手术剪沿着胆囊与肝边缘将胆囊分离，用带钩镊子夹住胆囊的颈部将其取出，之后用手术剪剪开胆囊，取一滴胆汁制作涂片（参照血液涂片制作方式）（图 1-39），并置于光学显微镜下镜检。

胆囊在鱼类某些疾病中也常出现病理变化。当水生动物患肝胆疾病，如患有肝胆综合征或脂肪肝的鲤、草鱼、罗非鱼等鱼类的胆囊常出现肿大症状，有的甚至肿大到正常胆囊的 2～3 倍，胆汁发黄；而长期不摄食也会出现胆囊肿大、囊内胆汁淤积的现象。

(3) 消化道检查

消化道包括口腔、食道、前肠、中肠和后肠等，有的鱼已经分化出胃、幽门盲囊、肠袢等器

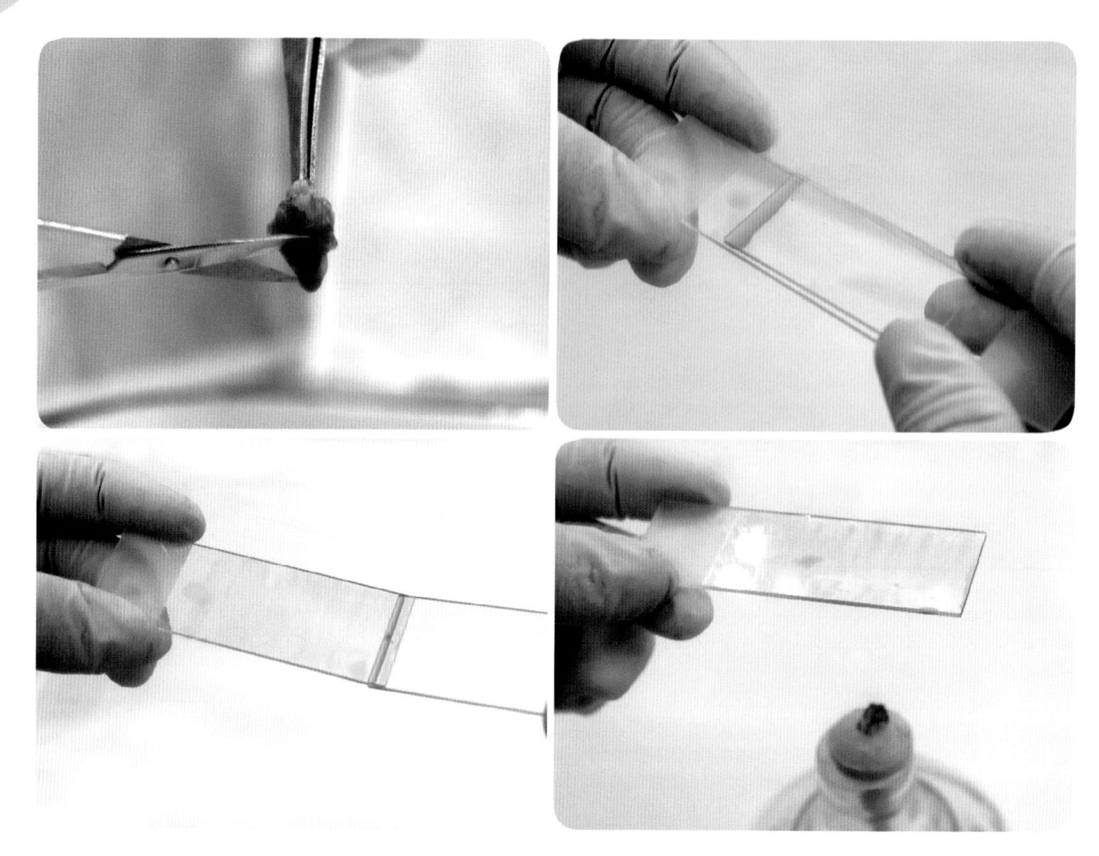

图 1－39　胆汁涂片制作步骤

官。进行消化道检查时，首先用带钩镊子夹住唇部检查口腔情况，也可剪掉鳃盖和峡部，完全暴露口腔后观察有无充出血和寄生虫等异物；然后剖开腹腔观察肠道（胃）表面的颜色、质地等变化；最后，使用手术刀或手术剪剖开肠（胃）壁，观察肠道（胃）内壁的病理变化，并观察内腔内容物、消化液情况等。目检完毕后，选取一截未剖开的肠段，取少量消化道内容物制作涂片，染色后，置于光学显微镜下检查微生物情况。

许多疾病均可导致消化道病变，如鲁氏耶尔森氏菌（*Yersinia ruckeri*）感染虹鳟后，可引起虹鳟口腔黏膜出血；斑点叉尾鮰患套肠病时，其肠道常发生痉挛或异常蠕动，在肠道的不同部位可出现套叠症状，严重的还会发生前肠回缩进入胃内的现象（图 1－40）；细菌性肠炎发生时，肠道表现

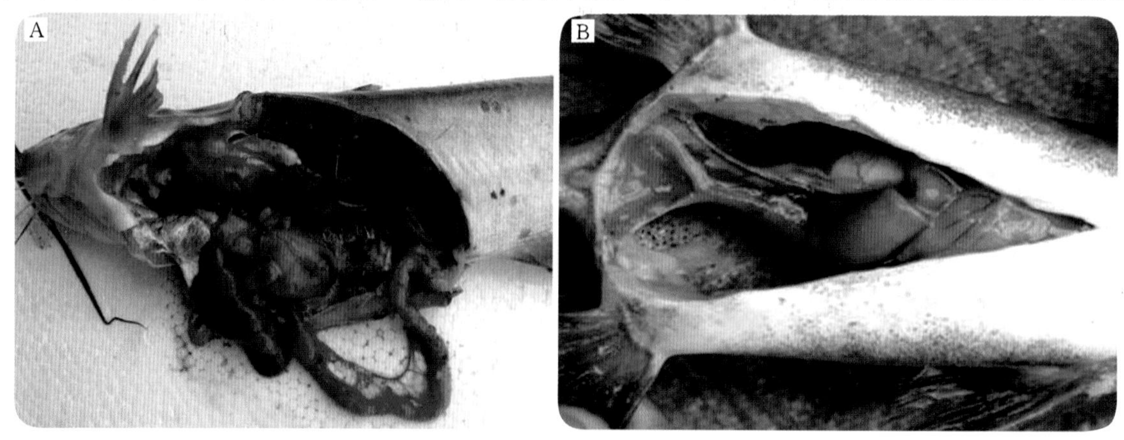


图 1－40　斑点叉尾鮰胃肠道病变

A. 胃肠道明显出血发红　B. 肠道套叠

为明显的肠壁变薄、弹性降低，肠炎性内容物聚集增多；爱德华氏菌引起的斑点叉尾鮰肠型败血症可出现明显的肠黏膜出血、肛门红肿、外凸等症状；嗜麦芽寡养单胞菌感染斑点叉尾鮰也导致病鱼明显脱肛（图 1－41）；饲养管理不当可导致鲟肠黏膜充血等症状（图 1－42）。

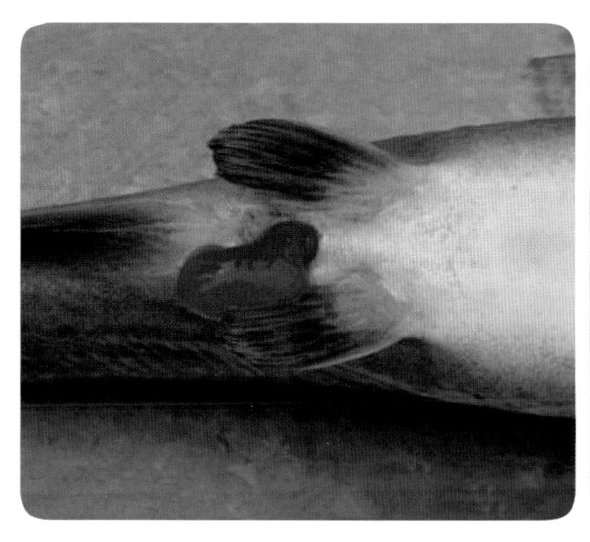

图 1－41　斑点叉尾鮰脱肛

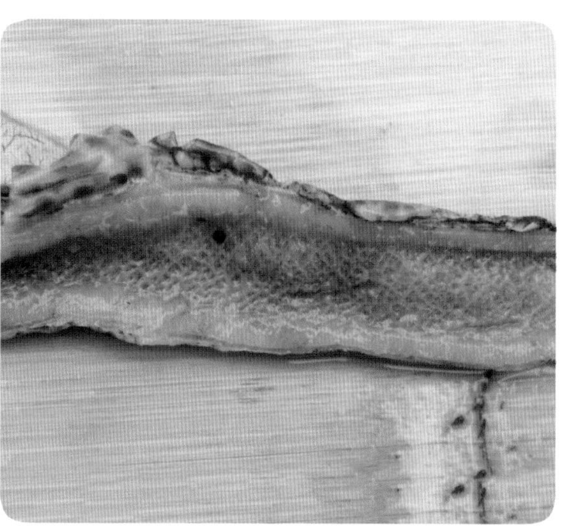

图 1－42　饲养管理失当致鲟肠黏轻微膜充血

（4）脾检查

脾位于腹腔内脏器官的中部，肝的下方与肠道连接处。部分鱼类的脾包被于脂肪内，呈暗红色。检查脾时，观察其是否有肿大、萎缩、出血、贫血、结节等病理变化。此外，脾作为鱼类主要的免疫和造血器官之一，含血量丰富，也是微生物攻击的主要靶器官，常需要进行触片检查以及细菌分离，如无乳链球菌感染造成罗非鱼脾肿大、出血（图 1－43）。取少量脾制成触片，染色后置于光学显微镜下检查。

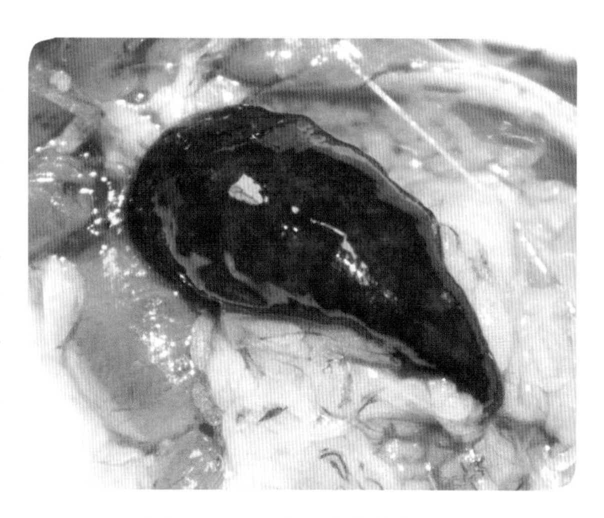

图 1－43　无乳链球菌感染导致罗非鱼脾肿大出血

（5）鳔检查

鳔通常为白色囊状结构，内含大量气体，囊壁由内向外分为黏膜层、肌层和外膜层，而黏膜层又由黏膜上皮和固有膜组成，固有膜内充满大量的毛细血管。与肝、脾、肾等含血量丰富的器官相比，鳔含血量相对较少，但一些疾病也有可能造成鳔的损伤。如鲤科鱼类的鳔炎可表现为严重的鳔充血，或成片充血发红、鳔壁增厚、鳔腔狭窄（图 1－44）；鲁氏耶尔森氏菌感染斑点叉尾鮰后可产生鳔壁充出血现象。

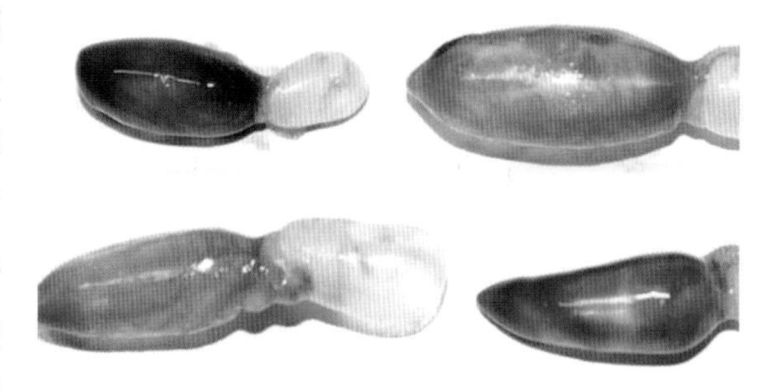

图 1－44　鲤春病毒血症病毒致鲈鲤（*Percocypris pingi*）鳔壁出血

(6) 脂肪组织检查

在大多数疾病中，脂肪组织一般不表现病理变化，但某些对血管危害严重的疾病也可能在脂肪中表现出明显的充出血。如嗜麦芽寡养单胞菌感染斑点叉尾鮰后可导致腹腔脂肪组织出血、发红。除此以外，某些全身性疾病，如胆汁全身性淤积，也可表现为明显的脂肪发黄等病变。

(7) 性腺检查

鱼类的性腺分为精巢和卵巢，位于腹腔后端，精巢一般呈白色，卵巢呈白色、黄色或灰色。性腺在鱼类发育时期与脂肪组织比较相似，检查时需认真辨别精巢、未发育完全的卵巢和脂肪组织，除观察其发育状况外还应观察其有无充出血等病理变化。检查发育完全的卵巢时，可用挖卵器挖取少量卵粒，在放大镜或解剖镜下观察卵粒的发育状况并评估其死亡量。

(8) 肾检查

鱼类的肾分为头肾和中肾，不具有后肾。有的鱼类的头肾和中肾较为明显，在两端分化为大的实质结构，其中，头肾（head kidney）位于腹腔前端背侧，中肾（trunk-kidney）位于腹腔中后端背侧，中间以肾组织和血管连接；而有的鱼类的头肾和中肾分界不明显，一般将肾前端部分归为头肾，后端归为中肾。肾的质地较软，且内部分布大量血管，因此剖检时需小心。首先，目检或使用放大镜观察肾的外观变化，有无充出血、肿大、结节等病变（图1-45）。由于中肾多位于鳔后方，紧贴于腹腔背部，在剖检过程中相对于其他内脏不易被污染，因此中肾是细菌分离的最佳部位。细菌分离完成后，使用手术刀挖出头肾和中肾，切取少量组织制作触片，染色后置于光学显微镜下镜检（图1-46）。

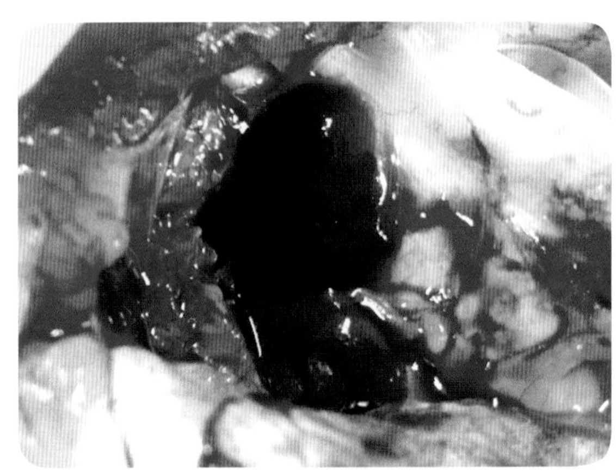

图1-45　患病斑点叉尾鮰头肾肿大

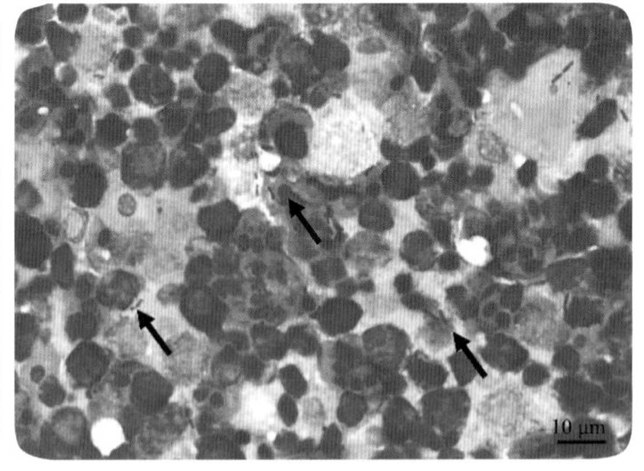


图1-46　患病杂交鲇肾触片内可见大量杆状细菌

**7. 颅腔检查**

鱼类的颅腔位于眼球和背部凸起的中线处，被颅骨紧紧包裹。有的鱼颅腔很硬，比如斑点叉尾鮰、加州鲈，在剖检时需用骨剪或锋利的手术刀切除头骨暴露颅腔（图1-47），观察颅腔中有无积液、充出血等病变。脑作为颅腔内的唯一器官，起着神经中枢的作用。检查时，观察脑的外观、体积以及质地变化，有无充出血等病变。然后，使用手术刀切取少量脑组织制成涂片，染色并置于光学显微镜下镜检。

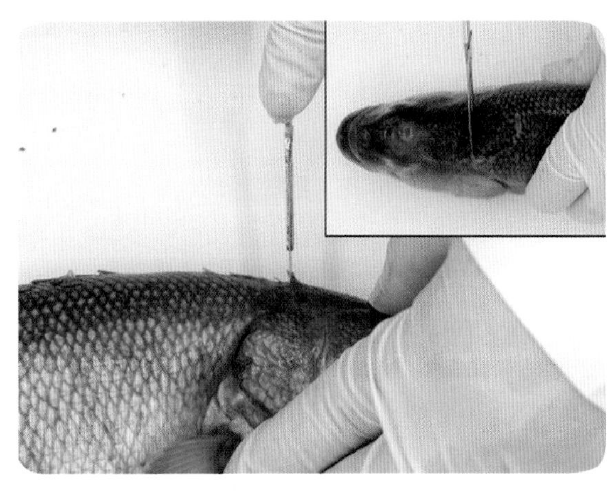

图1-47 加州鲈颅腔的剖检

**8. 肌肉检查**

肌肉由于比其他内脏器官更为紧实致密，常作为最后剖检器官，也是极容易被漏检的部位。剖检时用锋利的手术刀从鳃盖后缘体侧肌肉进刀，随后将刀插入肋骨与肌肉之间，沿着侧线朝尾部方向将皮肤肌肉与肋骨划开，为了保持切面的整齐美观，应避免多次切割（图1-48），随后将切开的肌肉翻开，观察其颜色、质地变化，有无溃烂、充出血、结节、肉芽组织（granulation tissue）等病变及有无寄生虫寄生（图1-49、图1-50）。

图1-48 加州鲈皮肤肌肉切割检查

图1-49 患病草鱼肌肉严重出血发红

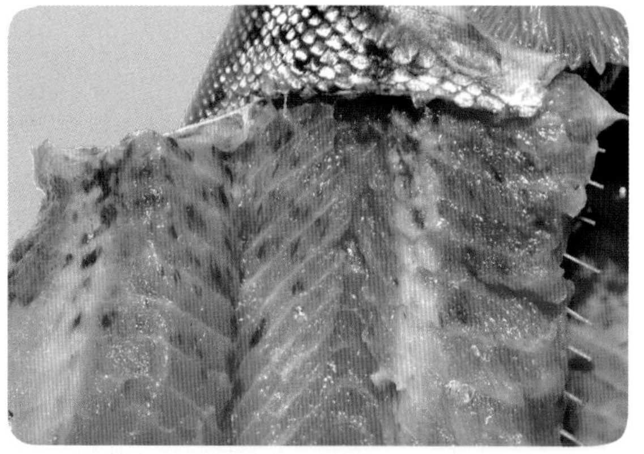

图1-50 传染性造血器官坏死病病毒感染导致虹鳟肌肉明显出血

## （三）剖检过程中的微生物检查

在剖检过程中，常需要进行细菌、真菌、病毒等微生物分离，以供后续病原学等研究使用。

**1. 细菌分离**

在剖检过程中，可能需要进行细菌的分离以供后续研究。由于肝、脾、肾含血量丰富，更易遭受细菌攻击，故常从这三个脏器分离细菌。细菌分离过程最好在无菌环境中进行，避免环境细菌的污染。选取器官未被解剖工具划伤的部位，酒精消毒后，使用手术刀迅速灼烧器官表面并用刀尖戳出一个小洞；接着，在无菌操作下，将接种环从小洞中探入器官内部完成细菌的分离操作（图 1－51）。需要注意的是，当进行体表溃疡细菌接种时，应在皮肤完好的溃疡边缘接种，以免分到大量杂菌，干扰结果。

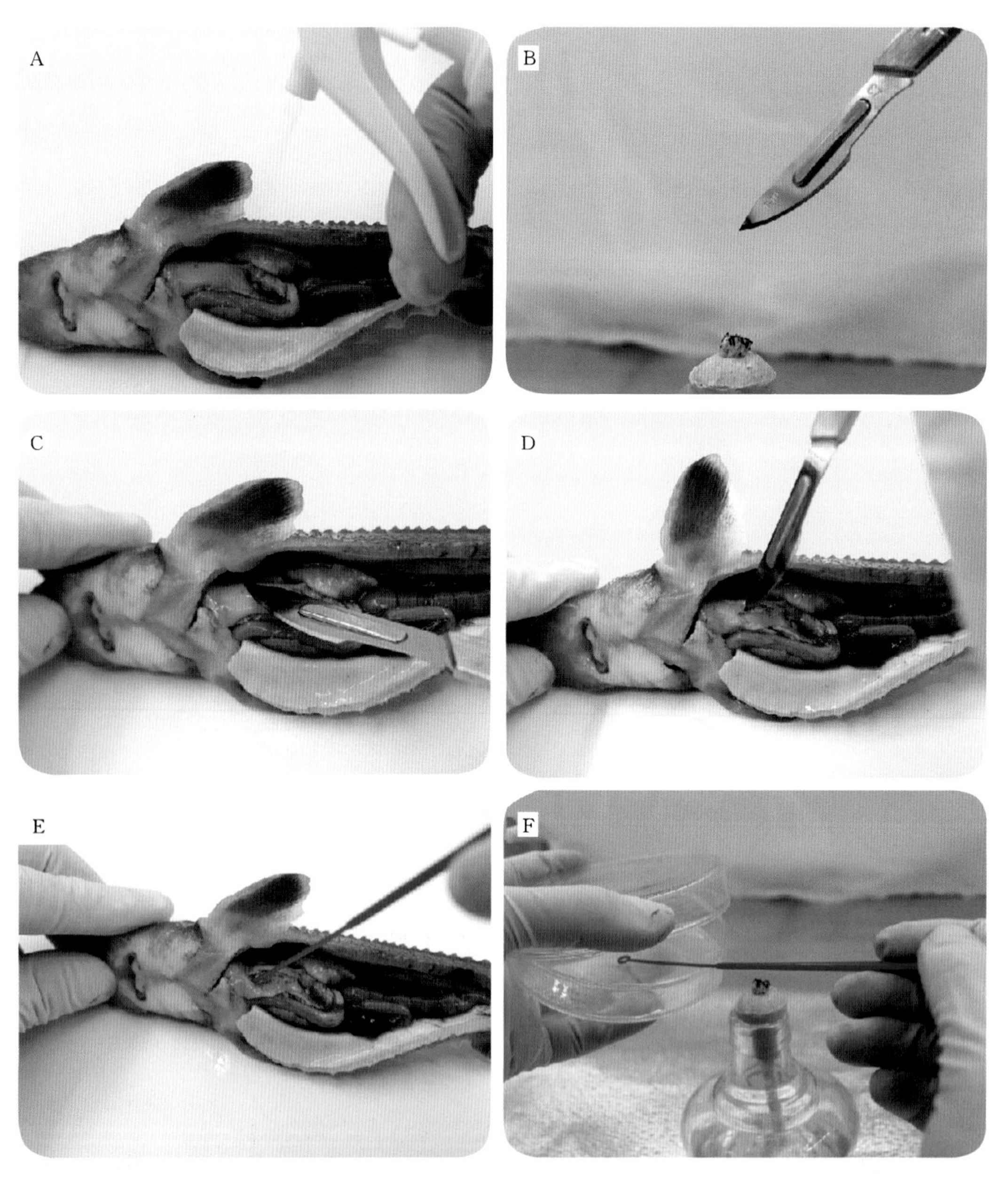

图 1－51　杂交鲟细菌接种

A. 酒精消毒器官表面　B. 灼烧刀片　C. 灼烧器官

D. 在灼烧中心戳一小孔　E. 无菌接种环伸入小孔内搅动　F. 在酒精灯旁进行细菌接种操作

**2. 真菌分离**

在剖检过程中，如需要进行真菌的分离，可将患病鱼鳃、肌肉等器官患处的真菌着生处污物轻轻刮掉，用酒精棉球消毒，切取小块表层含菌丝组织。然后，将组织置于加有抗生素的马铃薯葡萄糖琼脂培养基平板上培养 1 周，对长出的菌丝进行连续分离纯化得到纯化的真菌。

**3. 病毒分离**

在剖检过程中，如需要进行病毒样品的采集及分离，可用手术剪剪取少量患病鱼的鳃、肾、脾、肌肉等组织，保存于－80 ℃，用于病毒 PCR 或 Elisa 检测。如需进行病毒分离，可将采集样品匀浆，用细胞培养基按 1∶10 稀释，离心（2 000 *g*，20 min）。然后将上清液通过膜滤器过滤，并将滤液接种到相应细胞系上，16 ℃下温育 1 h 后移出接种物，重新接种于新鲜培养基中孵育培养，定时观察细胞病变效应（cytopathic effect，CPE）。

（四）结果记录、留样及无害化处理

所有样本剖检结束后，应对每条鱼各组织器官的病理变化进行记录统计，并根据统计结果进行合理的疾病诊断。在解剖中，可采集相关器官组织或全鱼保存，用于后续检测。

此外，剖检完毕后，应对受检鱼进行集中销毁处理，切勿随意扔放，造成环境污染或疾病的传播，参照《染疫水生动物无害化处理规程》（SC/T 7015—2011）、《病死养殖鱼类无害化处理规范》（DB 22/T 2157—2014）、《病死及病害动物无害化处理技术规范》（农医发〔2017〕25 号）、《病死动物尸体安全处理技术规范》（DB 22/T 2158—2014）等相应标准对剖检后尸体进行处理。在进行无害化处理前，应根据具体疫病暴发情况，需处理的水生动物病料数量，使用的场地、设备、物资、资金等实际情况，遵循无害化处理的原则，选择适当的方法，制定科学严谨的计划和措施。目前水生动物尸体处理的方法主要有焚毁处理、高温处理、掩埋销毁等。

（1）焚毁处理

将剖检尸体投入焚化炉或用其他方式烧毁炭化。本法适用于患国家一、二类疫病，病原菌具有芽孢的疫病，因重金属污染、不易分解的禁用药物残留而引发的疾病及其他病因不明的鱼类。

（2）高温处理

将剖检尸体根据体重切成重不超过 2 kg、厚不超过 6 cm 的肉块。将肉块放入密闭的高压锅内，112 kPa 压力下蒸煮 30 min；或在普通锅内沸水中煮 1 h。本法适用于患传染性疾病的剖检鱼类。

（3）掩埋销毁

掩埋地点应远离公共场所、居民住宅区、鱼类养殖场所、饮用水源地、河流等地区。选择地下水较低、土质无径流的地点挖坑。坑底铺 2 cm 厚的石灰，将剖检动物分层放入，每层加与尸体等质量生石灰覆盖。最后用厚度不低于 1 m 的土层填埋、夯实，掩埋地应设清楚标识。本法适用于因自然灾害或一般疾病死亡鱼类。

剖检人员容易在剖检工作中被针头、手术器械、玻璃制品、医疗仪器设备、医疗废弃物及其他锐利物品刺伤或割伤导致病原微生物感染。兽医和人医经常有由于锐器处理不当而导致感染的情况出现，虽然目前没有公认的水生动物-人类共患病，但是对于人类来说，锐器的损伤后检查与治疗也成为较大的问题。因此，在每次剖检过后，需保持对锐器损伤的防范意识，并进行特殊处理。

# 第二节　蟹类病理剖检技术

蟹类为甲壳亚门（Crustacea）十足目（Decapoda）腹胚亚目（Pleocyemata）短尾下目（Brachyura）物种的统称。近年来，由于蟹类市场需求扩大，蟹类养殖规模迅速增加。目前我国养殖的蟹类主要有海水养殖的锯缘青蟹（*Scylla serrata*）、蓝蟹（*Callinectes sapidus*）、三疣梭子蟹（*Portunus trituberculatus*）和远海梭子蟹（*Portunus pelagicus*），以及淡水养殖的中华绒螯蟹（*Eriocheir sinensis*）等。蟹类养殖量的增长在带来良好的经济效益的同时，也增加了患疾病的风险。步入21世纪以来，蟹类在养殖过程中暴发了多种疾病。因此，对蟹类进行合理的剖检有利于疾病的正确诊断。

## 一、剖检器械

蟹类剖检时所需实验器械与鱼类病理剖检类似，见第一章第一节。

## 二、蟹类的基本结构

蟹类身体左右对称，可分为额区、眼区、心区、肝区、胃区、肠区、鳃区，其机体内部包括外骨骼（exoskeleton）系统、消化系统、呼吸系统、循环系统、生殖系统、神经系统、排泄系统、肌肉系统。蟹类与鱼类身体构造差异较大。其中，外骨骼系统为蟹类与鱼类相比最特殊的系统之一，其附着于鳃丝、胃、肌肉及全身表面。此外，蟹类的身体两侧分化出附属肢，头部的附属肢称为触角（antenna）和摄食器，分别具备感觉和摄食功能；胸腔的附属肢称为胸足（pereiopod），最前方的一对为螯（pincers），作觅食之用，后四对为足，作爬行用；海蟹的最后一对足分化为片状的游泳足，营游泳功能。除此之外，蟹类其他器官与鱼类也有所区别。认识蟹类器官构造有利于剖检的顺利进行，图1-52为蟹类的剖检模式图。

## 三、剖检步骤及方法

### （一）剖检样本的采集

相比于鱼类，蟹类的器官组织弥散程度和含水量更高，组织发生自溶与腐败的速度也更快。因此，在选择病蟹样本做病理学剖检时，必须为活蟹，否则组织自溶会干扰病理检查结果。疾病诊断样本应选择有典型发病症状的病蟹。

正确选择患病样本数量能够提高病理诊断的准确性，也是节省人工成本的必要前提。目前，暂无统一的蟹类剖检样本数量的标准。由于蟹类个体间受水体影响较大，建议样本选择时在鱼类剖检样本数量基础上加大一倍，以获得较为准确的剖检结果。

### （二）剖检步骤

蟹的剖检顺序与鱼类类似，依照从外至内原则，按先剖检体表再剖检头胸甲（carapace）和腹腔的顺序进行。

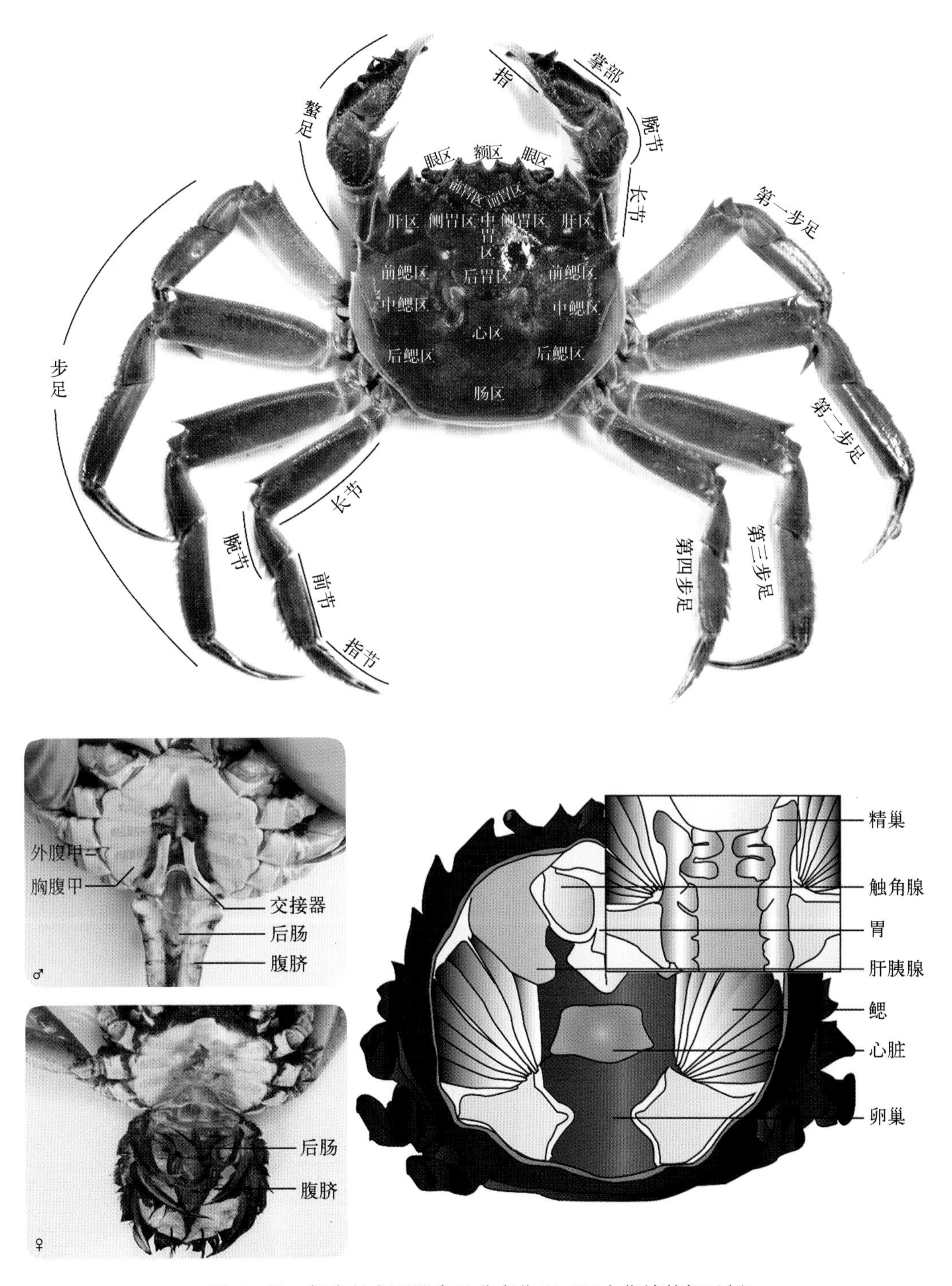


图 1－52　蟹类的主要器官及分布位置（以中华绒螯蟹示例）

准备工作：解剖前，需对蟹进行深度麻醉，目前常用的麻醉方法有药物麻醉和冰冻麻醉。蟹暂无推荐的麻醉药物，可将 MS－222 稀释后浸没蟹体；将待检蟹置于碎冰中也可达到良好的麻醉效果。

### 1. 体表检查

体表检查主要是对蟹活力、肥满度、外观形状、完整性、质地、颜色等进行检查，对抱卵蟹还需检查卵粒质量。

首先，观察蟹的活力和肥满度，判断活力强弱和营养状态，如患有抖抖病的病蟹上岸表现为胸足抽搐、蟹爪颤抖、行动无力；患有“水瘪子”病（肝胰腺坏死综合征，hepatopancreatic necrosis disease）的病蟹上岸后活力较低，离水易死、发育停滞等。其次，观察蟹的外观变化，判断是否有畸形、甲壳破碎、步足断裂等情况，并评判甲壳的质地、硬度，如中华绒螯蟹腐壳病发生时背甲、胸板上会出现白点，并形成黑色溃疡，逐渐被侵袭成洞等。然后，对蟹的体表颜色进行观察，判断蟹体表甲壳有无色素沉着等，如不同种类的蟹以及蟹的不同发育时期，其外壳颜色不同，“老头蟹”往往发育缓慢，和正常蟹相比规格小，颜色更深，因此，剖检人员需熟悉蟹的颜色变化规律，并作出正确的判断。

除了目检外，还应使用放大镜或显微镜对体表寄生虫和真菌进行检查，观察蟹的甲壳关节处是否有寄生虫或真菌，检查眼球的外观、大小、颜色，眼眶内有无寄生虫等异物，检查摄食器的完整性及可能的寄生虫，如异盘并殖吸虫、肺吸虫等寄生虫的囊蚴多寄生于步足近关节的肌肉中以及蟹的口器内。

最后，用手轻轻拨开蟹的腹脐，观察有无肉眼可见的寄生虫，以及腹脐中后肠内有无食物、有无“拉黄”现象和肠炎等病变（图 1-53）。针对抱卵蟹，还需检查其抱卵情况，以及评估卵的死亡量等。

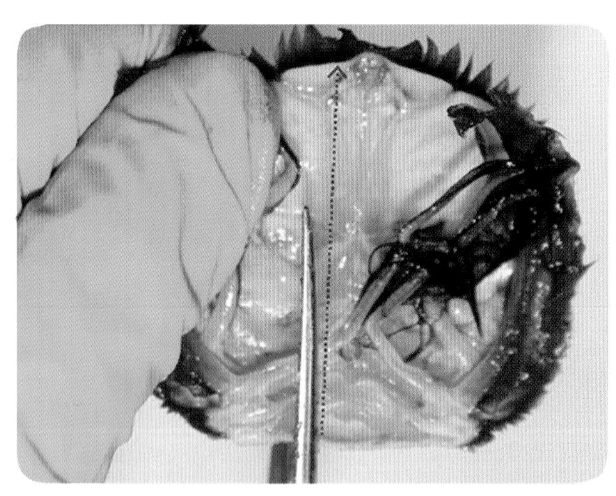

图 1-53　蟹后肠的剖检（以中华绒螯蟹示例）

**2. 血淋巴检查**

从蟹心脏中抽取 0.2 mL 左右血淋巴（hemolymph）（采血方法见第二章第一节）。采血后立即观察血淋巴的颜色。正常血淋巴由于含有血蓝蛋白，颜色呈淡蓝色，而亚健康的蟹血淋巴呈淡黄色甚至黄色。然后，将血淋巴制作成血液涂片，Diff quick 染色后，置于光学显微镜下观察血淋巴中大颗粒细胞、小颗粒细胞的组成情况，有无寄生虫、真菌及细菌等病原感染。

**3. 胸腔检查**

用手术剪沿着腹脐与身体的连接处剪下腹脐，并沿着背甲缝将头胸甲剥离（图 1-54）。头胸甲剥离后，暴露整个胸腔内器官（图 1-55），可依次对不同器官进行检查和判断。需要注意的是，剥离头胸甲时，胃及肝胰腺前叶由于位置原因常常被带离、黏附到头胸甲上，而其他脏器却停留在腹甲侧的胸腔中。为了防止胃被漏检，应先对胃的大小、颜色等的病理变化进行检查，之后使用手术刀剖开胃腔，观察内部情况，并取少量内容物制作涂片，染色后置于光学显微镜下进行胃内容物镜检。胃检查完毕后再对腹甲侧整个胸腔及腔内器官进行检查。首先，观察整个胸腔是否充盈，有无寄生虫寄生，有无积水或凝胶类物质出现，如严重的“水瘪子”病蟹可在胸腔内观察到明显的胶冻状积液；之后再逐步进行胸腔内器官的单独检查。蟹类胸腔中的主要内部器官包括鳃、心脏、肝胰腺、中肠、性腺、脊神经索（supraspinal cord）等。

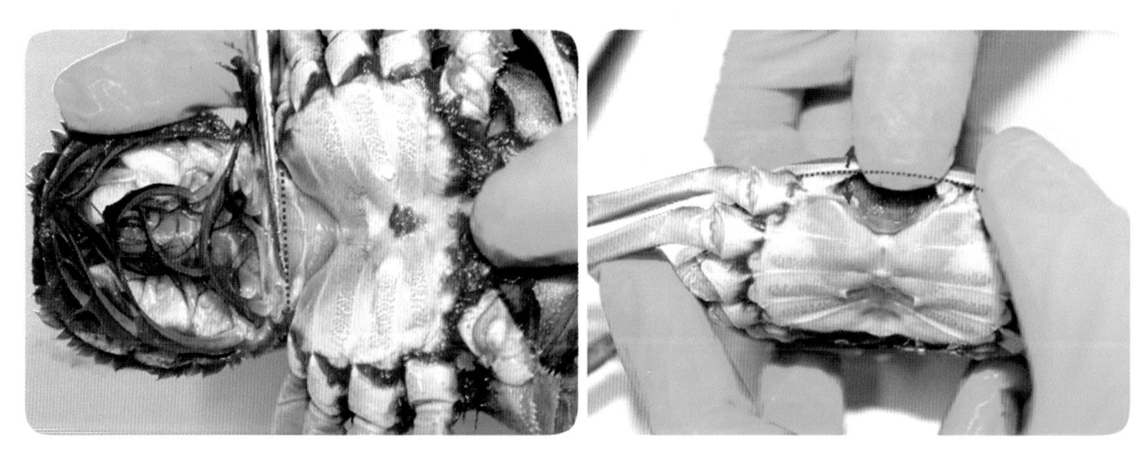

图 1-54 蟹类头胸甲的剥离（以中华绒螯蟹示例）

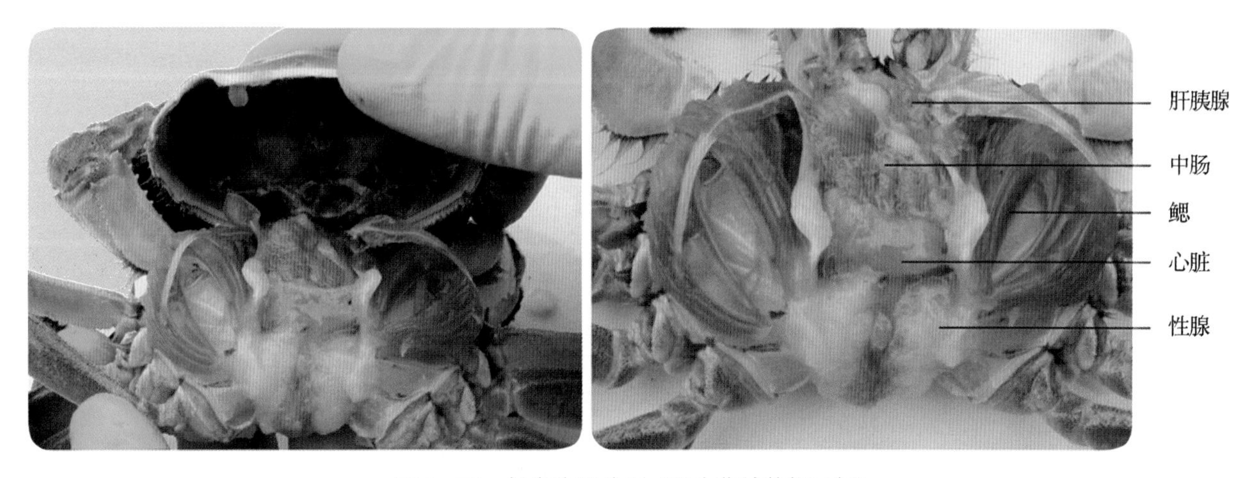


图 1-55 蟹类胸腔检查（以中华绒螯蟹示例）

（1）鳃检查

由于品种不同，蟹的鳃主要有枝状鳃（dendrobranchiate）和叶状鳃（phyllobranchiate）两种类型。鳃作为蟹的呼吸器官，又直接暴露于水环境中，因此极易受环境中化学因素和生物因素的影响发生病变，是剖检过程中需重点检查的器官之一。对鳃的检查主要包括颜色、形态的检查，观察有无肿胀、溃烂等。正常的鳃呈白色或轻微的淡黄色，由于水环境影响或蟹个体差异，可见鳃发红、发黑等症状。目检完毕后，使用手术剪剪取少量鳃丝进行压片，置于光学显微镜下进一步检查，注意判别鳃上寄生虫、真菌、藻类的寄生情况。如患黑鳃病的河蟹通常可见鳃丝发黑（图 1-56），易浮头，严重时表现为病蟹喜上岸等临床症状，显微镜下可见鳃小片上有大量藻类附着。

图 1－56　患病中华绒螯蟹鳃发黑、腐烂

（2）心脏检查

心脏位于心区下胸腔内，覆于肝胰腺之上，正常蟹的心脏为白色半透明五边形，心跳有力。对心脏的检查主要包括颜色、质地、形状、大小。蟹类心脏病变常出现透明度降低、颜色泛黄、肿大及其上有很多小泡等现象。

（3）肝胰腺检查

肝胰腺为蟹类主要器官之一，一般分为前后叶，成对存在，前叶在剥离头胸甲过程中常常被背甲带离并留在头胸甲内侧，而后叶多位于胸腔内心脏下方。肝胰腺呈橙黄色，小管状结构明显，整体呈饱满状态。检查肝胰腺时，首先观察其颜色、饱满度、胸腔内有无积液等。然后，目检或使用放大镜观察肝小管结构是否明显，有无肿大、溶解等症状发生（图 1－57）。如“水瘪子”病发生后，可见肝胰腺明显萎缩，体积缩小，颜色发白，在胸腔内可见胶冻样物质（图 1－58）。目检完毕后，使用手术刀切取少量肝胰腺制作触片，染色后置于光学显微镜下观察细菌的感染情况。

图 1－57　肝胰腺整体发白，肝小管溶解，呈凝胶状

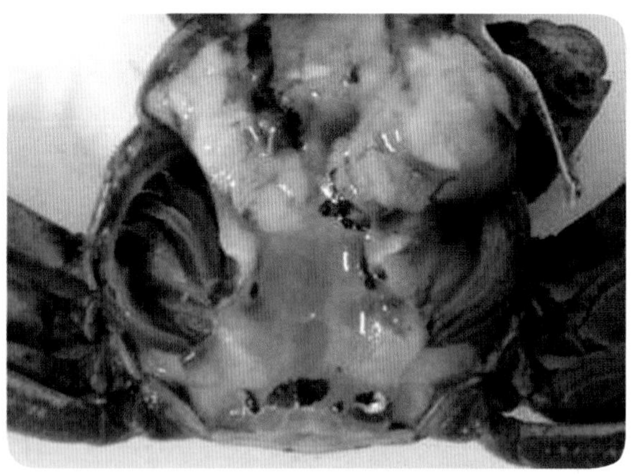

图 1－58　患病中华绒螯蟹肝胰腺泛白，胸腔内有大量积液

（4）中肠检查

中肠位于心脏下，从肝胰腺内部穿过，连接胃和后肠，是蟹类的主要消化器官。肝胰腺检查结束后，可用镊子小心地挑出内部的中肠组织，检查中肠的大小、肠壁透明度、弹性等情况。之后用手术剪剖开肠壁，观察其内容物的多少、色泽、黏液多少等，并采集少量内容物制作涂片，染色后置于光学显微镜下镜检。

(5) 性腺检查

幼蟹的性腺由于未发育成熟体积较小甚至无法观察到性腺的存在，故检查起来较为困难。随着蟹的生长，其性腺开始发育。雄蟹的性腺一般呈乳白色，螺旋状，成对且对称分布于腹腔内。雌蟹的性腺在不同发育时期呈现不同颜色，如在发育时期呈绛红色，发育成熟后呈酱紫色，而卵粒成熟时呈橘红色。能引起蟹性腺病变的疾病较少，对蟹性腺的检查主要观察其营养发育状况，以及颜色、质地的变化等。对于发育成熟的雌蟹性腺，可剪取少量于滴有一滴生理盐水的载玻片上，轻轻将性腺拨散后，置于光学显微镜下观察卵细胞的发育、死亡等情况。

(6) 脊神经索检查

使用镊子挖出胸腔内肝胰腺与性腺，暴露位于胸腔底部的脊神经索（图 1 - 59）。对脊神经索的检查主要包括颜色和质地的观察，正常的情况下脊神经索呈淡黄色、半透明状。

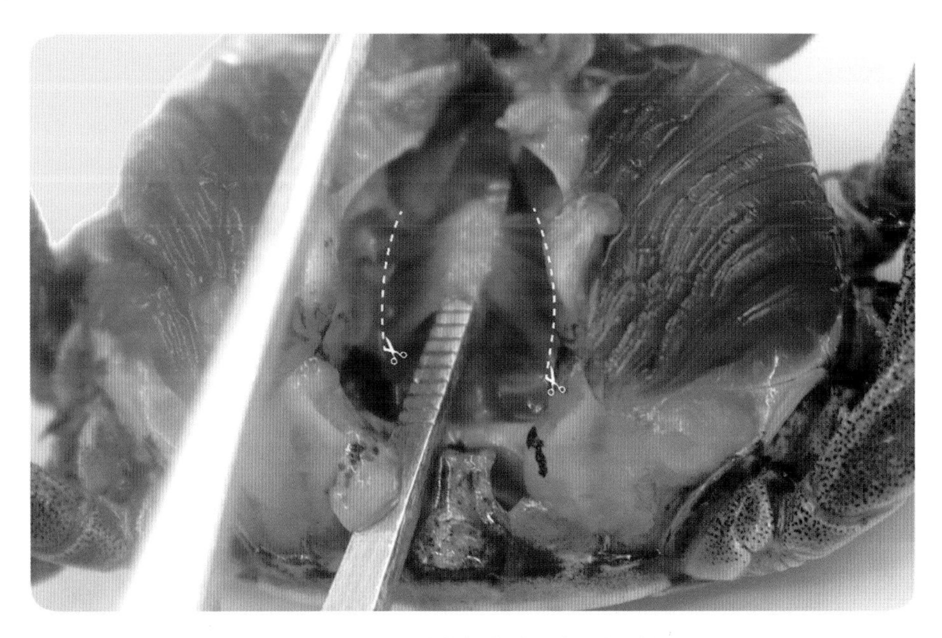

图 1 - 59　中华绒螯蟹脊神经索的剖检方法

**4. 肌肉检查**

蟹的肌肉被包裹在甲壳内，主要分布于步足和胸腔两侧。步足肌肉检查时使用手术剪剪下蟹步足，剪开其甲壳，暴露内部肌肉，观察整个步足腔内肌肉是否饱满，步足内肌肉的颜色、质地变化，判断肌肉是否腐烂等。胸腔两侧肌肉嵌在内甲壳内，检查时应使用手术刀沿着胸腔壁切开胸腔暴露其内的肌肉，观察各内甲腔中肌肉的饱满程度、颜色及质地变化，评判其是否萎缩、腐烂等。如河蟹“水瘪子”病发生后，可见步足肌肉明显萎缩，肌肉与步足甲壳之间的间隙显著增大，且可见大量胶冻样物质充斥在该间隙中。

由于蟹类动物的组织具有弥散性，若需进行细菌分离操作，可对其全身甲壳进行消毒后将其置于无菌环境中。在无菌环境下扳开头胸甲，并使用接种环从肝胰腺、性腺等处进行病原分离，其他病原分离可参考第一章第一节“剖检过程中的微生物检查”的方法进行。剖检完成后对尸体和锐器的处理参考第一章第一节“结果记录、留样及无害化处理”的方法进行。

# 第三节　虾类病理剖检技术

虾属甲壳亚门、十足目、游泳亚目（Natantia），有近2 000个品种，大都生活在江、湖中。不同种类的虾体型和食性差异巨大，其大小从几毫米到数米，有些种类以藻类为食，有的营杂食性生活。由于肉质细嫩，味道鲜美，营养丰富，并含有多种维生素及人体必需的微量元素，虾逐渐成为人类餐桌上的常见水产品。目前养殖的虾品种主要有对虾、青虾、河虾、明虾、螯虾等，在淡水渔业和海水渔业中均占据了重要地位。疾病是影响虾类品质和产量的重要因素，对虾进行合理的剖检，有利于对虾类疾病作出合理诊断，为虾类养殖保驾护航。

## 一、剖检器械

虾类剖检时所需实验器械与鱼类病理剖检类似，详见第一章第一节。

## 二、虾类的基本结构

虾跟蟹类似，同属于甲壳亚门、十足目，其机体包括外骨骼系统、消化系统、呼吸系统、循环系统、生殖系统、神经系统、排泄系统、肌肉系统等。和蟹一样，虾同样具有特有的和鱼类不同的外骨骼系统，包被于鳃、胃及机体表面。但相对于蟹，虾无内化的“内骨骼”。此外，虾的腹部未退化成蟹“腹脐”结构，其内拥有强劲有力的肌肉。了解虾类的器官构造，有利于对虾进行正确剖检，图1-60为克氏原螯虾的剖检模式图。

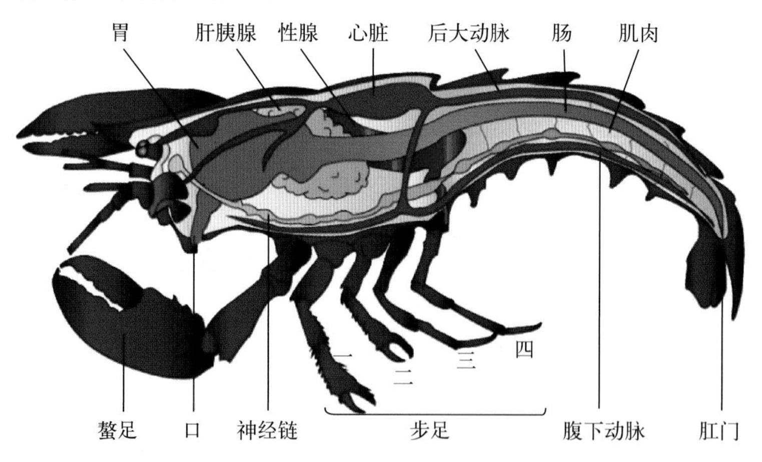


图1-60　克氏原螯虾常见器官及分布位置

## 三、剖检步骤及方法

### （一）样本选择

正确选择患病样本数量能够增加病理诊断的准确性，也是节省人工成本的必要前提。目前，暂无统一的虾类剖检样本数量的标准。和蟹类似，在选择虾剖检样本时，同样要求受检样本必须为活体。此外，虾类个体间受水体影响较大，建议在样本选择时可在鱼类剖检样本数量基础上加大一倍，易于获得较为准确的剖检结果。

### （二）剖检步骤

虾的剖检步骤一般以体表→头胸甲→步足的顺序进行。解剖前，对受检虾进行深度麻醉处理，常见的麻醉方法包括药物麻醉、冰冻麻醉等。目前，虾类暂无推荐的麻醉药物，可使用 MS-222 稀释后浸没虾体；将受检虾置于碎冰中，也可达到良好的麻醉效果。

#### 1. 体表检查

体表检查主要包括对虾的活力、外观、颜色等进行检查。其中，可先对虾的爬行能力、游泳能力以及攻击能力进行判断与评估。接着对外观进行检查，包括体型、甲壳质地和硬度等，观察虾体有无畸形，头胸甲、步足等是否完整，用手按压背甲感受甲壳硬度等，并检查虾头胸甲是否容易脱落。然后对虾的触须、甲壳、尾扇的颜色进行检查，判断其颜色是否有明显变化，如白斑、黄斑等。大体检查完毕后，使用放大镜观察虾甲壳关节处有无寄生虫、真菌寄生。针对南美白对虾等虾类繁殖时期易感染弧菌的情况，可在黑暗中观察虾的后盲囊（posterior caecum）处荧光情况。

#### 2. 血淋巴检查

从虾体内采集 0.2 mL 左右的血淋巴（采集方法见第二章第一节）。采血后 30 s 内观察血淋巴的颜色，虾的正常血淋巴和蟹类似，呈淡蓝色，而亚健康或疾病状态下呈淡黄色甚至黄色。将血淋巴制作成血涂片，Diff quick 染色后，置于光学显微镜下观察血淋巴中大颗粒细胞、小颗粒细胞等血细胞的组成情况，有无寄生虫、真菌及细菌等病原感染。

#### 3. 鳃检查

使用手术剪从后往前剪掉虾头胸甲，暴露鳃（图 1-61）。病理检查时主要观察其完整性及颜色的变化，判断其是否有腐烂、寄生虫寄生、杂质黏附等情况出现。正常的鳃一般为白色或乳白色

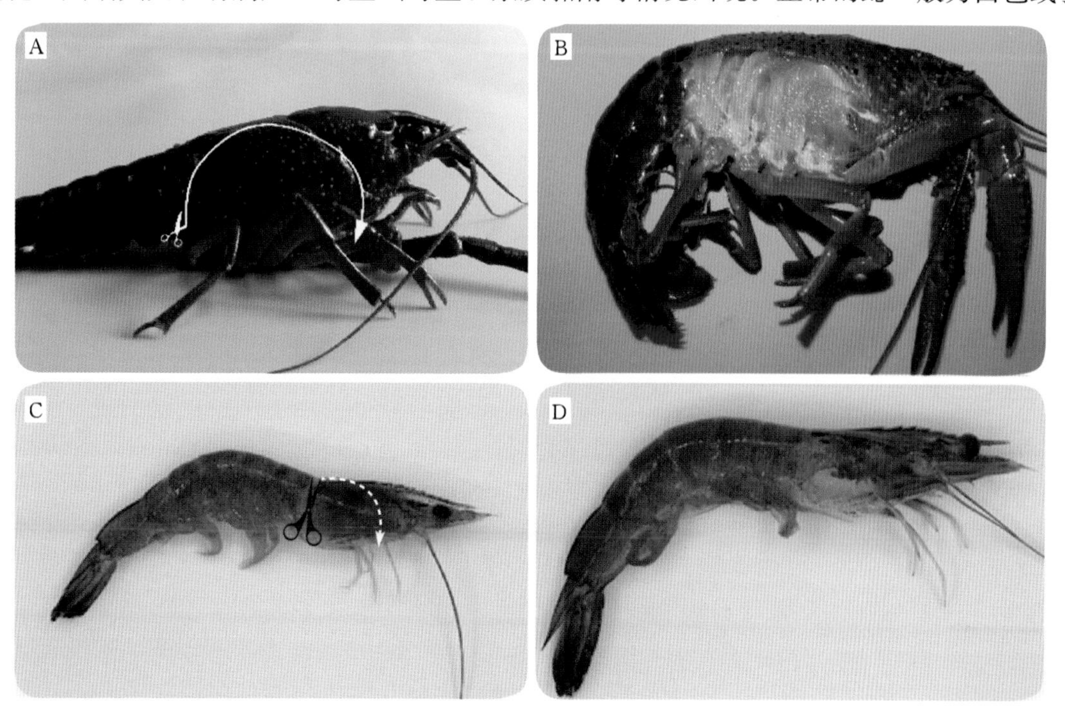


图 1-61 虾类鳃的剖检

A、B. 克氏原螯虾 C、D. 凡纳滨对虾

半透明状态，由于鳃直接暴露于水环境中，其鳃丝易出现发红、发黑等病变。目检完毕后，取少量鳃丝制成压片，显微镜下观察是否有寄生虫和水霉等感染。

**4. 内脏检查**

使用手术刀或手术剪剥离头胸甲，暴露虾的内脏器官（图 1－62），依次检查各内脏器官。

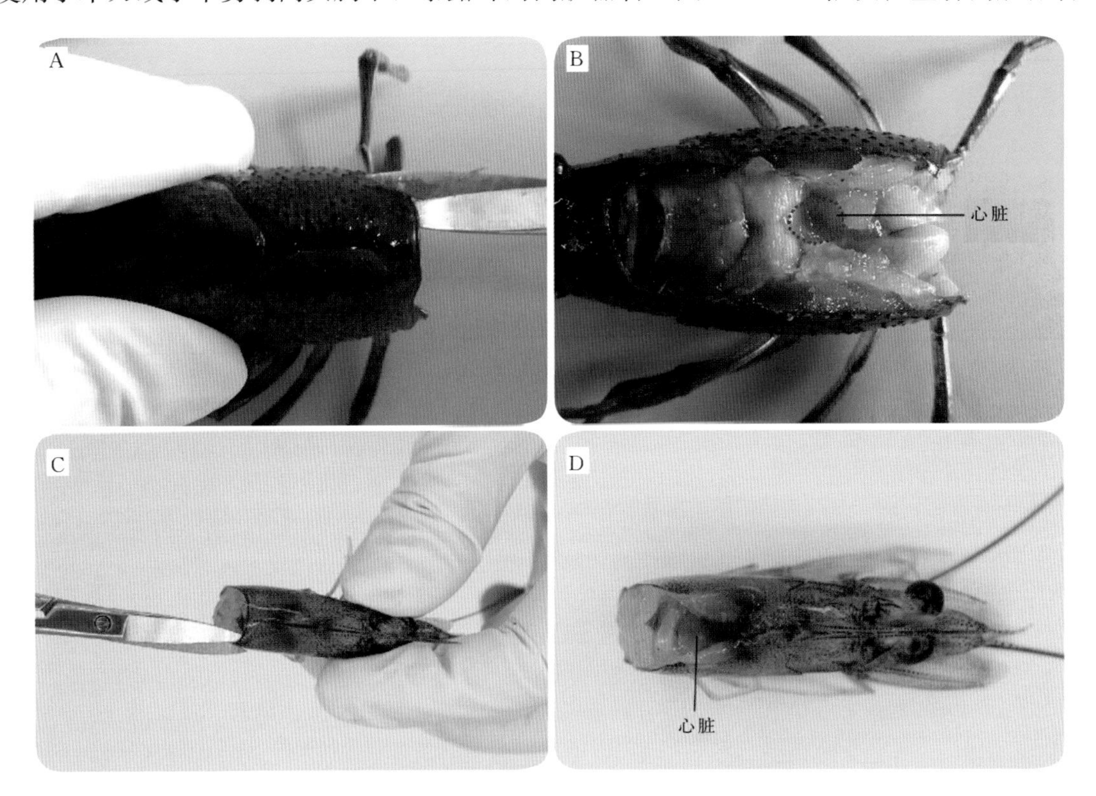


图 1－62 虾类心脏的剖检

A、B. 克氏原螯虾 C、D. 凡纳滨对虾

（1）心脏检查

心脏位于头胸甲下方中央，呈半透明至透明状。用镊子揭起心脏，检查时主要观察心脏的颜色、形状，有无增生、肿胀等病变（图 1－62）。

（2）肝胰腺检查

肝胰腺占据整个胸腔的大部分空间，可用镊子完整挖出。正常虾的肝胰腺较蟹浅，呈黄色。检查时首先观察肝胰腺的颜色变化，是否有水肿、萎缩等病变，并进行检查记录；然后目检或使用放大镜观察肝小管结构完整性，是否有溶解等变化。目检完毕后，使用手术刀切取少量肝胰腺制作触片，染色后，置于光学显微镜下观察是否有细菌、寄生虫或真菌感染。

（3）性腺检查

雄虾的性腺被称为精荚（spermatophore），在发育早期呈乳白色，中后期呈褐色或深褐色。检查精荚时，主要观察其发育情况、颜色和质地的变化等。

雌虾的性腺在不同发育时期同样呈现不同颜色，发育早期呈浅黄色，发育期间呈褐色，而发育成熟时呈褐绿色。对雌虾性腺的检查主要为观察其发育状况、颜色和质地的变化等，对于发育成熟的雌虾性腺，可剪取少量于滴有一滴生理盐水的载玻片上，轻轻将性腺拨散后，置于光学显微镜下观察卵母细胞的发育、死亡等情况。

（4）消化道检查

虾的消化道主要分为口、胃、前肠、中肠和后肠五部分，前肠与胃相连，位于头胸甲内。可用眼科剪紧贴头胸甲边缘剪断头胸甲底部与尾部肌肉相连处，暴露头胸甲内部器官，对消化道进行检查（图 1－63）。

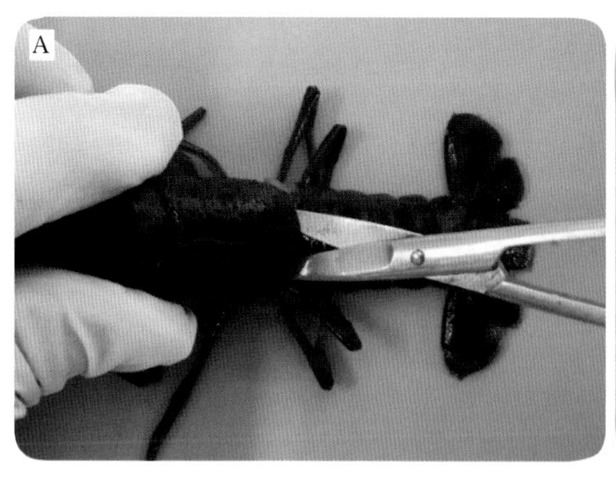
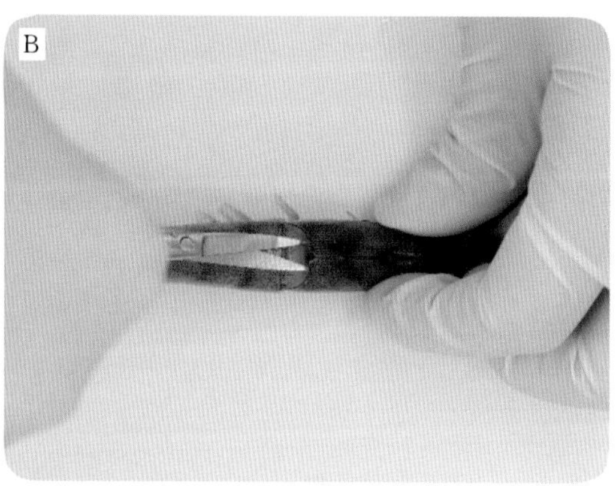

图 1－63　虾类头胸甲的剖检

A. 克氏原螯虾　B. 凡纳滨对虾

胃检查：对胃的大小、颜色进行检查，使用手术刀剖开胃壁，观察内部情况，并取少量内容物制作涂片，染色后置于光学显微镜下进行微生物检查。

前肠检查：观察前肠内有无食物、肿胀及颜色变化等。

中、后肠检查：中肠位于腹部肌肉背部，起消化食物的作用，后肠为后盲囊后一截肠段。检查时，可从中间尾扇处直接将中肠和后肠拖出，观察肠内有无食物、肿胀及颜色变化等（图 1－64）。

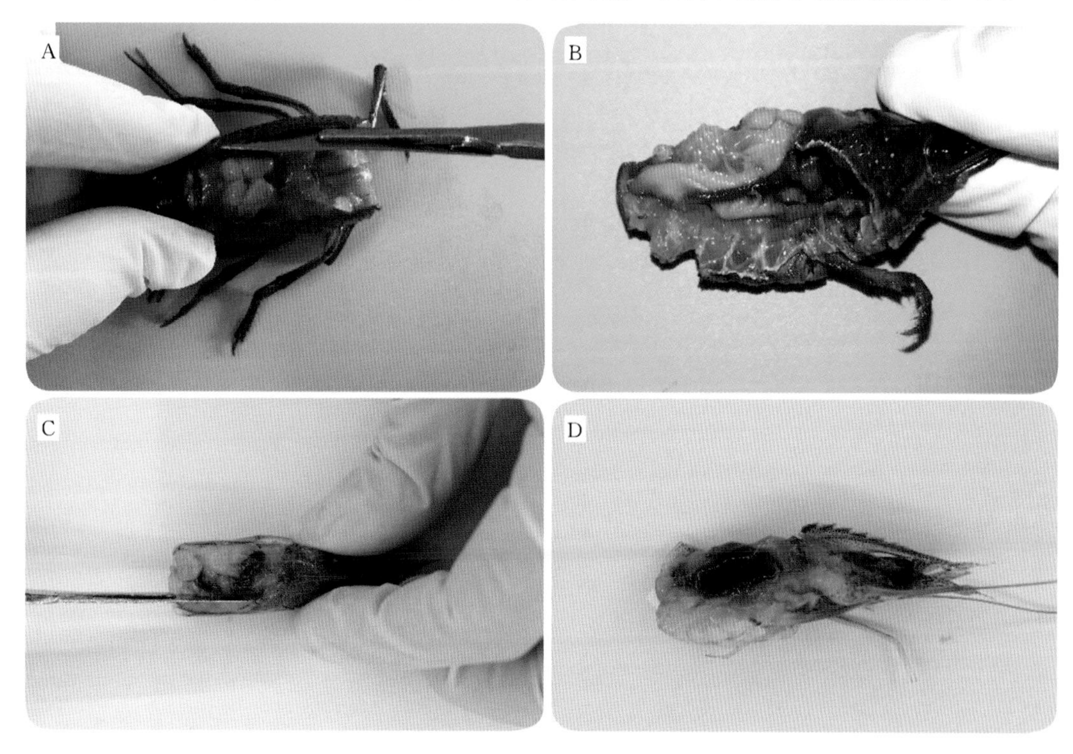

图 1－64　虾类肠道的剖检

A、B. 克氏原螯虾　C、D. 凡纳滨对虾

**5. 肌肉检查**

虾的肌肉主要分布在腹部和足内，以外骨骼包裹。腹部肌肉可直接用手术刀沿着腹部小节纵切开，步足肌肉可用手术剪沿着甲壳纵向剪开，以暴露肌肉。检查时，主要观察肌肉颜色、饱满度、质地，及是否有腐烂等病变（图 1－65）。

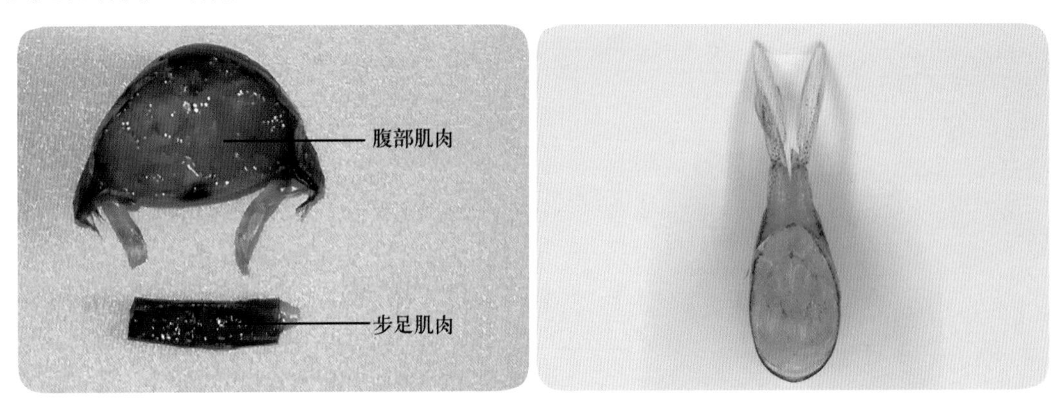


图 1－65　虾类肌肉的剖检

虾的细菌分离可在剖检前进行。对虾的甲壳表面消毒后，将接种环从头胸甲与腹部接缝处探入肝胰腺或性腺内，完成细菌分离操作。其他病原分离可参考第一章第一节“剖检过程中的微生物检查”的方法进行。剖检完成后对尸体和锐器的处理参考第一章第一节“结果记录、留样及无害化处理”的方法进行。

# 第四节 两栖类病理剖检技术

两栖类是指幼体水生和成体水陆兼栖生活的变温动物（poikilotherm）或外热源动物（外温动物，ectotherm），其繁殖和幼体发育必须在淡水中进行。两栖类幼体形态似鱼，用鳃呼吸，有侧线，依靠尾鳍游泳，需经变态发育才能上陆地生活。目前，中国养殖的两栖动物主要有蛙科的虎纹蛙、棘胸蛙（*Quasipaa spinosa*）、中国林蛙（*Rana chensinensis*）、牛蛙（*Rana catesbiana*），以及大鲵属的大鲵（*Andrias davidianus*）等。两栖类由于营养价值高、肉质细嫩、脂肪少、糖分低而受到广大消费者的青睐。养殖量的加大导致两栖类的疾病问题逐渐暴露出来，如蛙的歪头病、红腿病，大鲵的疥疮病、赤皮病等，对两栖类动物进行正确的剖检对于两栖类的疾病诊断具有重大意义。

## 一、剖检器械

两栖类剖检时所需实验器械与鱼类病理剖检类似，见第一章第一节。

## 二、两栖类的基本结构

两栖类动物属两栖纲，目前养殖量较多的有无尾目的蛙、蟾蜍以及有尾目的大鲵等。两栖类动物机体内主要包含被皮系统、骨骼系统、肌肉系统、消化系统、呼吸系统、循环系统、神经系统、感觉系统、排泄系统、生殖系统共10大系统。两栖类的生长周期分为两个阶段，幼体阶段和成体阶段。无尾目的幼体（蝌蚪）阶段与鱼类似，用鳃呼吸，靠尾部摆动游动；经过变态发育后，无尾目进入成体阶段，尾部退化，进化出四肢，鳃消失进化为肺，用肺进行呼吸，有的无尾目还能用皮肤进行呼吸。而有尾目一般终生有尾，其余发育与无尾目类似。两栖类相比于鱼类，已进化出四肢和肺，营水陆两栖生活，两栖类动物的身体结构划分、内部器官及分布位置如图1－66、图1－67所示。

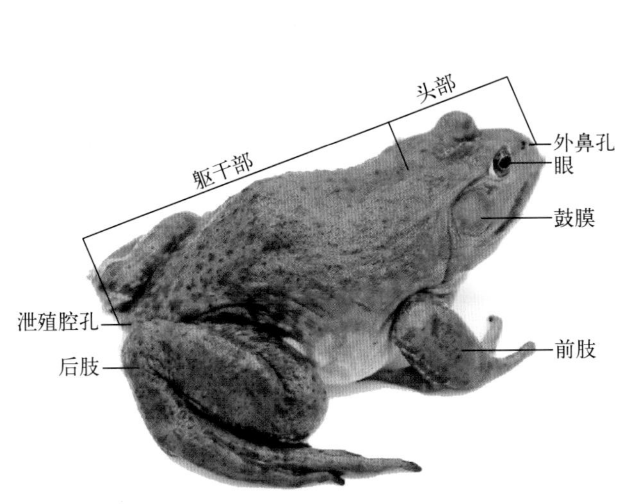


图1－66 蛙类外观形态（以牛蛙示例）

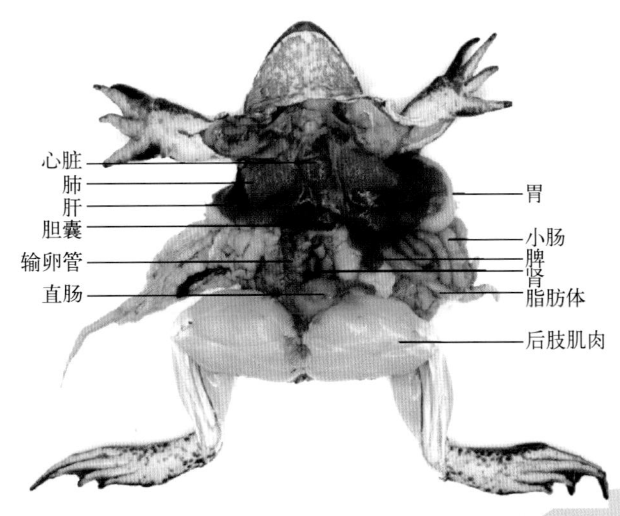


图1－67 蛙类内部器官形态及分布（以牛蛙示例）

## 三、剖检步骤及方法

### （一）样本选择

一般在进行疾病检测或流行病学调查时应该选择症状明显的个体进行剖检。对于已经死亡的个体应该选择死亡时间较短的样本进行剖检，一般要求冬季时样本死亡时间不超过 2 h，而夏季时样本死亡时间不能超过 1 h。

两栖类剖检样本数量和鱼类要求一致，建议每个养殖池选择症状明显的 5 个样本进行剖检。在某些极端情况下，如患病样本较难获得时，可减小样本剖检数量，但亦不能少于 3 只。选择具有明显病理症状的动物活体进行病检，放入密闭容器中麻醉待检，两栖类推荐麻醉药物为 MS－222 或者乙醚（diethyl ether）。将活蛙样本放置在广口瓶中，用脱脂棉蘸取适量乙醚放入瓶内，盖好瓶盖，轻晃，至蛙昏迷无知觉后即可进行剖检。

### （二）剖检步骤

两栖类动物的剖检步骤一般以体表→口咽腔→内脏器官→肌肉的顺序从外至内完成剖检。

**1. 体表检查**

体表检查主要包括外观、皮肤、四肢和眼球的检查。

（1）外观检查

首先，观察两栖类的活力状况、游泳能力有无异常。其次，对受检动物的外观变化进行检查，观察有无畸形、体表是否完整等。最后，对受检动物的体型、大小变化进行检查。近年来，养殖蛙中暴发了一种疾病，俗称歪头病，其病原为米尔伊丽莎白金菌、脑膜脓毒性伊丽莎白金菌（*Elizabethkingia meningosepticum*）等细菌，患病蛙主要表现为身体倾斜、头偏向一侧的体态改变（图 1－68）。

图 1－68　患病黑斑蛙头歪、身体倾斜

（2）皮肤检查

观察皮肤颜色变化及进行体表完整性检查。首先，观察有无充出血、溃疡等病变；其次，观察四肢有无肿胀、出血、溃疡等病变。大鲵经常因为打斗导致断肢、四肢溃烂等；大鲵虹彩病毒（Chinese giant salamander iridovirus）感染常导致大鲵四肢肿胀、出血（图 1－69）；黑斑蛙、棘胸蛙或牛蛙感染蛙病毒（ranavirus）后表现为体表皮肤明显充出血、溃烂等（图 1－70）；嗜水气单胞菌感染黑斑蛙后使其后肢内侧皮肤明显充血发红。

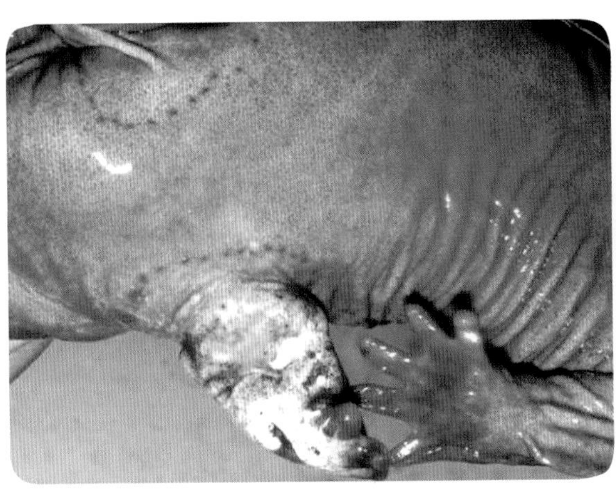
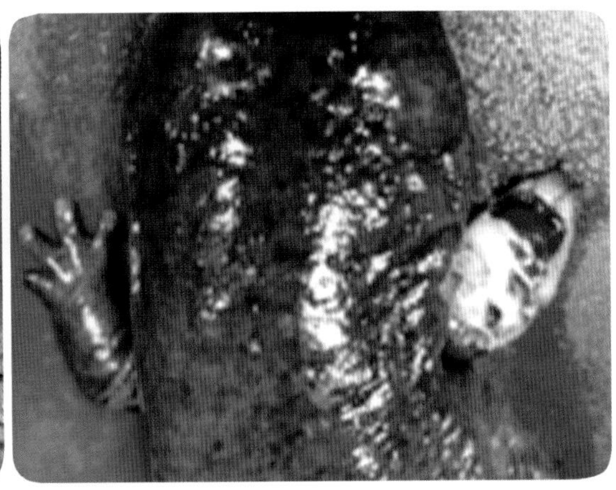

图 1-69 患病大鲵腿部红肿、溃烂

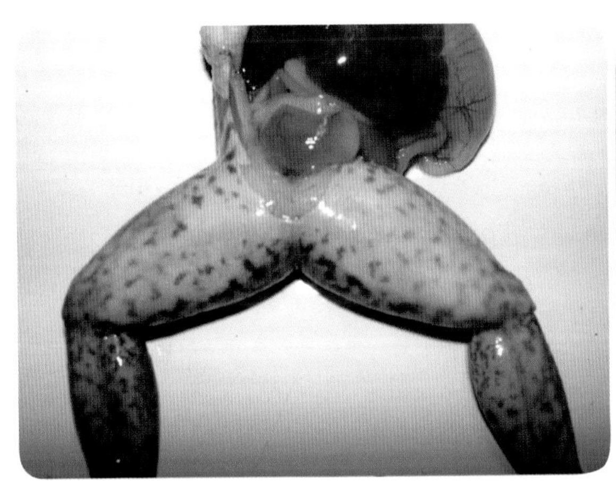

图 1-70 牛蛙腿部红肿

(3) 眼球检查

眼球位于两栖类动物前端，成对出现。检查时，可将受检动物固定，俯视观察眼球有无突出、凹陷现象。此外，目检或使用放大镜观察眼球外表面是否清澈透明，有无色泽变化、充出血等，并用镊子轻压眼球，目检或使用放大镜观察眼眶内有无充出血、寄生虫寄生等病理变化。

两栖类与鱼类一样，其眼球暴露于水环境中，因此常因水质变差或病菌感染导致眼球出现病变。例如，患有歪头病的蛙常伴随眼球白内障症状(图 1-71)。

图 1-71 患歪头病和白内障的黑斑蛙

**2. 口咽腔检查**

用拇指和食指按压受检动物的口腔两侧，使其口腔自然扩张，目检或使用放大镜观察口腔内部有无肿胀、充出血、溃疡、疱疹样病变。使用镊子轻轻夹住舌端并向上提起，观察有无病理症状(图 1-72)。

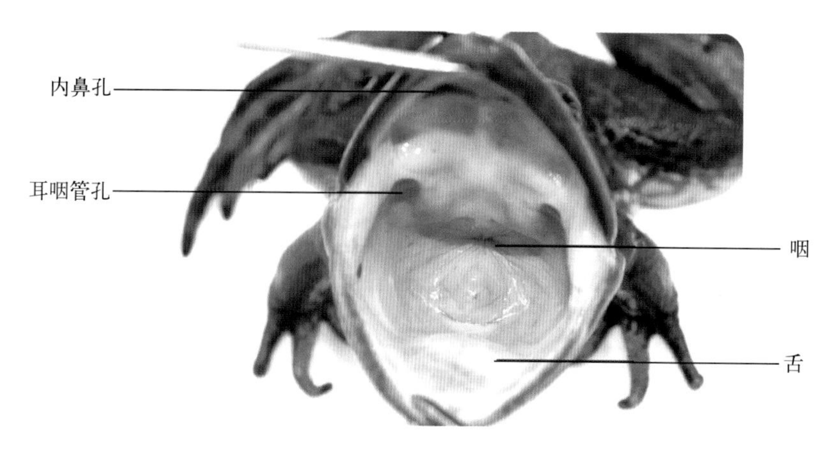


图 1-72　牛蛙口咽腔检查

**3. 血液检查**

以心脏采血的方式从蛙心脏内采集 0.2 mL 左右的血液。观察血液的颜色以及黏稠度，并制作血液涂片，染色后置于光学显微镜下观察有无寄生虫、真菌和细菌等病原感染。

**4. 内脏检查**

使用手术刀在腹部下方皮肤开一切口，用手术剪从切口处进刀，沿腹正中线向心脏方向剪开腹部皮肤，暴露腹壁肌肉，之后再沿腹正中线剪开腹壁肌肉，暴露内脏器官（图 1-73）。

图 1-73　牛蛙腹腔的剖检

(1) 心脏检查

剪断胸腔前胸骨，用镊子扩张胸腔，暴露心脏。观察围心腔内是否有液体增多或纤维素粘连等情况，此外，观察心脏的律动情况、颜色、形状、有无增生肿胀等。

心脏与肝由一层薄薄的结缔组织相连，食道位于心脏与肝下方。可用剪刀将心脏和肝之间的结缔膜剪开，暴露食道，之后用手术刀切断食道和直肠，用镊子拉出整个内脏（图1－74）。

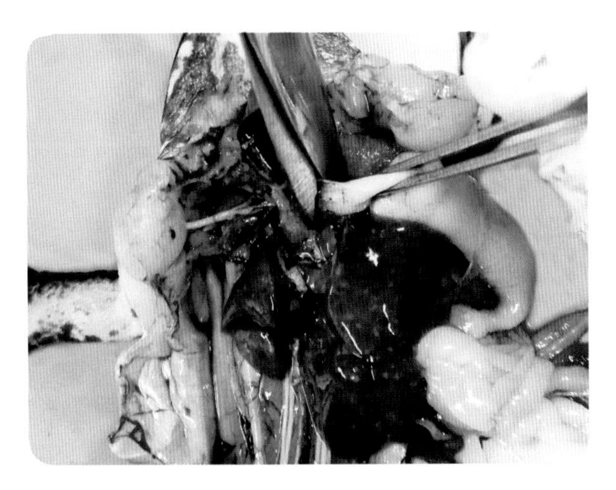

图1－74 黑斑蛙腹腔内脏器官的剖检

(2) 肝检查

肝位于腹腔前端，占据腹腔大部分空间，是很多病原微生物侵袭的靶器官。进行病理诊断时主要检查肝的颜色、质地变化，有无充出血、肿胀、结节、白点等病变，有无寄生虫寄生等。此外，营养性疾病也可能在肝上表现典型的症状。如大鲵养殖过程中若饵料脂肪含量过高或长期加量投喂，易使肝出现发黄、发白、肿大等脂肪肝或肝坏死症状（图1－75）。目检完毕后，可用手术刀切取少量肝制成触片，染色并置于光学显微镜下观察寄生虫、真菌、细菌等病原感染情况。另外，在进行触片检查的同时，可对肝进行细菌分离。

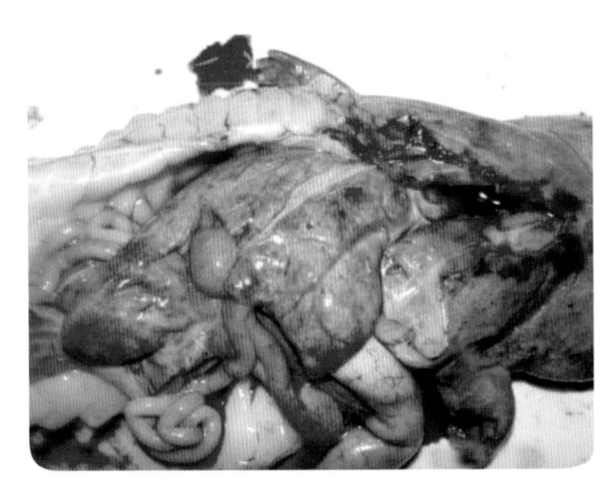

图1－75 患病大鲵肝肿大发黄

(3) 消化道检查

两栖类的消化道包括食道、胃、小肠、回肠、十二指肠和直肠等。首先检查肠道和胃的表面有无颜色、质地变化，以及充出血、肿胀等病变。然后，用手术刀剖开消化道壁，观察消化道内容物的有无、颜色等。之后用手术剪剪出一段消化道，将消化道内容物冲洗后仔细观察消化道黏膜面有无充出血等病变。如大鲵肠炎发生后，可见肠道浆膜面明显发红，部分个体可见肠壁变薄，弹性降低；黏膜面明显发红，充血出血，肠腔内可见大量黄色或淡红色炎性分泌物。在解剖患有套肠症的牛蛙时发现其胃部与肠部形成挤压凸套，胃内无食物且肿胀，肠内有黄色黏液，并伴有异味。此外，可从未解剖肠管内取少量内容物制作涂片，染色后置于光学显微镜下镜检。

(4) 脾检查

脾一般位于腹腔中部肝胰腺的下方，与肠道连接，呈暗红色，由于含血量丰富，亦是很多病原微生物感染的主要器官。两栖类的脾一般体积较小，检查时可用镊子轻轻掀开覆于脾表面的结缔组织，夹起脾边缘，仔细观察脾的颜色、形状和大小，观察是否有发黑、发白、肿大、萎缩等病变。之后，用手术刀轻切脾组织，感受其质地，判断是否有质地变脆、变硬等病理改变。目检完毕后，可用手术刀切取脾组织制作触片，染色后置于光学显微镜下检查有无细菌、真菌、寄生虫等病原感染。如伊丽莎白金菌、运动性气单胞菌、假单胞菌等均可感染脾，导致脾出现发黑、肿大等病理表现，触片染色后在高倍显微镜下可见杆状细菌。

（5）脂肪组织检查

脂肪组织分布于消化道、肝胰腺等脏器表面，呈淡黄色或黄色半透明状，与其他脏器相比，较少表现病理症状。脂肪易被氧化，检查时主要观察其颜色、质地的变化。

（6）性腺检查

两栖类的性腺分为精巢和卵巢，位于腹腔下端，精巢一般呈近白色，卵巢呈灰黑色。检查精巢时，观察其发育状况，有无充出血等病变；检查卵巢时，观察其发育状态及病变情况。对于怀卵的成熟卵巢，可在目检后用挖卵器挖取少量卵粒，在解剖镜或光学显微镜下观察卵粒的发育状况，并对其死亡量进行评估。

（7）肾检查

两栖类的肾紧贴在腹腔下端脊柱腹面，在掏出其余内脏器官后可充分暴露。检查时主要观察其颜色的变化，有无肿胀、充出血等病变。目检完毕后，可用手术刀切取肾组织制作触片，染色后置于光学显微镜下检查有无寄生虫、细菌、真菌等病原感染。肾作为两栖类的泌尿器官，是较易病变的器官之一，如嗜水气单胞菌、伊丽莎白金菌等细菌常可导致蛙肾充血肿大呈鲜红色。

**5. 肌肉检查**

两栖类的肌肉检查包括腿部和背部肌肉检查两部分。剖检腿部肌肉时，由于腿部皮肤和肌肉之间仅有很少的结缔组织连接，易于脱离，可直接用镊子轻轻掀开皮肤暴露肌肉（图 1－76）。而背部皮肤与肌肉连接稍紧密，需用镊子夹住腰部皮肤，使用手术剪沿与身体垂直的方向剪开一个切口，之后用手指伸入切口处，往头部方向将皮肤剥离以暴露肌肉。正常的肌肉呈乳白色，富有光泽。检查时，观察肌肉是否出现颜色、质地改变，是否有萎缩、充血、溃烂等病变。如当孢子虫在肌肉中寄生形成包囊后，可见肌肉灶性浑浊；而溃疡病发生时，可见溃烂部肌肉明显腐烂、病灶边缘发红等。

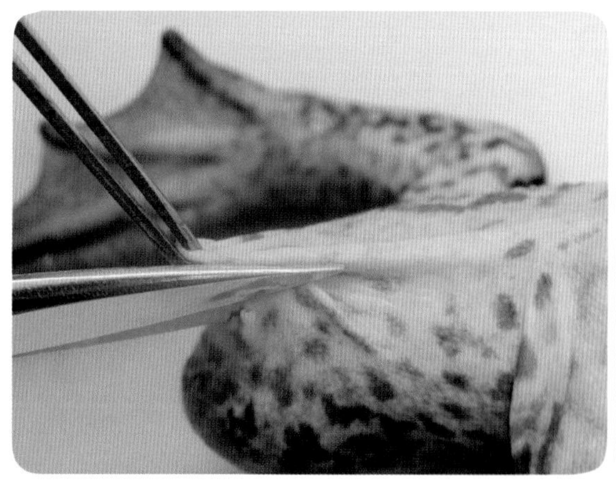

图 1－76　牛蛙腿部肌肉的剖检

在解剖过程中，若需要进行细菌或病毒的分离，可参考第一章第一节“剖检过程中的微生物检查”的方法进行。剖检完成后对尸体和锐器的处理参考第一章第一节“结果记录、留样及无害化处理”的方法进行。

# 第五节 龟鳖类爬行动物病理剖检技术

龟鳖目是现存最古老的爬行动物，其身上长有非常坚固的甲壳，受袭击时可将头、尾及四肢缩进壳内。龟鳖类主要营陆地或水中生活，但产卵时均会回到陆地上并在陆地上完成孵化。由于龟鳖类中某些种类极具观赏性，而一些种类又味道鲜美、营养价值高，导致龟鳖类的养殖产量剧增。目前龟鳖养殖业不断发展，养殖规模不断扩大，集约化程度不断提高，但管理与技术措施滞后等原因导致很多龟鳖养殖场的疾病发生情况日渐增多。尤以细菌性和病毒性传染病为甚，常暴发性流行，使养殖场遭受巨大的经济损失，严重制约着养殖业规模化发展。由于龟鳖的形态特征与鱼类和两栖类差异较大，在临床疾病检查过程中，往往需要掌握正确的剖检顺序和检查要点才能对疾病作出更为准确的诊断，本节详述了龟鳖类动物的基本结构、剖检步骤及各器官的检查要点。

## 一、剖检器械

龟鳖类剖检时所需实验器械与鱼类病理剖检类似，见第一章第一节。

## 二、龟鳖类的基本结构

龟鳖类的身体分为头、颈、躯干、四肢和尾五部分，体表覆甲，用肺呼吸，体温不恒定，会随外界温度变化。龟可分为9个系统，即消化系统、骨骼系统、肌肉系统、呼吸系统、循环系统、排泄系统、生殖系统、神经系统和感觉系统。龟鳖类属爬行动物，其身体构造与鱼类有较大差异，比如，龟鳖类的心脏有三个腔，其心室里有不完全的隔膜。此外，龟鳖类为体内受精，卵生或少数卵胎生。了解龟鳖类的身体构造对其正确剖检具有重大意义，龟鳖的内部构造如图1-77所示。

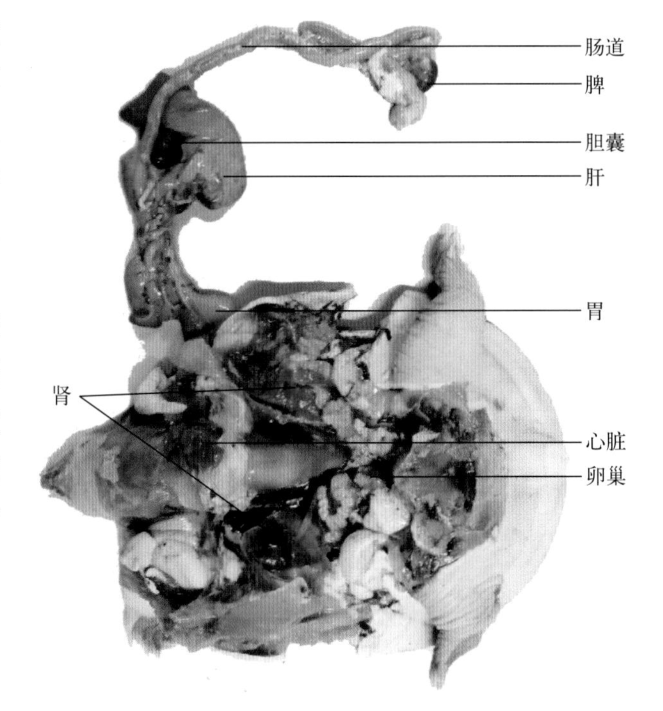

图1-77 鳖常见内脏器官及其分布

## 三、剖检步骤及方法

### （一）样本选择

和鱼类剖检样本数量要求一致，建议每个养殖池选择症状明显的5个样本进行剖检。在某些极端情况下，如患病样本较难获得时，可减小样本剖检数量，但亦不能少于3只。选择具有明显病理症状的龟鳖活体，放入密闭容器中，加入麻醉剂深度麻醉后待检。目前常用的龟鳖类麻醉药物主要有乙醚。

### （二）剖检步骤

龟鳖类的剖检步骤一般以体表→口腔→内脏器官→肌肉的顺序从外至内进行检查。

**1. 体表检查**

体表检查主要包括对样本的活力、外观等进行检查。首先，在麻醉前可对龟鳖的活力、游泳能力进行评判，观察是否有游泳倾斜、瘸腿现象。然后，对龟鳖的外观进行检查，观察有无溃疡、畸形等异常情况。接着，观察甲壳完整性，并用手轻按背甲感受其硬度。此外，用镊子轻轻夹住头部、四肢与尾部向外拉伸，检查各部分皮肤有无充出血、肿胀、溃烂等病变，以及四肢趾甲是否脱落等。如鳖穿孔病发生后可在背甲和腹甲上出现圆形或椭圆形溃疡灶，部分溃疡灶溃烂程度较深，甚至暴露内脏器官，病灶边缘可见出血。

**2. 口腔检查**

使用镊子夹住龟鳖下颌并将头部拉出，轻轻拨开嘴，观察口腔内部有无红肿、充出血、溃疡等病变。如鳖出血性败血症发生时，口腔黏膜成片发红并伴随大小不等的出血斑。

**3. 眼球检查**

使用镊子轻轻拨开眼睑暴露眼球，在光照下观察龟鳖的眼球充出血情况，有无肿胀、突出或角膜发白等病变。

**4. 血液检查**

从龟鳖类的背甲下方采集 0.2 mL 左右的血液（采血方法见第二章第一节）。采血后观察血液的颜色及黏稠度，并制成血涂片，染色后置于光学显微镜下观察有无寄生虫、真菌和细菌感染。

**5. 内脏检查**

龟鳖类的骨骼异常坚硬，可用锋利的手术刀沿着腹甲与背甲连接处将皮肤划开，并掀开整个腹甲以暴露内脏器官（图 1－78）。首先观察腹腔内部情况，有无积液、出血等症状，然后检查有无寄生虫、真菌等感染（图 1－79）。

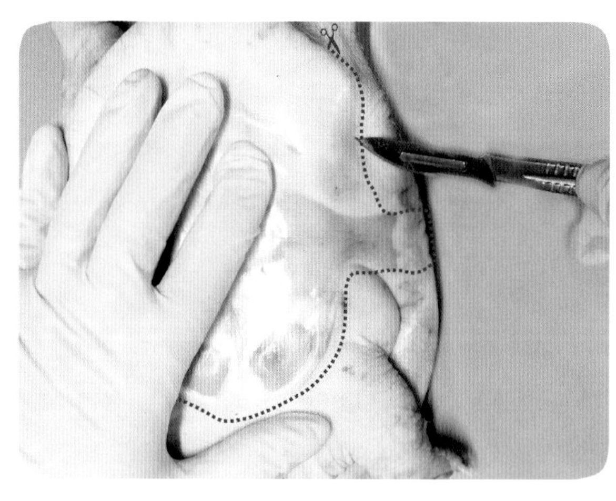

图 1－78　鳖腹腔的解剖

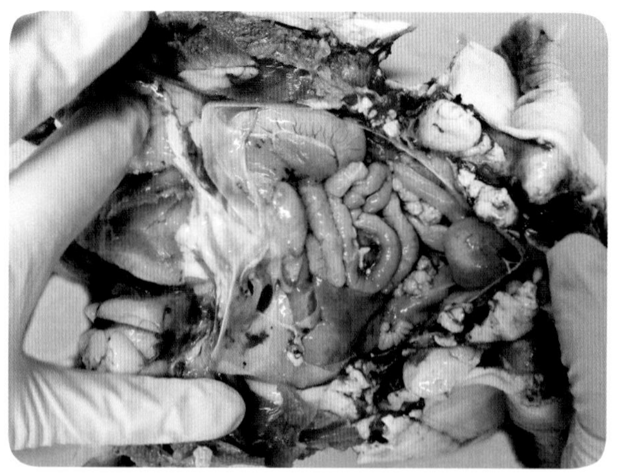

图 1－79　鳖腹腔检查

（1）心脏检查

心脏位于整个腹腔偏头部上方，可首先检查心脏的律动情况，然后用镊子夹住心尖，用手术剪剪断动静脉血管后将心脏拖出，仔细观察其有无增生、肿胀等病变发生。

（2）肝检查

肝位于腹腔上方，是龟鳖爬行类最大的消化腺。进行病理诊断时主要检查肝胰腺的颜色、质地变化，有无充出血、肿胀、结节等病变。目检完毕后，可用手术刀切取少量肝制成触片，染色并置于光学显微镜下观察寄生虫，以及真菌、细菌等微生物感染情况。

（3）胆囊检查

胆囊位于肝胰腺与肠道连接处，常隐藏在肝下方，因此在剖检过程中很容易被忽略。检查胆囊时，主要观察其形态、大小及颜色变化。目检完毕后，沿着胆囊与肝边缘将胆囊取出，再剪开胆囊，取胆汁制作涂片，并置于光学显微镜下镜检。

（4）消化道检查

爬行类的消化道包括食道、胃和肠等。消化道的检查主要包括胃和肠道检查。首先，观察肠道和胃的外表面有无肿胀、充出血等病变，以及颜色和质地的变化情况。然后，剖开消化道管腔，观察内容物及消化液情况，以及消化道黏膜面有无充出血等病变。目检完毕后，从未剖开肠管处取少量消化道内容物制作涂片，染色后置于光学显微镜下检查微生物感染情况。

（5）脾检查

脾一般位于腹腔中部，肝胰腺的下方，呈暗红色。进行脾检查时，主要检查脾的大小、颜色等变化。检查完毕后，使用手术刀切取少量脾制作触片，并置于光学显微镜下镜检。

（6）脂肪组织检查

脂肪组织为腹腔内分布于消化道、肝胰腺等脏器表面的呈淡黄色的半透明状组织，脂肪易受氧化，对脂肪进行检查时主要观察脂肪的颜色、质地的变化。

（7）性腺检查

龟鳖类的性腺分为精巢和卵巢，位于腹腔后端，精巢一般呈近白色，卵巢呈灰黑色。检查性腺时，主要分析其发育状况，并观察其有无充出血等病理变化。

（8）肾检查

龟鳖类的肾紧贴于背部，呈暗红色，片状。检查肾时主要观察其颜色、质地的变化，有无肿胀、溃烂等病变。目检完毕后，可用手术刀切取少量肾制成触片，染色并置于光学显微镜下观察寄生虫，以及真菌、细菌等微生物感染情况。

**6. 肌肉检查**

龟鳖类的腿部肌肉较为发达，可作为检查部位进行解剖。使用手术刀划开腿部皮肤，暴露肌肉。检查肌肉的颜色与质地变化，以及有无萎缩等病变发生。

在解剖过程中，若需要进行细菌或病毒的分离，可参考第一章第一节“剖检过程中的微生物检查”的方法进行。剖检完成后对尸体和锐器的处理参考第一章第一节“结果记录、留样及无害化处理”的方法进行。

# 第二章　水生动物病理采样技术

在水生动物的疾病病理诊断过程中需要完整、清晰、色彩分明且能最大程度上反映组织原有形态变化的组织切片，而一张优秀的组织切片需要立足于对原有样本组织的完整保护，保留组织在样本鲜活时的形态有利于在组织病理学中还原疾病场景并作出合理诊断。因此在对组织进行取材与固定过程中，正确的操作方式尤为重要，特别是免疫组织化学以及免疫荧光染色等病理取材时，更应注意。水生动物与陆生动物相比，其组织更易自溶、腐败，因此需要对水生生物的组织取材与固定提出更高的标准与要求。

# 第一节　血液样本采集

在水生动物疾病检查过程中，通过对采集的血液标本进行涂片染色检查、血常规检查、生化检验、血液培养等可协助病理诊断。在血液标本采集过程中若技术操作不规范、采血时间不合适、标本容器不合格、送检不及时等都会对血液标本的质量产生不良影响，造成检验结果失真。因此，正确地进行血液样本的采集是进行病理诊断的关键步骤之一。

## 一、试剂及耗材

消毒试剂：消毒碘酒、酒精等。

采血器械：注射器或采血管、采血针。针头的大小一般根据动物大小进行选择。

血液储存器材：离心管，常见离心管容积有 1.5 mL、2 mL、4 mL 等，离心管可以进行血液的储存，并析出血清、血浆等。根据血液需求量选择离心管容积。

抗凝血剂：肝素钠、柠檬酸钠等。使用前需要进行抗凝血剂的稀释。

## 二、采集方法

采血前需要先使用抗凝血剂或其稀释液将注射器和离心管进行润洗（采集血清时不须此操作）。此外，无论用哪一种方法以及对哪些物种进行采血，在采血之前，均应先对采血的体表部位进行消毒。先用碘酒棉球涂擦欲采血的部位，再用酒精棉球擦净，最后用灭菌干棉球擦干。根据品种不同，其血液采集方式有所区别。

### （一）鱼类采血方法

鱼类的血液循环方式为闭管式单循环，其循环模式如图 2 - 1 所示。

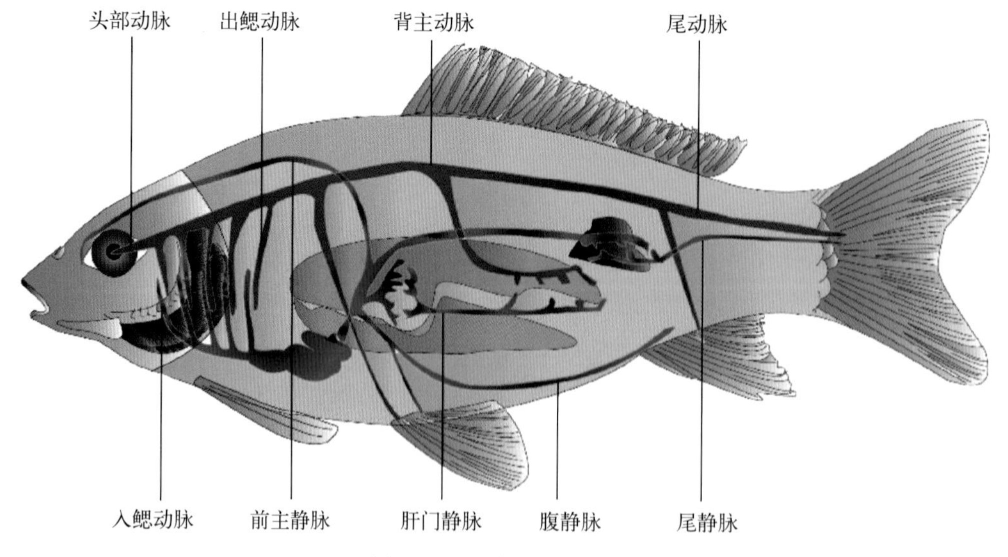


图 2 - 1　鱼类的血液循环

鱼类的常见采血方法主要有尾静脉采血和心脏采血两种。

尾静脉采血法：将受检鱼麻醉后，鱼体侧卧于解剖台上，以润湿的干净毛巾覆盖，使腹部平行。用注射器沿着鱼体腹部的中线、臀鳍（anal fin）基部后面的鳞下刺入，直至脊柱处，感觉针尖遇到明显阻力为止。尾静脉处于脊柱腹面，此时在脊柱周围轻微转动针尖并抽动注射器内筒，直至血液进入注射器时为止（图 2－2）。

图 2－2　加州鲈尾静脉采血

心脏采血法：将受检鱼麻醉后，以润湿的干净毛巾覆盖体表，将鱼体腹部朝上使其仰侧卧于实验解剖台上，用食指按压胸鳍基部前方的胸部，感触到有跳动的位置，将注射器直接刺入，当感觉针尖触碰到心脏时，即缓慢拉动注射器取出血液（图 2－3）。此外，也可剖开体壁和围心腔，暴露心脏，使用注射器插入动脉球采集血液。此法采到的血液量较多，但采血后会导致鱼体死亡（图 2－4）。

图 2－3　加州鲈心脏穿刺采血

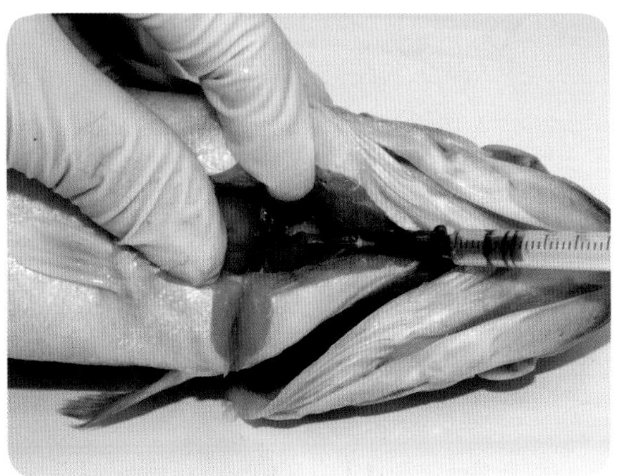

图 2－4　加州鲈心脏直接采血

### （二）蟹类血淋巴采集

蟹类循环系统的循环方式为开放式循环，其循环系统由心脏、动脉、毛细血管、血窦、鳃血管等组成，循环模式如图 2－5 所示。

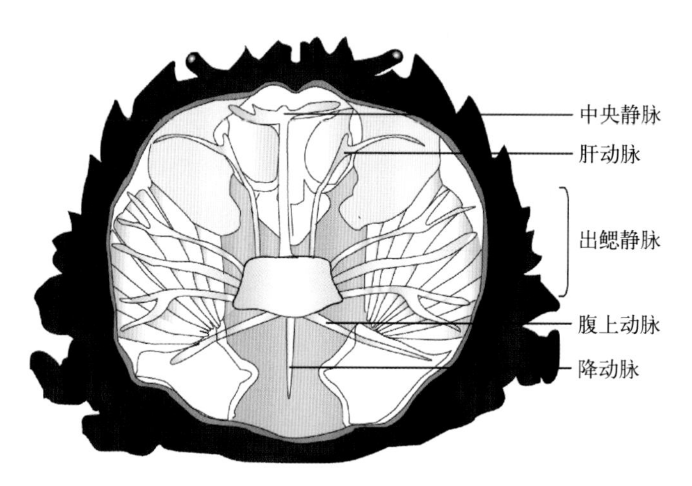


图 2－5　蟹类的血液循环

蟹类的采血方法主要有步足基部采血法和截肢采血法。

步足基部采血法：将蟹麻醉后，使用注射器从第三、第四步足基部进针，使针头到达心区位置抽取血淋巴（图 2－6 A）。

截肢采血法：将蟹麻醉后，使用手术剪剪断蟹第三、第四步足的长节，等待其析出血淋巴后，吸取血淋巴保存（图 2－6 B）。

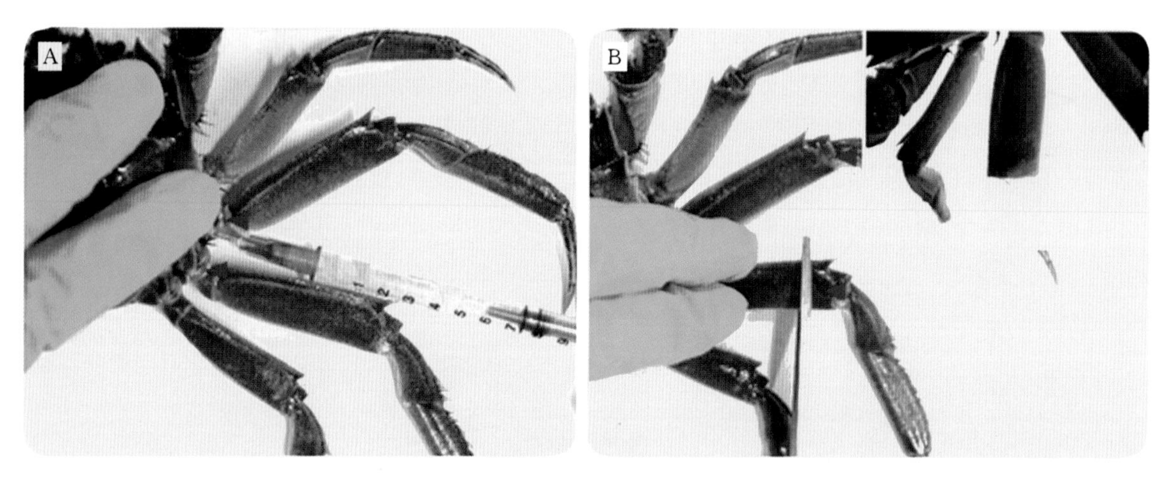


图 2－6　中华绒螯蟹血淋巴采集

A. 步足基部采血法　B. 截肢采血法

### （三）虾类采血

虾类循环系统的循环方式与蟹类相似，为开放式循环，其循环系统由心脏、动脉、毛细血管、血窦、鳃血管等组成，循环模式如图 2－7 所示。

虾类的采血方法主要有心脏采血法和腹部采血法两种。

心脏采血法：将虾麻醉后，使用注射器从虾的胸节与腹节接口处进针，针尖入内 7～10 mm，抽取血淋巴（图 2－8）。

腹部采血法：麻醉后，将虾平躺，腹部朝上，使用注射器从神经下动脉平行插入，抽取血淋巴（图 2－9）。

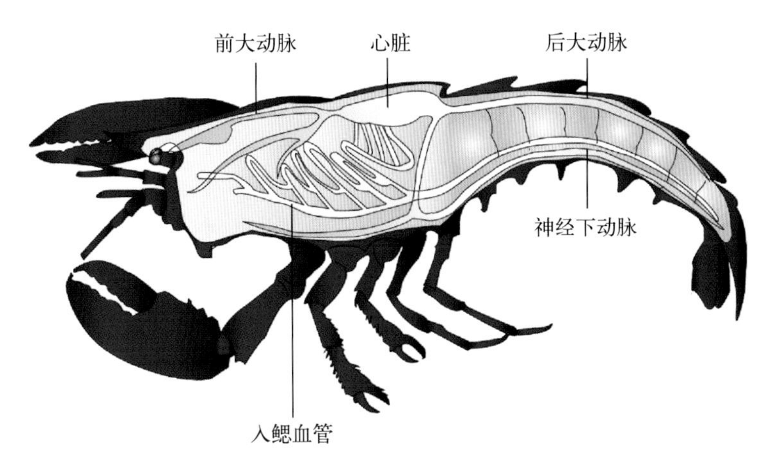


图 2-7　虾类的循环系统

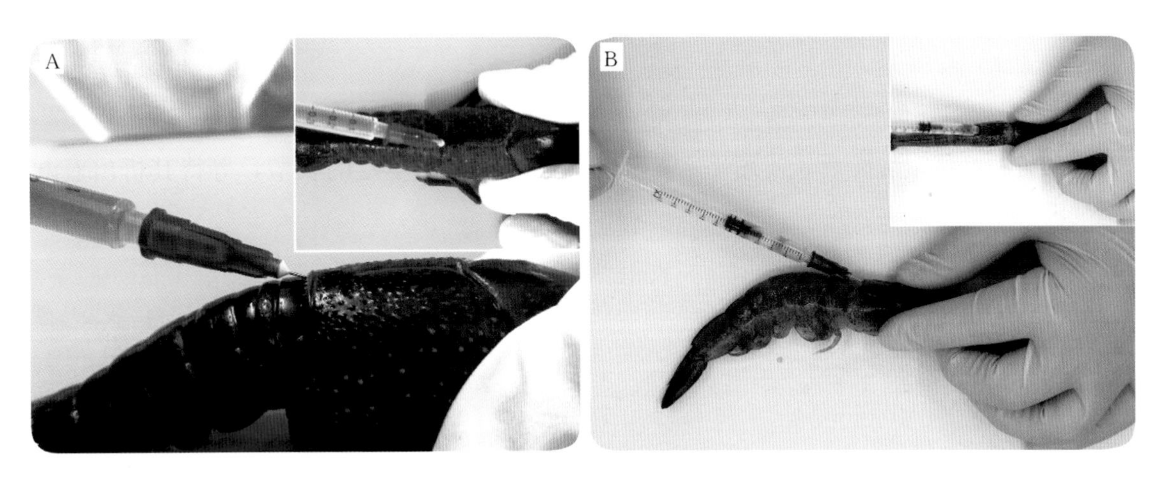


图 2-8　虾心脏采血

A. 克氏原螯虾　B. 凡纳滨对虾

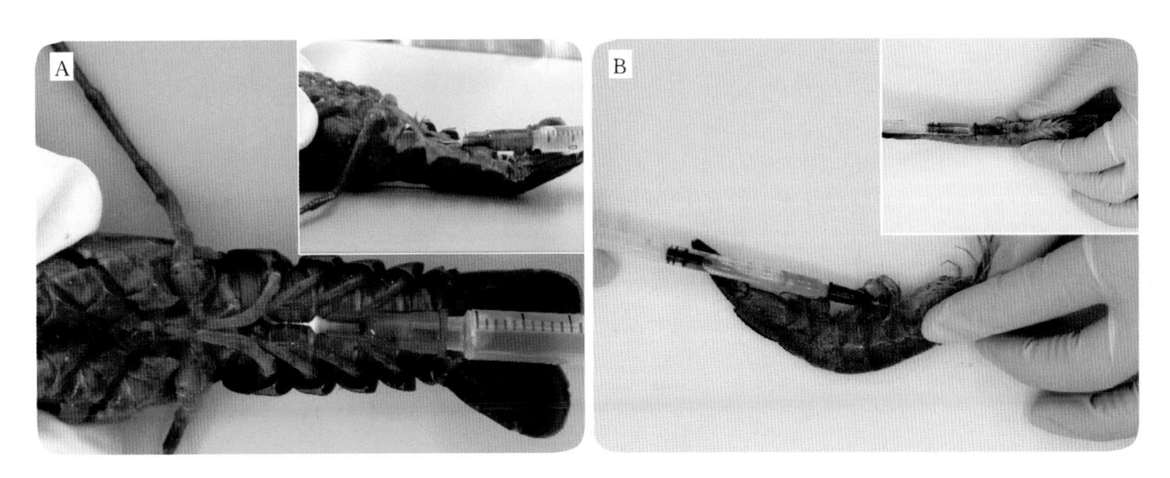


图 2-9　虾腹部采血

A. 克氏原螯虾　B. 凡纳滨对虾

### (四) 两栖类采血

两栖类的循环系统由心脏和血管组成，心脏由静脉窦、心房、心室和动脉圆锥四部分组成。两栖类的心脏为两心房一心室结构，血液循环分为体循环和肺循环。由于心室不分隔，因此体循环和肺循环不能完全分开，循环模式如图 2－10 所示。

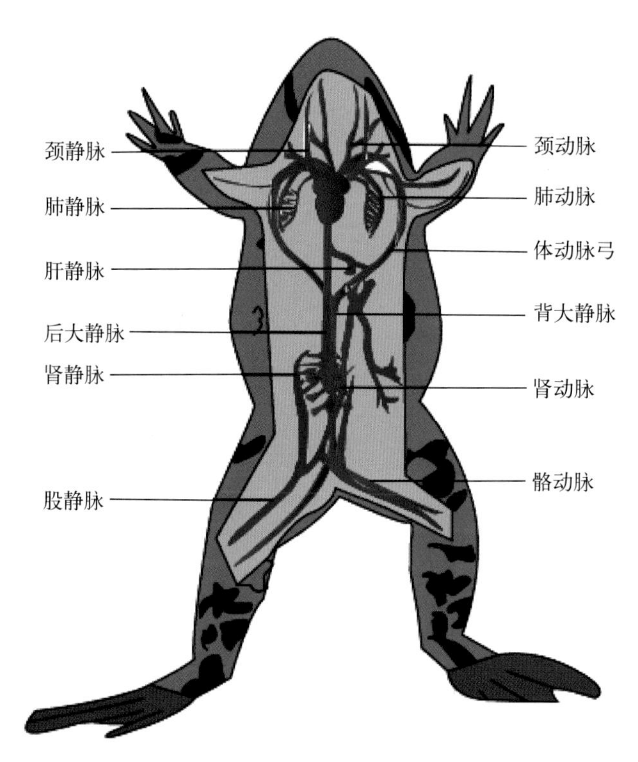


图 2－10　两栖类的循环系统

两栖类的采血方法主要为心脏采血法，可分为穿刺采血法和直接采血法两种。

心脏穿刺采血法：将蛙麻醉后，用食指感受胸骨与心脏位置，使用注射器在胸骨下方凹陷处向心脏进针 7～10 mm，抽取血液（图 2－11）。

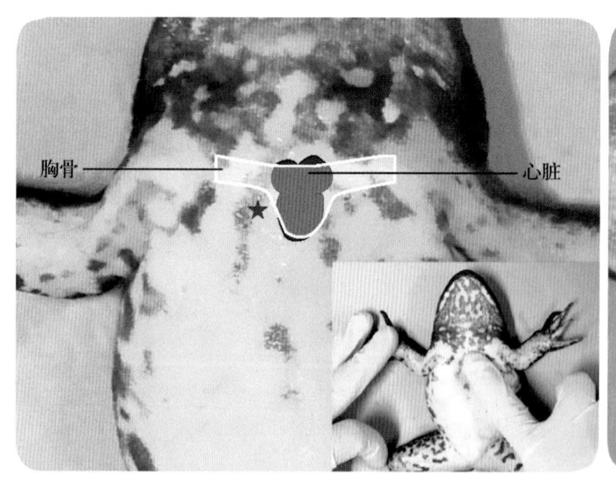


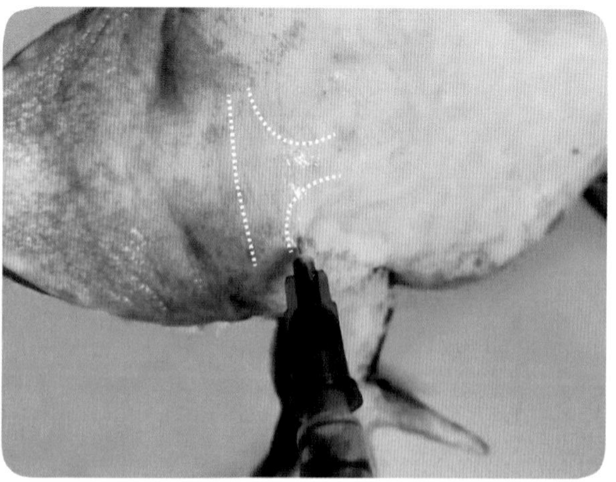

图 2－11　黑斑蛙心脏穿刺采血（★示进针位置）

心脏直接采血法：用手术剪剖开胸腔，暴露心脏。取一支灭菌注射器小心刺入蛙心室位置，注意针尖不能触及蛙的心室内壁，随着蛙心脏收缩的频率缓慢抽吸，即可得到较多的血液（图 2－12）。

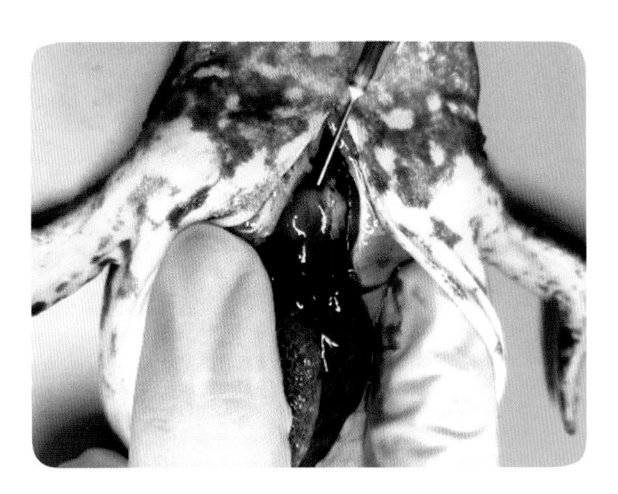

图 2－12 黑斑蛙心脏直接采血

### （五）龟鳖类采血

龟鳖类爬行动物具有闭合的循环系统，具有三腔室的心脏，这种心脏由两个心房与一个心室所构成，通常只有一对大主动脉，循环模式如图 2－13 所示。

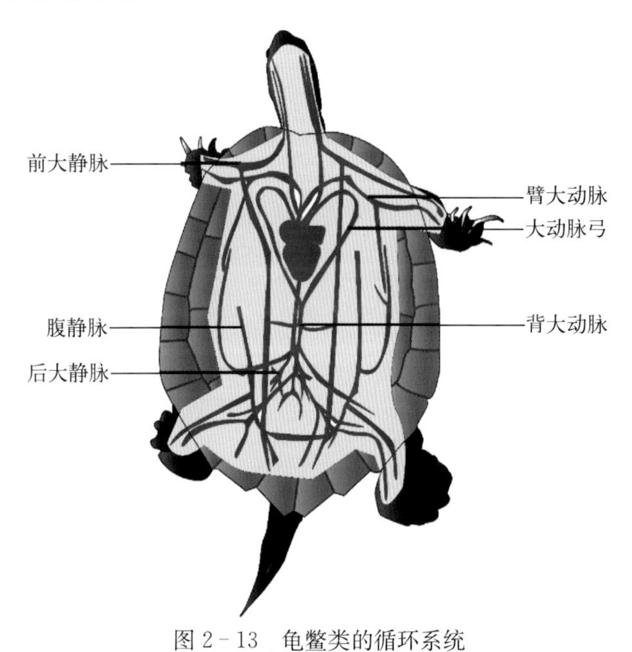


图 2－13 龟鳖类的循环系统

龟鳖类的采血方法主要有背甲下方采血法，除此之外，还可以从尾部、前臂、大腿抽吸血液，而背甲下方采血容易获得且更常用。

背甲下方采血法：将龟鳖类麻醉后，使用注射器从其背甲中央与颈部皮肤连接处进针，针尖抵达约背甲第一节处，微微搅动针头抽取血液（图 2－14）。

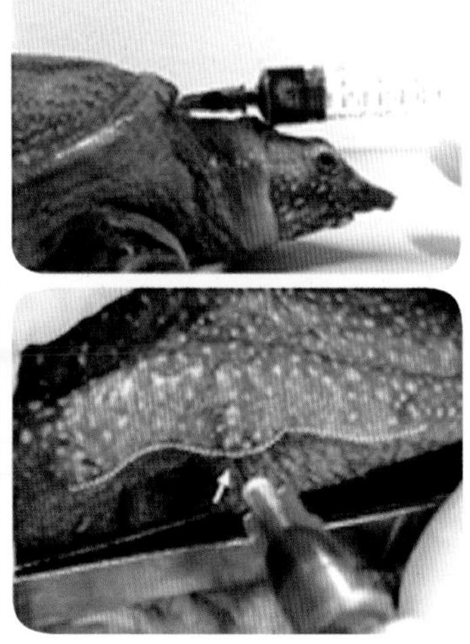

图 2－14 鳖背甲下方采血

# 第二节 组织病理样本采集

各种致病因子刺激水生动物机体后往往会导致动物组织和器官形态改变，如形成细胞损伤、炎症、瘢痕组织等，且不同的疾病具有不同的组织病理特征。因此，对于组织病理的观察有助于提高疾病诊断的准确性。然而，正确的疾病诊断是建立在对病理标本或者组织切片的观察的基础之上的，组织病理切片的质量与组织的取材、固定以及切片的后期制作等各步骤密切相关，取材时间、部位、大小、固定液的浓度、固定时间等任何一环失误都容易导致原有组织形态完整性被破坏，影响病理诊断和实验结果。因此，正确的组织病理样本采集以及固定方法在组织病理的正确诊断中尤为重要。

## 一、试剂及耗材

### （一）器材准备

组织病理样本采集时所需实验器械和准备与鱼类病理剖检类似，见第一章第一节。除此以外，还需准备样品瓶、组织固定液等。

### （二）固定液的使用

固定（fixation）即在病理检查中将各组织样品浸入固定液中，用以保持细胞、组织的固有形态和结构。随着免疫学及分子生物学在水生动物病理学中的普遍应用，对组织固定提出了更高的要求。从免疫组化技术的角度，需要用“固定”减少或终止外源性酶和内源性酶的反应、防止抗原扩散、保持组织或细胞的抗原性等，才能在免疫组化染色时，减轻非特异性背景染色，提高诊断的准确性。目前用于固定的固定液有很多种类，不同的固定液往往拥有不同的固定效果和适用范围。因此，针对后续样品的不同处理往往需要选择不同的固定液，如中性福尔马林、波恩氏液等固定的样本适合用于石蜡切片和H&E染色，却不能用于油红O（oil red O）染色、免疫荧光及透射电镜的组织样本固定。

目前用于水生动物样本固定的固定液种类繁多，常见的有乙醇（ethanol）、甲醛（formaldehyde）等。其中，甲醛在水生动物病理样本固定中最为常用。甲醛溶液又称福尔马林（formalin），其穿透力强，能与组织中蛋白质的氨基快速结合，使蛋白质凝固变性，从而达到固定组织的效果。由于甲醛固定效果好，对组织形态保存较完全，故在鱼类、两栖类和爬行类的组织固定中使用十分普遍。但甲醛放置时间过久会被氧化产生甲酸，使溶液呈酸性，影响细胞核着色。相比之下，乙醇兼顾组织固定和脱水的作用，但其渗透力较弱，固定速度较慢，且易使组织变脆、核蛋白沉淀，不利于染色体的固定，核着色不良。由于各固定剂均存在一定缺点，因此，在实际工作中，通常将几种固定剂或固定剂与其他化学试剂按一定比例配制成复合固定液，以弱化单一固定剂的缺点，达到良好的固定效果。

下面将介绍几种在水生动物样品固定中常使用的固定剂。

**1. 福尔马林固定液**

（1）10%福尔马林固定液的配制方法见表2-1。

表 2-1　10%福尔马林固定液的配制

| 药　品 | 用量（1 L） |
| --- | --- |
| 40% 甲醛（HCHO） | 100 mL |
| 水 | 900 mL |

固定原理：甲醛有效固定作用的要点是在蛋白质末端基团之间形成交联链。参与甲醛固定蛋白质的基团主要为氨基、亚氨基、胍基、羟基、巯基、肽键和芳香环，与赖氨酸之间的交联更为明显。这种交联不会破坏蛋白质的整体结构，所以不丢失抗原性。因此，免疫酶组织化学染色选用甲醛固定效果比较好。

优缺点：甲醛成本较低，使用甲醛固定液固定的组织收缩与损伤少，保存效果好。此外，其固定效果均匀，穿透力强，能加强组织弹性，有利于切片。甲醛还能够保存组织内的脂类物质，固定的组织可用于进行脂肪染色。然而，甲醛的杂质含量较多，如甲醇可引起酶类钝化，影响反应。此外，甲醛易被氧化为甲酸，导致固定液酸变，不仅影响染色，而且易在组织中形成福尔马林色素。甲醛还具有不能固定组织中的糖类、与蛋白结合后难以去除等缺点。

适用情况及配制：这是一种最简单、便捷的固定液，常用于大多数水生动物的组织固定。由于其配制简单方便，适合于边远地区携带与野外采样使用。一般在固定液配制过程中需要考虑样品来源，若固定的组织样本来源于淡水水生生物，则使用蒸馏水或自来水配制固定液，若样本来源于海水水生生物，则使用海水或人工海水配制固定液。固定液最好现配现用，以免时间过长引起固定液酸化，影响固定效果。

注意：甲醛能够阻止脱氧核糖核酸（deoxyribo nucleic acid，DNA）的复制，在细胞中引起DNA链断裂。同时，甲醛能引起DNA修复蛋白破坏，具有较强的致癌性。因此，工作人员在使用甲醛过程中需保持通风，并做好必要的防护措施。

固定时间：24 h以上。

（2）中性缓冲福尔马林固定液的配制方法见表2-2。

表 2-2　中性缓冲福尔马林固定液的配制

| 药　品 | 用量（1 L） |
| --- | --- |
| 40%甲醛（HCHO） | 100 mL |
| 磷酸二氢钠（$NaH_2PO_4$） | 4 g |
| 磷酸氢二钠（$Na_2HPO_4$） | 6.5 g |
| 蒸馏水（$H_2O$） | 900 mL |

由于单一的福尔马林固定液具有易酸化的特性，因此使用磷酸盐缓冲液配制福尔马林固定液能够有效维持固定液pH，保护组织不被酸化。此外，磷酸盐还具有维持样品渗透压的作用，能够更好地保护细胞形态，是目前组织病理样本采集过程中最常用的固定液之一，对组织固定较好，损伤较少，有利于后续其他研究的开展，尤其在免疫组化的染色中常用。

固定时间：24 h以上。

（3）4%多聚甲醛（paraformaldehyde）固定液的配制方法见表 2-3。

表 2-3　4%多聚甲醛固定液的配制

| 药　品 | 用量（1 L） |
| --- | --- |
| 多聚甲醛 | 40 g |
| 磷酸二氢钠 | 2.965 g |
| 磷酸氢二钠 | 29 g |
| 水 | 定容至 1 L |

配制方法：将以上混合溶液加热到 60 ℃并搅拌，使其逐渐溶解至澄清，调 pH 至 7.2 左右。在固定液配制过程中，针对海水水生生物需使用海水或人工海水配制固定液，针对淡水水生生物则使用淡水配制固定液。

固定原理：多聚甲醛是甲醛以氢键聚合在一起的线性聚合物，在水中不溶解，一般配制时需用磷酸盐缓冲液解聚。与甲醛固定原理类似，多聚甲醛可使细胞或组织的蛋白质凝固，终止内源性或外源性酶反应，防止组织自溶或异溶，以保持原有结构和形态。多聚甲醛性质比甲醛稳定，且对抗原的破坏能力弱于甲醛，可避免抗原失活或弥散。

用途：常用于免疫组化或免疫荧光等需要进行抗体标记的组织固定、脂肪组织的预固定等。

注意事项：多聚甲醛在固体状态时毒性低于甲醛，溶于水后分解形成甲醛溶液。因此，对人与动物仍具有强烈的致病性和致癌性。挥发的甲醛能强烈刺激眼睛和皮肤，主要损害呼吸道。工作人员在使用多聚甲醛过程中需保持通风，并做好必要的防护措施，避免皮肤接触和吸入。

固定时间：24 h 以上，但固定时间不能过长，一般为 24～48 h。

**2. 80%～90%乙醇固定液**

80%～90%乙醇固定液的配制方法见表 2-4。

表 2-4　80%～90%乙醇固定液的配制

| 药　品 | 体积比 |
| --- | --- |
| 100% 乙醇（$C_2H_5OH$） | 80%～90% |
| 蒸馏水（$H_2O$） | 10%～20% |

固定原理：乙醇是一种蛋白质变性剂，其可以迅速渗透到细胞内部，使细胞内蛋白、糖类发生沉淀，从而到达固定细胞内结构的作用。

优缺点：乙醇可以以任何比例与水混合，对于组织内尿酸结晶和糖原等物质的保存具有较好的效果。然而，乙醇能够溶解脂类物质，且经乙醇固定的组织容易收缩、变硬、变脆，所以，乙醇一般不作为常规组织固定液。

用途：可用于保存用来陈列的标本。此外，95%乙醇对于组织 DNA 具有较好的保存效果。在固定液配制过程中，针对海水水生生物需使用海水进行固定液配制，针对淡水水生生物需使用淡水进行固定液配制。

**3. 波恩氏固定液**

波恩氏固定液（Bouin's staining stationary liquid）的配制方法见表 2-5。

表 2-5 波恩氏固定液的配制

| 药品 | 用量 |
| --- | --- |
| 苦味酸（$C_6H_3N_3O_7$）饱和溶液（1.22%） | 75 mL |
| 甲醛（HCHO） | 25 mL |
| 冰醋酸（$CH_3COOH$） | 5 mL |

固定原理：波恩氏固定液中含有苦味酸，作用机制尚不清楚，能引起蛋白质沉淀，但对脂肪无明显固定作用。固定后组织样本被染为黄色。固定液中的甲醛对组织有收缩作用，而冰醋酸对胶原纤维等组织有膨胀作用。两种试剂的混合使用能够抵消彼此间的副作用并达到优良的固定效果。

优缺点：苦味酸（picric acid）具有软化组织的作用，在制作标本过程中组织不易变脆，具有一定的媒染作用而增进染色，可使细胞各部位易于着色，染色效果理想，核着色鲜明，细胞质着色较差，脂肪着色效果好。波恩氏液也有着明显的缺点，冰醋酸（glacial acetic acid）有强烈的刺激气味，苦味酸属于易爆试剂。染色时需用70%酒精加适量的浓氨水来祛除苦味酸，以达去黄处理。波恩氏固定液的配制过程相较于中性缓冲福尔马林繁杂，需现配现用。

用途：是一种良好的标本常规固定液，也常作为媒染剂（mordant）使用。

固定注意事项：苦味酸、甲醛、冰醋酸均为刺激性有毒物质，苦味酸干燥保存时容易爆炸，通常以饱和水溶液存放，具有较大毒性。甲醛具有致癌作用，而冰醋酸为强烈腐蚀剂，吸入时可影响呼吸系统。在波恩氏固定液的配制以及使用过程中切记在通风处操作，戴防护眼镜、手套并穿工作服，避免接触和吸入。

**4. Davidson's AFA 固定液**

Davidson's AFA 固定液的配制方法见表 2-6。

表 2-6 Davidson's AFA 固定液的配制

| 药品 | 用量（1 L） |
| --- | --- |
| 95%乙醇（$C_2H_5OH$） | 330 mL |
| 40%甲醛（HCHO） | 220 mL |
| 冰醋酸（$CH_3COOH$） | 115 mL |
| 水 | 定容至 1 L |

Davidson's AFA 固定液是一种快速固定液，在固定的同时兼有脱水的作用。作为复合固定液中的一种，Davidson's AFA 固定液中的乙醇、甲醛、冰醋酸均具有良好的固定作用，其中冰醋酸每小时能够渗透组织 0.1 cm 以上，可快速固定样本，对于虾蟹类自溶较快的组织能起到良好的固定效果。溶液中的甲醛和乙醇对组织的收缩作用较强，但冰醋酸能使蛋白质冻胶化而产生膨胀，能中和这种现象，维持细胞形态。此外，冰醋酸还是一种良好的促染剂，可弥补酒精和福尔马林引起的着色不良。冰醋酸还具有一定的脱钙效果，使鳃、甲壳等组织软化。

固定原理：同甲醛、乙醇和冰醋酸固定原理。

优缺点：Davidson's AFA 固定液不含汞或其他金属，因而与其他多种混合固定液相比，其对健康和环境的危害性较小。Davidson's AFA 固定液是一种快速固定液，组织放入后会快速变白呈不透明状，血液会变成棕色。因其作用迅速，Davidson's AFA 固定液的固定时间最多为 24 h，此后应转移至 10%中性缓冲甲醛或 70%乙醇中保存。

用途：常用于甲壳类动物（虾、蟹等）以及鱼类一些弥散组织（如草鱼肝胰腺）等的固定。在固定液配制过程中，针对海水水生生物需使用海水进行固定液配制，针对淡水水生生物需使用淡水进行固定液配制。固定后，组织在一定程度上脱水硬化，便于后续步骤的操作。

固定注意事项：Davidson's AFA 固定液的作用与波恩氏固定液相似，但要注意的是，凡使用含有醋酸的固定液，其脱水用具不能使用铜制的脱水盒，因冰醋酸可与铜离子反应，生成醋酸铜，这种物质可沉淀于组织间，破坏组织中的抗原，造成免疫组化检测的失败。

此外，在动物中使用的其他固定液，如 Zenker 氏固定液、Flemming 氏液、Helly 氏液、醛糖钙固定液等在鱼类及其他水生动物的常规组织固定中使用较少，这里不做详细介绍。

## 二、组织的取材

实验器材：手术刀、手术剪、镊子、解剖者的防护装备（实验服、一次性口罩、一次性手套等）、合适且足量的固定液。

取材时，为避免样品的自溶或腐败，一般要求取样动物为新鲜活体或新鲜死亡样本。动物在死亡后，其体内的糖原分解，乳酸含量相应增加，尸体进入僵硬期。僵硬期过后，尸体开始软化，组织出现自溶、腐败现象。因此，采集死亡样本时，最好以眼角膜清澈、死亡动物比较新鲜时进行采样，如果实在条件限制，不能超过样品的僵硬时间。此外，不同类水生动物的组织密度及含水量亦存在较大差异，龟鳖类的腐败时间较长，而虾蟹类腐败时间极短，只有数分钟。对于活体动物，在采样前需对其进行处死。处死的方法切勿采用暴力摔、敲打等，以免造成器官的充血或内出血等损伤。解剖前，选用麻醉剂将其麻醉后处死，或者在低温下使动物麻醉，逐渐丧失活力。动物在麻醉处死过后，要尽快进行样品采集。

在组织病理样本的采集过程中要求取样速度快，细心操作，尽量不要导致大血管的出血，以免影响后续剖检过程。按照病理检查的目的和要求，根据器官的不同情况进行取材。在取材前应首先考虑水生动物规格，不同规格的水生动物应选择不同的采样方式。若样本全长小于 10 cm，则应用手术剪剪开腹壁，以利于固定液进入，之后将整条鱼置于固定液中固定，固定完成后再在后续修块中采用横切、水平切、中央切等不同切割方式获得样本不同切面。若样本全长大于 10 cm，则需要对脏器进行单独取样，采样数量、位置、规格应根据器官的形状、质地、病变情况等灵活调整。

### （一）鱼类的组织样本采集方法

**1. 鳍条**

由于鳍条在体表，最容易观察到其大体病理变化，故应首先采集。采集时，选取疑似病变的鳍条，用骨剪整体剪下，直接置入固定液中固定。

**2. 鳃**

鱼类的鳃主要由鳃耙、鳃弓和鳃丝三部分构成。鳃丝内部有许多血管，表面仅有一层上皮组织包被，组织较为柔嫩，取样时需小心。在剪除鳃盖后，可用带钩镊子轻轻夹住鳃弓处，使用手术剪剪断镊子两侧的鳃弓，并用镊子将取下的鳃夹出放到解剖盘中，使用手术刀将鳃修成需要的大小后置入固定液中固定。

**3. 心脏**

心脏主要由心肌构成，组织结构较致密。采集心脏时，可沿着胸鳍基部开一个十字口，暴露胸腔。用带钩镊子轻轻夹住心脏动脉球与心室交界处，轻轻往外拉伸，暴露腹大动脉与静脉窦，然后用手术剪剪断腹大动脉和静脉窦与身体的连接部位，取出心脏（图 2－15）。取下的心脏样品应完整保留静脉窦、心房、心室、动脉球。将取出的心脏放入解剖盘中，镊子轻轻夹住后，使用手术刀沿着心室处开一矢状小口，让固定液浸入心腔，达到良好固定效果。最后，将其置入固定液中固定。

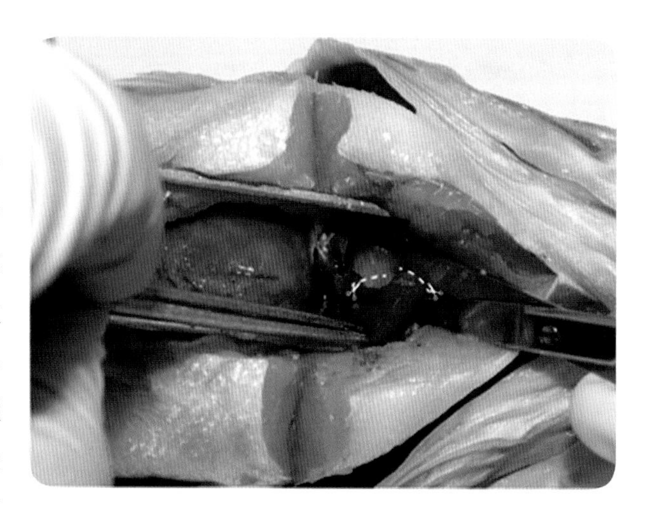

图 2－15　加州鲈心脏采集

**4. 肝胰腺**

不同动物的肝胰腺分布不同，有些鱼类的胰腺弥散性分布在肝中，如草鱼、鲤；而有些鱼类的胰腺组织则相对集中，如鲈、鲟。

不同种类的鱼类，肝胰腺采集方法略有差异。如鲤科鱼类由于其肝胰腺弥散分布在肠道盘旋之间，故采集时应取下整个内脏团，然后用手术刀从有肝胰腺和肠道的部位横切下 0.5～1 cm 厚度的组织块，置于固定液中固定。此种方法可以有效保留肝胰腺与肠道的空间关系，并最大可能采集到肝胰腺组织。鲇形目和鲈形目鱼类具有较为独立的肝胰腺，故在采集时可直接用手术刀切下大部分肝胰腺组织并置于解剖盘内，再切成 0.5～1 cm 厚的组织块，最后将其置于固定液中固定（图 2－16）。应注意的是，若肝胰腺存在明显肉眼可见的病变区，应注意取病变交界处的样本；若肝胰腺无明显肉眼可见的病变，可随机选择光滑整齐处取样后置于固定液中固定。

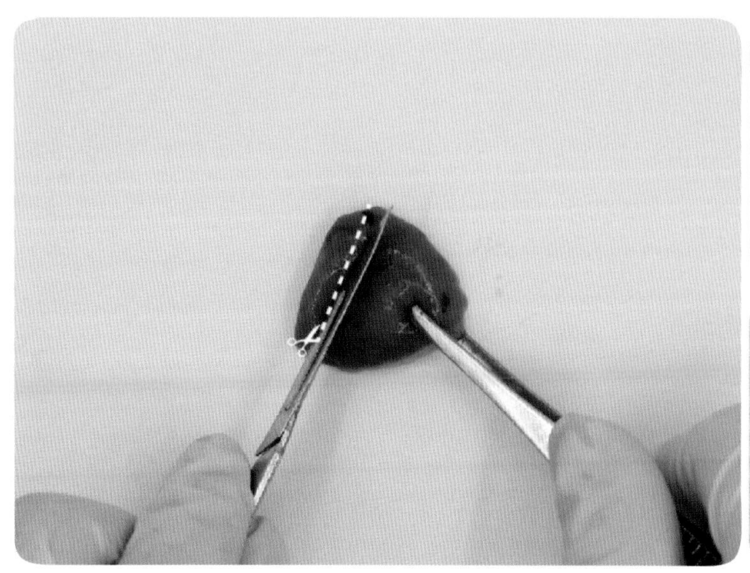

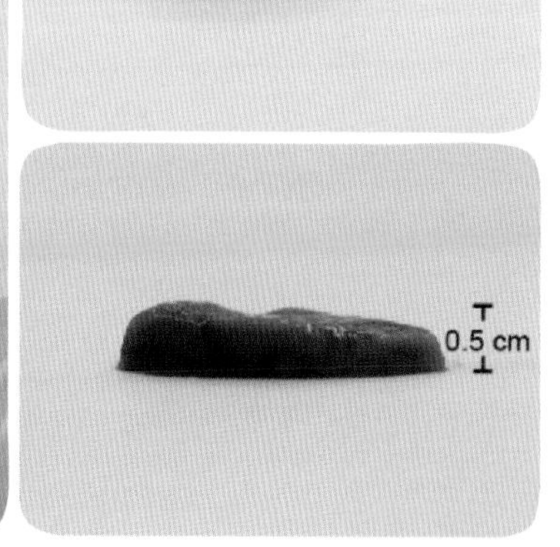


图 2－16　肝胰腺采集标准

**5. 消化道**

鱼类的消化道主要为肠道，有的鱼还具有胃、幽门盲囊、肠袢等器官。对于体长小于 10 cm 的小规格鱼，可用手术剪直接剪取一定长度消化道并置入固定液中固定；对于体长大于 10 cm 的较大规格鱼，为了保证固定液进入消化道以达到良好固定的目的，可在剪下部分消化道后用注射器将固定液灌注入消化道中，或保证截取的消化道长度小于 1 cm。

**6. 脾**

脾样品一般体积较小，使用手术刀将脾取下后，用手术刀小心剔除脾表面的脂肪，并直接将脾取下置入固定液中固定。若脾的体积较大（>1 cm×1 cm×1 cm），可参照采集肝胰腺的操作将脾切成厚度 0.5～1 cm 的组织薄片后置于固定液中固定。

**7. 鳔**

采集鳔时，可使用手术刀在鳔上戳一小口放气，然后用镊子夹住鳔的一端，使用手术剪剪断鳔管并将鳔完整取下，直接置于固定液中。

**8. 性腺**

性腺分为精巢和卵巢，为鱼类的生殖器官。采集精巢或未发育成熟的卵巢时，可参考肝胰腺的取样方法，直接将组织切成 0.5～1 cm 厚的组织块后置于固定液中固定。卵巢发育成熟后，其质地较软，内部包含大量卵粒，而表面仅有一层薄膜组织包被，故在取样时可适当增加组织块的厚度，预固定 1～2 h，待组织块稍微变硬之后再修块至需要的厚度，然后置入固定液中固定。

**9. 肾**

鱼类的肾分为头肾和中肾，分别位于腹腔背部前端和中后端。鱼类的肾质地软，采集时易受损，因此采集过程中需小心。采集时，需先用手术刀沿着头肾或中肾与腹腔紧贴的边缘划开，并将整个头肾或中肾挖出置于解剖盘内。然后，将样品切成 0.5～1 cm 厚的组织块，置入固定液中固定。若得到的头肾和中肾本身较小，可不经修块直接固定。

**10. 脑**

脑为鱼类神经中枢，位于颅腔内，被整个骨组织包裹。由于眼睛、鼻腔等器官位置与脑组织十分靠近，故病原可轻易经过这些器官到达脑室，最终导致脑部感染。脑组织采样时应最大限度保留脑与脑室、眼睛、鼻腔的位置关系，特别是与脑室的位置关系，故不能直接打开颅腔取出脑组织，而应采集整个头部。对于体长小于 10 cm 的小规格鱼，可直接将头整体剪下或直接将整条鱼置入固定液中固定；对于体长大于 10 cm 的鱼应将鱼头部整体取下，使用锋利的手术剪沿着头部眼缘后方开一个小洞，暴露颅腔，以便固定液进入，然后用手术剪剪掉下颌、鳃盖等多余的组织后将其置于固定液中固定。

**11. 皮肤和肌肉**

皮肤和肌肉通常同时采样，不能剥离皮肤后进行单独采样，以免破坏皮肤和肌肉的连接关系。如有病变时，需选择病变和正常组织交界处采样。对于无鳞鱼或细鳞鱼类，可使用手术刀插入待取的皮肤和肌肉部位，深度约 0.5～1 cm 为宜，形状以长方形或正方形为佳，取下后置于固定液中固定。对于鳞片较大且坚硬的鱼类，如鲤、草鱼等，应在取样时尽量保证待取区域鳞片不脱落，故在取样深度不变的情况下应适当加大取样面积，待固定完成后适当修剪样本外围被破坏的皮肤组织，最大限度还原样本原貌。

**12. 眼球**

相对于其他组织，眼球的自溶速度较慢。此外，采集眼球时易造成大出血，因此最后进行眼球的采集。采集时，用骨剪剪下半侧头部，并沿着眼眶下缘剪掉多余组织，再用剪刀轻挑眼球将其剪下，并保留一定长度的视神经。然后，使用手术刀在眼球后方视网膜区域作一个矢状切口，以保证固定液的进入，之后将样品投入固定液中固定（图 2－17）。

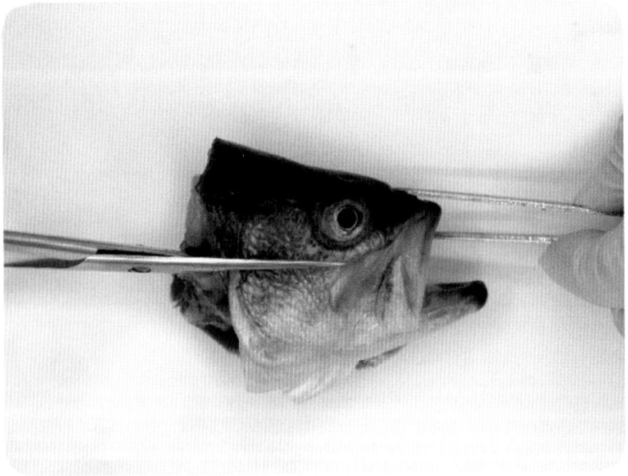

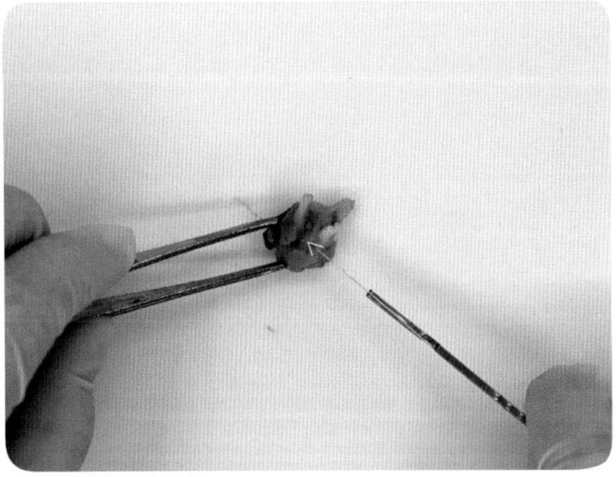

图 2－17　加州鲈眼球采集

鱼类脏器取材标准见表 2－7。

**表 2－7　常用鱼类脏器取材标准参考**

| 序号 | 脏器名称 | 取材数量 | 取材点位置 | 取材组织块大小 |
|---|---|---|---|---|
| 1 | 鳍条 | 2 | 病变处、溃烂处边缘、其他疑似病变的任意位置 | 1.5 cm×1.5 cm×0.5 cm |
| 2 | 鳃 | 2 | 疑似病变的任意一段 | 0.5～1 片 |
| 3 | 心脏 | 1 | 全部，需包含动脉球和静脉窦 | 1 cm×1 cm×0.5 cm |
| 4 | 肝胰腺 | 2 | 疑似病变的任意位置 | 1.5 cm×1.5 cm×0.5 cm |
| 5 | 肠道 | 3 | 前、中、后肠各一段 | 1.5 cm / 段 |
| 6 | 胃 | 1 | 疑似病变的任意一段 | 1.5 cm / 段 |
| 7 | 幽门盲囊 | 1 | 疑似病变的任意一段 | 1 cm×1 cm×1 cm |
| 8 | 肠袢 | 1 | 疑似病变的任意一段 | 1 cm×1 cm×1 cm |
| 9 | 脾 | 1 | 疑似病变的任意位置 | 1.5 cm×1.5 cm×0.5 cm |
| 10 | 鳔 | 1 | 整体/疑似病变的任意一段 | 3 cm×3 cm×单层 |
| 11 | 性腺 | 2 | 左、右各取一段 | 1 cm×1 cm×1 cm |
| 12 | 头肾 | 2 | 左、右任意位置 | 1.5 cm×1.5 cm×0.5 cm |
| 13 | 中肾 | 2 | 左、右任意位置 | 1.5 cm×1.5 cm×0.5 cm |
| 14 | 脑 | 1 | 整体 | 1.5 cm×1.5 cm×0.5 cm |
| 15 | 皮肤、肌肉 | 2～$n$ | 病变处、溃烂处边缘、其他疑似病变的任意位置 | 1.5 cm×1.5 cm×0.5 cm |
| 16 | 眼球 | 2 | 整体，保留一定长度的视神经 | |

## （二）虾蟹类组织病理样本采集方法

虾蟹类的组织病理样本主要采集部位包括心脏、肝胰腺、胃、中肠、后肠、性腺、神经、鳃、肌肉、眼等。具体采集方法如下：

**1. 心脏**

虾蟹类动物的心脏位于围心腔中，呈半透明五边形。采集虾、蟹的心脏时，需用手术剪剪断心脏周围的血管，然后用镊子将整个心脏挖出，并投入固定液中固定。

**2. 肝胰腺**

虾蟹类动物的肝胰腺又称为中肠腺，一般分为 4 叶，是虾蟹类动物的主要消化、解毒器官。采集肝胰腺时，使用弯头镊子沿着胸腔底部将肝胰腺完整挖出并置于解剖盘内。使用手术刀切取一定大小的样本投入固定液中进行固定。

**3. 肠**

虾蟹类动物的肠道包括前肠、中肠和后肠。

前肠由口腔、食道和胃组成，由于很难将前肠单独取出，故一般只进行胃的采集。蟹的胃位于背甲前端，胃区下，其周边分布有脑、造血组织等，采集时可将背甲直接剪下并适当修剪。虾的胃位于头胸甲内，采集时可用镊子轻轻夹住胃表面，然后用手术剪将胃与食道和前肠连接处剪断并取下胃。胃的表面布有一层角质，可用手术刀在胃表面开一个小口，有利于固定液进入，再投入到固定液中固定。

蟹的中肠位于胸腔内肝胰腺中间，采集时，用镊子将中肠挑出，使用手术刀截取一定长度的肠段后投入固定液中固定。虾的中肠位于其背部肌肉沟中，可折断虾尾扇将中肠拉出，然后使用手术刀截取一定长度的肠段投入固定液中固定。

蟹的后肠位于腹脐内，与中肠以肠球划分。采集时，用手术剪剪开腹脐，并截取一截肠段投入固定液中固定。虾的后肠与中肠没有明显的分界线，可用手术剪截取泄殖腔前一段肠道，并投入固定液中固定。

**4. 性腺**

虾蟹类动物的精巢一般呈半固体膏状，采集样品时，使用镊子小心将精巢拉出，并投入到固定液中进行固定。卵巢质地较软，将卵巢完整挖出后，可先投入到固定液中固定 2～4 h，再切取其表面 0.5 cm 厚度的样本进行后续固定。

**5. 神经**

虾类的神经位于胸腹部，称为神经链；蟹类的神经位于胸腔内，称为神经索。采集时，使用手术剪沿着神经边缘剪断周围小神经将神经取下，并投入固定液中固定。虾蟹类的神经容易在长时间固定时碎化，因此最好在短期（48 h）固定内进行后续处理。

**6. 鳃**

虾蟹类动物的鳃可分为枝状鳃、丝状鳃和叶状鳃 3 种，质地较软。采集时，可用手术剪沿着鳃轴基部将鳃剪断，并将取下的鳃投入固定液中固定。

**7. 肌肉**

蟹类的肌肉样本采集分为步足肌和内骨骼肌的采集。截取第二或第三步足的长节，使用手术刀在长节上开一个小口使肌肉暴露，再将样品投入固定液中。采集内骨骼肌时，使用手术刀将内骨骼肌切成片，并投入固定液中固定。

虾类的肌肉样本采集分为步足肌和腹部肌肉的采集。截取第二或第三步足的长节，使用手术刀在长节上开一个小口使肌肉暴露，再将样品投入固定液中。采集腹部肌肉时，使用手术刀将腹部肌肉切成一定大小的小片，并投入固定液中固定。

**8. 眼**

虾蟹类动物的眼位于眼柄上，而窦腺复合体（X 器官）也位于眼柄中。因此采集眼的组织病理样本时，可用手术刀将整个眼切下，直接投入固定液中固定。

虾、蟹类脏器取材标准见表 2-8。

**表 2-8 常用虾、蟹类脏器取材标准参考**

| 序号 | 脏器名称 | 取材数量 | 取材点位置 | 取材组织块大小 |
| --- | --- | --- | --- | --- |
| 1 | 心脏 | 1 | 全部 | 1 cm×1 cm×0.5 cm |
| 2 | 肝胰腺 | 2 | 肝胰腺任意一叶 | 1.5 cm×1.5 cm×1 cm |
| 3 | 肠 | 2 | 中肠、后肠各取一段 | 1 cm / 段 |
| 4 | 性腺 | 1 | 任意一段，样品较小时取全部 | 1.5 cm×1.5 cm×0.5 cm |
| 5 | 神经 | 1 | 全部 | 1 cm×1 cm×0.5 cm |
| 6 | 鳃 | 2 | 鳃丝 | 整段 |
| 7 | 肌肉 | 2 | 步足肌、内骨骼肌/腹部肌肉各一段 | 1.5 cm×1.5 cm×0.5 cm |
| 8 | 眼 | 2 | 整个眼区 | 整段 |
| 9 | 其他 | 1 | 背甲前端 1/3 处（包含胃及其他组织） | 2 cm×2 cm×1 cm |

### （三）两栖类和龟鳖类爬行动物组织病理样本采集方法

**1. 心脏**

两栖类和龟鳖类爬行动物的心脏采集与鱼类较为类似。采集心脏时，用带钩镊子轻轻夹住心脏心冠处并轻轻往外拉，然后用手术剪剪断心脏附近的动脉和静脉血管，取下的心脏样品需保留心脏、动脉球。取下心脏后，用镊子轻轻夹住其心冠处，使用手术刀沿着心尖处划一小口以便固定液进入心腔，然后直接置于固定液中固定（图 2-18）。

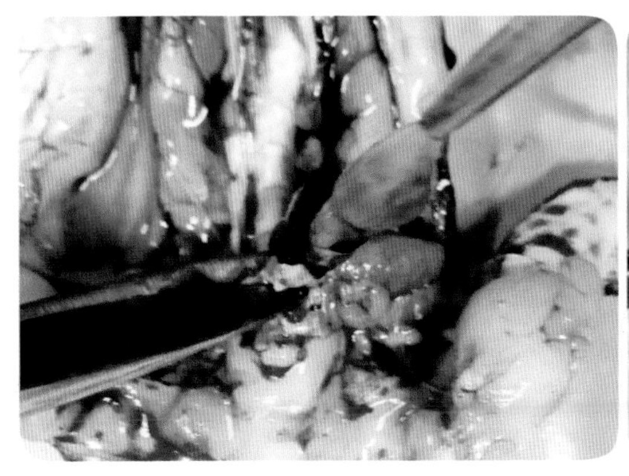
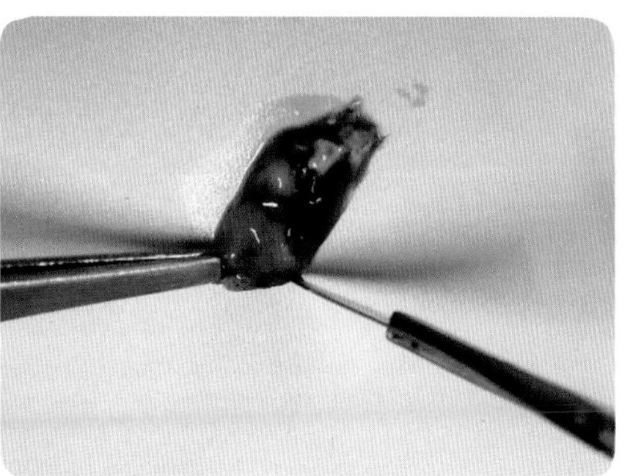

图 2-18 心脏采集方法

**2. 肺**

用镊子夹住肺部底端并提起，使用手术剪沿着肺与气管连接处剪断气管，取下整个肺，置于解剖盘内。使用手术剪，剪取一段肺组织并投入固定液中固定。

**3. 肝**

使用手术刀，沿着肝与肝导管连接处将导管剪断，取下整个肝并置于解剖盘中。根据肝有无明显病变选择取样位点（有病变时需选择眼观正常及病变的交界处），用手术刀将肝切成 0.5～1 cm 厚的组织块后，投入固定液中固定。

**4. 消化道**

消化道主要为肠道和胃，使用手术剪沿着肠道的病变位置剪取一段消化道管，如无明显病变，需采集小肠和直肠各一段肠段，并投入固定液中进行固定。对于胃等较大的消化器官，固定前需使用手术刀剖开胃壁，然后投入固定液中固定。

**5. 脾**

采集脾时，如样品的体积较小，可使用手术刀将脾取下，用镊子挑除其表面脂肪组织后再浸入固定液中固定。若脾的体积较大（>1 cm×1 cm×1 cm），在挑除脂肪组织后，使用手术刀将脾切成 0.5～1 cm 厚的组织块后投入固定液中固定。

**6. 性腺**

对于精巢或未发育成熟的卵巢，使用手术刀将组织切成 0.5～1 cm 厚的组织块，并投入固定液中固定。成熟卵巢的采集与鱼类相同。

**7. 肾**

两栖类和龟鳖类动物的肾均紧贴于腹腔背部的脊柱两侧。采集过程中，用手术刀沿着肾与腹腔背部紧贴的边缘剥离并将其挖出，置于解剖盘内（图 2-19）。使用手术刀将肾切成 0.5～1 cm 厚的组织块后置入固定液中固定。

图 2-19　鳖肾的样品采集

**8. 脑**

对小型动物的脑组织取样时，可直接使用利器剖开其颅腔，将整个头部投入固定液中进行固定。两栖类动物的脑位于眼后方颅腔内，而龟鳖类动物的脑位于眼后方菱形头骨后，因此剖开颅腔前需注意找准位置（图 2－20、图 2－21）。对于较大型动物，需将脑挖出，使用手术刀切成小片后再投入固定液中进行固定。

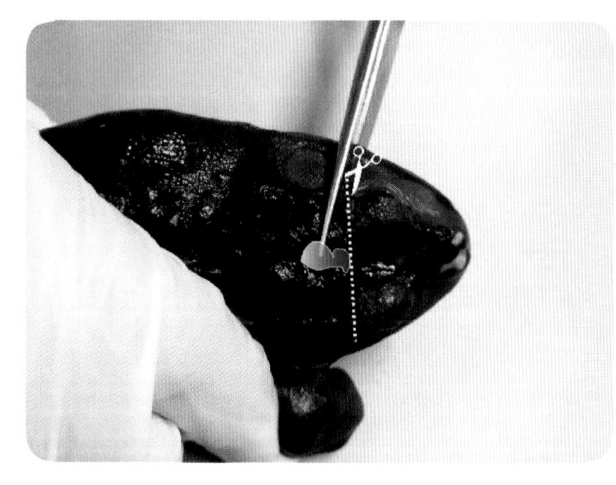

图 2－20 黑斑蛙脑的位置及采集

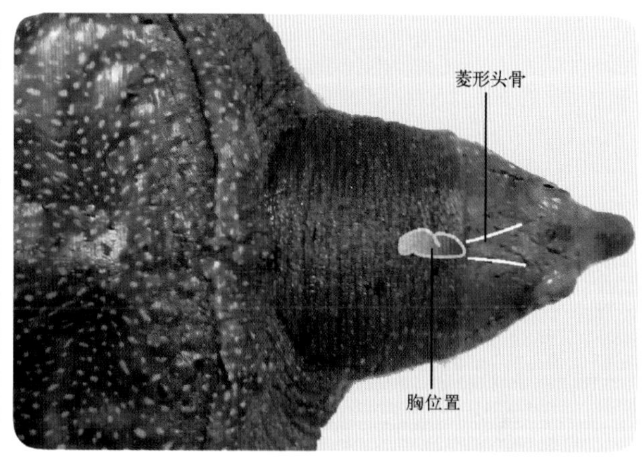


图 2－21 鳖脑的位置及采集

**9. 皮肤、肌肉**

采集皮肤和肌肉样品时，根据有无病变选择采样位点（有病变时需选择病变和正常组织交界处），使用手术刀切下 0.5～1 cm 厚带有皮肤的肌肉，直接置于固定液中进行固定。

**10. 眼球**

相对于其他组织，眼球自溶速度较慢，且眼球的采集过程中易造成大出血，因此可以在其他组织样品采集完毕后再进行眼球的采集。采集时，用骨剪沿着眼眶边缘将眼球与整个眼眶一起剪下，并保留一定长度的视神经。然后，使用手术刀在眼球后方视网膜区域作一个矢状切口，再将样品投入固定液中固定。

需要注意的是，与鱼类和甲壳动物取材类似，在进行两栖类和龟鳖类爬行动物的取材时，若有肉眼可见的病变，应注意取病变与正常组织的交界区域。

两栖类和龟鳖类爬行动物的脏器取材标准见表 2－9。

**表 2－9 常用两栖类及龟鳖类爬行动物脏器取材标准参考**

| 序号 | 脏器名称 | 取材点数 | 取材点位置 | 取材组织块大小 |
|---|---|---|---|---|
| 1 | 心脏 | 1 | 全部，需包含动脉球和静脉窦 | 1 cm×1 cm×0.5 cm |
| 2 | 肺 | 1 | 任意一段 | 3 cm×3 cm×单层 |
| 3 | 肝 | 2 | 任意位置 | 1.5 cm×1.5 cm×0.5 cm |
| 4 | 胃 | 1 | 任意一段 | 1.5 cm / 段 |
| 5 | 肠道 | 3 | 前、中、后肠各一段 | 1.5 cm / 段 |
| 6 | 脾 | 1 | 任意一段，样品较小时取全部 | 1.5 cm×1.5 cm×0.5 cm |

（续）

| 序号 | 脏器名称 | 取材点数 | 取材点位置 | 取材组织块大小 |
|---|---|---|---|---|
| 7 | 性腺 | 2 | 左、右各取一段 | 1 cm×1 cm×1 cm |
| 8 | 肾 | 2 | 左、右任意位置 | 1.5 cm×1.5 cm×0.5 cm |
| 9 | 脑 | 1 | 全部或左右任取一半 | 1.5 cm×1.5 cm×0.5 cm |
| 10 | 皮肤、肌肉 | 2～$n$ | 病变处、溃烂处边缘、其他任意位置 | 1.5 cm×1.5 cm×0.5 cm |
| 11 | 眼球 | 1 | 全部，保留一定长度的视神经 | |

## 三、水生动物组织样本的固定方法

**1.** 样本采集好后，将其置于固定液中固定。注意所有组织与固定液的比例不能低于1∶9，否则易造成组织固定不良、组织内部自溶等现象。

**2.** 对于小型组织或小型水生动物（厚度<0.5 cm），可直接将样品投入固定液中固定，但应注意：固定整条/只水生动物时应用手术刀或手术剪在其腹部剖开一矢状切口，使固定液能够浸入，达到固定良好的目的。

**3.** 对于不同的器官组织，由于其组织大小、致密度、形状等差异巨大，因此在进行相关的固定操作时也有一定的差别。

（1）头肾、中肾、脾、肝胰腺等器官组织结构较致密，不易被固定液渗透，应先切成一定厚度的小片再投入固定液中固定，厚度以0.5～1 cm为宜。由于这些脏器含血丰富，因此在样本置入固定液时可用镊子夹住组织，在固定液中轻轻涮洗，有必要的话可用生理盐水或PBS（磷酸盐缓冲液）涮洗，以洗掉组织表面的血渍，之后再投入到固定液中进行固定。肝胰腺与胆囊位置相近，在解剖时如果胆囊破碎，胆汁溢出，则需采集未被胆汁污染的肝胰腺固定。

（2）胃、肠道、鳔等器官内部中空，固定液不易进入腔体内部而造成固定不良。故固定时可先剖开壁再固定，或用注射器将固定液注入腔体内，以防组织内部固定不良。此外，鳔、肺等含气量较大的器官在投入固定液后可能会漂浮在固定液表面，因此在固定过程中可先用细线把样品绑在木棍等支撑物上再固定，以使组织与固定液充分接触。

（3）其他非整体器官的小组织直接用足量固定液固定即可。

## 四、样品采集及固定的注意事项

**1.** 组织离体后越早固定越能保持细胞和组织的形态。用作免疫组织化学标记或其他酶相关染色的病理样本，最好在组织离体后30～60 s内固定。

**2.** 固定液的量要充分。固定液量的足够与否决定着组织固定的成败，组织样品大小与固定液的体积比一般为1∶9。为了让样本与固定液充分接触，可将样品瓶置于振荡箱里振荡，也可适当升高振荡箱温度以加快固定液进入组织中，提高固定效果。样本振荡3～4 h后，可以更换一次固定液。

**3.** 组织固定时间不宜太短，也不宜太长，一般在固定24 h后便可进行后续操作。时间过短会影响组织的固定效果，切片质量难以保证；固定时间过长，甲醛易被氧化为甲酸，影响细胞核的着色，且固定时间过长会降低抗原的活性。

# 第三节 超微病理样本采集

自1932年德国的诺尔（Knoll）和纳斯卡（Ruska）建立了第一台电子显微镜以来，人类对于细胞的研究进入了观察细胞器或亚细胞结构的时代，病理学也因此进入超微病理学的研究当中。在水生动物的超微病理学（ultrastructural pathology）研究中，主要用到了扫描电子显微镜（scanning electron microscope）和透射电子显微镜（transmission electron microscope）两种。为了保证样品的亚细胞结构在被检测过程中保持其原有的形态与数量，充分还原细胞内的病理变化，对于超微病理学研究中组织样品的采集与固定的技术操作也提出了更高的要求。为了获得更精确的研究样本，相关工作人员必须认真地对待每一个步骤，任何环节的疏忽都有可能导致样品成为废品。

## 一、试剂及耗材

### （一）器材

超微病理样本采集时所需实验器械与鱼类病理剖检类似，见第一章第一节。除此以外，还需准备双面刀片、小标本瓶以及电镜样品固定液等。

### （二）固定液

电子显微镜研究的是样品的亚细胞结构（细胞器或蛋白水平的病理变化研究），固定能最大限度地在分子水平上精确地保存细胞内物质的形态、结构及其组成的每一个细节。在样品固定的过程中，一般要求细胞内的代谢过程立即停止；此外，还需防止细胞自溶、微生物污染等情况的发生；在随后的脱水、包埋和电子束照射等一系列过程中，也要最大限度地保持细胞形态学上的稳定性。因此，正确的取样时间、取样大小以及最佳的固定剂对于保持组织的完整性具有重要意义。目前在电镜中常使用的固定方法主要有物理固定和化学固定两大类。物理固定一般指采用冷冻、干燥等手段来保持细胞结构，而化学固定是指用化学试剂来固定细胞结构。化学固定是目前最常用的电镜样本固定方法，常用的水生动物电镜样品的固定液有戊二醛（glutaraldehyde）固定液和四氧化锇（锇酸，osmium tetroxide）固定液。

**1. 不同浓度的戊二醛固定液**

不同浓度戊二醛固定液的配制方法见表2-10。

**表2-10 不同浓度戊二醛固定液的配制**

| 药 品 | 用 量 | | | | | | |
|---|---|---|---|---|---|---|---|
| 0.2 mol/L磷酸缓冲液或二甲胂酸钠缓冲液（mL） | 50 | 50 | 50 | 50 | 50 | 50 | 50 |
| 25%戊二醛水溶液（mL） | 4 | 6 | 8 | 10 | 12 | 16 | 20 |
| 双蒸水定容至（mL） | 100 | 100 | 100 | 100 | 100 | 100 | 100 |
| 戊二醛最终浓度（%） | 1.0 | 1.5 | 2.0 | 2.5 | 3.0 | 4.0 | 5.0 |

固定原理：戊二醛通常用于电镜标本的固定，其通过引起蛋白质螺旋结构变形从而达到固定目的。

优缺点：戊二醛是当前广泛使用的样品固定剂，其优点在于固定速度很快；对细胞质和细胞核的细微结构如对糖原、糖蛋白、微管、内质网和细胞基质等有较好的固定作用；其对组织和细胞的穿透能力比四氧化锇强；并且还能保存某些酶的活力；长时间的固定（1～2 个月）不会使组织变脆等。然而，戊二醛不能保存脂肪，电子染色作用较弱，对细胞膜的显示较差；其渗透力差，对样品大小要求较高；此外，戊二醛固定过后的样品一般不能用于免疫过氧化物酶染色。

固定注意事项：戊二醛固定液一般为 2.5%～4%，2.5%的戊二醛在达到良好固定效果的同时能够在一定程度上降低试剂成本，4%戊二醛的固定效果则更优。但是过高或过低的药物浓度都会导致固定效果下降，若固定液浓度过低，则需较长时间固定，易引起组织中酶的扩散，造成组织的肿胀，而过高浓度的固定液易造成蛋白质分子的断裂，损坏酶活性和细胞结构，使细胞过度收缩，此外，浓度太高还会在组织中产生类似温度过高的人为现象，影响固定效果。

**2. 2%多聚甲醛-2.5%戊二醛固定液**

2%多聚甲醛-2.5%戊二醛固定液的配制方法见表 2-11。

表 2-11　2%多聚甲醛-2.5%戊二醛固定液的配制

| 药　品 | 用　量 |
| --- | --- |
| 0.2 mol/L 磷酸盐缓冲液或二甲胂酸钠缓冲液 | 50 mL |
| 10%多聚甲醛水溶液 | 20 mL |
| 25%戊二醛水溶液 | 10 mL |
| 双蒸水定容至 | 100 mL |

甲醛分子量最小，在组织中渗透快，固定迅速，对细胞精细结构的保存虽不如戊二醛，但在酶活性的保存上却优于戊二醛。因此将戊二醛与甲醛混合作固定液，能够综合两种固定液的固定效果。

优缺点：固定剂戊二醛和多聚甲醛分子中的醛基均能与蛋白质结合形成分子间的交联，影响蛋白质构象而使之固定，而戊二醛能与蛋白质分子中的氨基、杂环上的亚氨基、巯基、羟基以及酰胺基反应形成更加稳定的产物。醛基浓度越高则越多的蛋白质被结合，结构就保存得越好。但分子间过度的交联形成的网格结构可能部分或完全掩盖某些抗原决定簇，使之不能充分暴露，可能造成假阴性的错误结论。

用途：能够较好地保存抗原的免疫原性而得到较满意的免疫组织化学结果，又能够较好地固定细胞超微结构，从而达到较好的电镜标本的固定效果。使用该固定液固定后的样本一般可兼顾免疫组化和电镜样品的固定要求。

**3. 1%四氧化锇固定液**

1%四氧化锇固定液的配制方法见表 2-12。

固定原理：四氧化锇又名锇酸，是一种淡黄色、具有强烈刺激性气味的晶体。它是强氧化剂，与氮原子有较强的亲和力，因而对于细胞结构中的蛋白质成分有良好的固定作用。此外，四氧化锇还能固定脂蛋白，使生物膜结构的主要成分磷脂蛋白稳定，但不能固定天然 DNA、核糖核酸（ribonucleic acid，RNA）及糖原。四氧化锇固定剂具有强烈的电子染色作用，用它固定的样品图像反差较好。

表 2-12 1%四氧化锇固定液的配制

| A液：2%四氧化锇水溶液 | | B液：葡萄糖磷酸缓冲液 | |
|---|---|---|---|
| 药　品 | 用　量 | 药　品 | 用　量 |
| 四氧化锇结晶 | 1 g | 磷酸缓冲液 | 45 mL |
| 蒸馏水 | 定容至 50 mL | 10.8%葡萄糖 | 5 mL |
| 将A液与B液1∶1混合制成1%四氧化锇固定液 | | | |

优缺点：四氧化锇对蛋白质、脂肪有良好的固定作用，对磷脂蛋白和核蛋白也有良好的固定作用，但对糖原和核酸保存不良。其对脂类的固定作用可以补充醛类固定剂对脂类固定不足的缺点。同时，四氧化锇能增加膜的反差，起到电子染色作用，用四氧化锇固定的材料，往往细胞膜结构比较清晰，这是由于被还原的锇沉积在细胞膜结构上，而锇是一种原子序数较高的元素，能加强它们的电子散射，使被固定的样品图像有较好的反差。四氧化锇的缺点是渗透能力较弱，每小时仅渗透0.1～0.3 mm。四氧化锇固定时间一般为2 h左右，样品长时间停留在四氧化锇溶液中会引起一些脂蛋白复合体溶解，而使组织变脆，造成切片困难。固定液中含葡萄糖，使固定液保存期大为缩短，需现用现配。

用途：四氧化锇能够保护脂肪，但对糖类和核酸保护作用差，一般用于电镜样品的后固定。四氧化锇是酶的钝化剂，不能用于细胞化学的研究。

固定注意事项：四氧化锇容易蒸发，其蒸气对皮肤、呼吸道黏膜及眼角膜有伤害作用，因此，使用时要注意通风，操作宜在通风橱中进行。因受热或见光会促使四氧化锇氧化，故应保存于避光阴凉处。

## 二、电子显微镜样品采集方法

### （一）取材方法

和普通组织样品的采集方法略有不同，采集电镜样品时最好在低温下进行，取样前，将器材与固定液置于4 ℃温度下预冷。选择需要制作电镜切片的组织部位，使用手术刀切取小部分组织，并快速置于4 ℃的戊二醛固定液中涮洗。然后，使用锋利的双面刀片将样品切平整，如“火柴棍”样大小，比较适合的样品厚度一般在2 mm左右，并将样品置于固定液中（4 ℃）固定。随后，将带有样品的固定液置于冰箱中冷藏。

### （二）取材要求

**1.** 为避免在取样以及固定过程中样品发生自溶，取样的环境和工具，以及固定液必须进行低温处理，一般需要4 ℃预冷。

**2.** 取样时动作要快，所用的刀片要锋利，一般要求器官在离体1～2 min内完成取材。另外，应避免对组织的挤压和人为损伤影响后期诊断。

**3.** 为了能让组织充分固定，必须把组织切成尽可能小的块。水生动物的组织相对于哺乳动物的致密度较低，固定液较为容易渗透，一般要求组织厚度在2 mm以内，形状以“火柴棍”形状为宜。

4. 电镜标本规格较小，为了电镜观察的准确性，取材部位必须要准确，而且不同实验组的标本尽量取在相同部位，比如心肌组织一律取左心室，否则将无法比较。

（三）样品的固定

四氧化锇能够保护脂肪，但对糖原和核酸保护作用差。而戊二醛能够稳定糖原，同时保存某些锇酸保护作用差的蛋白质结构，对酶活性破坏小，但戊二醛对脂肪保护差，且提供的电子反差小。因此在对电镜样品的固定过程中，一般将戊二醛与四氧化锇配合使用，即“双重固定法”。

**1. 初固定**

用2%～4%戊二醛固定液或者2%多聚甲醛-2.5%戊二醛固定液固定2～4 h，pH为7.3～7.4，温度为4 ℃。固定液的用量为标本的40倍左右。

**2. 缓冲液漂洗**

漂洗时间0.5～2 h（4 ℃），若戊二醛固定时间延长，漂洗时间应相应延长，以彻底洗去戊二醛残液。在漂洗期间，注意要换液数次。所用的组织漂洗液一般为同系列缓冲液。

**3. 后固定**

用1%四氧化锇固定液固定1～2 h（4 ℃），pH为7.3～7.4，固定完毕，用缓冲液漂洗20 min后脱水。

# 第三章　水生动物病理切片技术

病理切片技术是病理学的一个重要分支，是病理学诊断与研究的基础操作技术。水生动物病理切片技术是水生动物疾病研究不可缺少的部分，是在人类医学和兽医学的病理切片技术的基础上发展而来的。切片技术先于切片机产生，其发展伴随着切片机的发展。在切片机发明之前，显微镜已发明了多年，人们通过用刮胡刀手工切割植物标本来观察其显微形态。1770年，Hill发明了第一台切片机，但只能用于切割植物嫩枝。直到1848年，Topping切片机的发明让动物组织切片成为可能。随着切片机的不断发展，现代切片机能实现3～5 μm的超薄组织切片，以满足实验室病理诊断需要。

在常规病理切片技术中，运用最多的是石蜡切片技术和冰冻切片技术。冰冻切片工序简单、省时，各种抗原丢失少，RNA降解少，但不易得到清晰的组织结构，会给前期观察及后期的免疫组化、原位杂交的定位带来不便。石蜡切片则能得到精细清晰的组织细胞结构，能准确定位后期免疫组化和原位杂交中的信号，并且可以制成永久切片方便进行回顾性研究，不足之处是耗时过长，抗原易失活，RNA易降解。电子显微镜问世后，通过运用电镜技术，人们得以从亚细胞水平来阐明疾病的发生、发展和转归规律。自20世纪90年代以来，人们利用电镜技术，研究了大量水生动物疾病的超微病理结构，积累了丰富的资料，为研究水生动物基础病理学和诊断病理学打下了良好的基础。

本章将主要介绍石蜡切片技术、冰冻切片技术与电镜切片技术三种常用的病理切片技术。

# 第一节　石蜡切片

石蜡切片（paraffin section）技术是水生动物组织病理学制片技术中最为常用的方法，广泛应用于临床病理诊断和科研教学中。水生动物标本的组织学观察（morphological observation）、免疫组织化学（immunohistochemistry，IHC）、原位杂交（*in situ* hybridization，ISH）及原位聚合酶链式反应（*in situ* polymerase chain reaction，*in situ* PCR）等技术手段，都离不开标本组织石蜡切片的制作，因此切片质量的好坏将影响到最后结果的判定。

切片机的发明以及固体石蜡（solid paraffin）渗透入组织的做法解决了早期制作动物组织超薄切片的难题，但至于是谁首次提出将组织嵌入固体石蜡的做法尚不清楚。随着新的仪器及新的研究技术的不断问世及使用，石蜡切片与其他新的技术方法相结合，使传统的老技术扩大了其应用范围，开辟了许多新领域，增加了许多新的观察和研究内容，使组织学的观察从简单的形态结构观察深入到各种成分的定性观察，又从定性观察转向定量测定，将细胞组织的形态、功能及代谢相结合，从而达到定性可靠、定位准确及定量可测的目标，使得我们能更好地了解生命变化的基本规律。

常规石蜡切片的制作过程包括石蜡组织块制作和切片制作，具体的制作过程包括：取材→固定→冲洗→脱水→透明→浸蜡→包埋→切片→贴片→烤片→脱蜡→染色→脱水→透明→封片。其中的每一个环节都是相互关联、一环套一环，任何一个环节操作不规范，都会影响最终制片的质量。整个石蜡切片过程虽然不复杂，但要制出优质的切片，需要不断摸索和改进，关键是要控制好每一个操作步骤的时间和温度。

## 一、仪器与试剂

仪器：石蜡切片机、可控恒温水箱、恒温烘箱、组织石蜡包埋机、石蜡包埋模具。

试剂：石蜡、乙醇、二甲苯。

## 二、实验步骤及方法

### （一）骨质脱钙

固定好的含有骨质或钙化灶的组织修块前需要先用脱钙液进行脱钙（decalcification）处理。在鱼类病理切片制作特别是脑、鳃、鳍条、皮肤肌肉组织切片制作中通常会使用脱钙液，其作用主要是将坚硬的骨组织软化，以方便制作染色切片。目前脱钙的化学方法有酸性试剂法（acid reagent method）、螯合物法（chelate method）、螯离子交换树脂法（chelate ion exchange resin method），还有与物理方法相结合以加快脱钙过程的电解法（electrolytic method）、微波辐射法（microwave radiation method）等。酸类脱钙是传统的经典脱钙方法，其试剂配制方便、脱钙技术成熟、操作简单，在病理技术中应用最为广泛。常用的市售酸性试剂一般分为无机酸类（硝酸、盐酸、硫酸）、有机酸类（甲酸、乙酸）以及强弱酸混合脱钙液。

**1. 实验步骤**

（1）将固定至少 24 h 的需要脱钙处理的组织从固定液中取出，直接置于脱钙液中进行脱钙。

（2）一般以针刺法来判断脱钙是否完成，即用大头针轻刺脱钙中的骨组织，在刺入时如手感无阻力则脱钙完成，如手感有阻力则需继续脱钙。

**2. 注意事项**

（1）脱钙时间的长短与组织钙质多少、脱钙液酸性强弱和温度高低密切相关。组织钙盐越多，脱钙时间越长，如同等规格的真骨鱼类鲤的骨组织脱钙时间比软骨鱼类鲟长，而同一种鱼类的成鱼比幼鱼的脱钙时间长，强酸脱钙液比弱酸脱钙液脱钙迅速。此外，强弱酸混合脱钙液的脱钙时间与温度在一定范围内呈负相关。

（2）骨组织在脱钙过程中，若脱钙过度，轻者可使细胞核染色不良，重者可导致组织严重受损，细胞核不着色，一片红染。

（3）若脱钙不足，会妨碍石蜡的进入，阻碍切片的顺利进行，切片时亦会损伤刀锋，使切片有刀痕或切片裂开，影响切片的质量。

### （二）修块与冲洗

修块：又称二次取材，将固定好的组织样品修至可用于制备石蜡切片的大小与形状，并使切面平整，便于切片。若所取样品内有多种形态，则需取多个切面，特别是对于体长小于 10 cm 的小规格鱼类，可以采取横切（transversal）、纵切（mid - sagittal）、水平切（horizontal）等不同切割方式获得样本的横切面（transection）、矢状面/纵切面（sagittal section）和冠状面/水平面（coronal section），此种方法更有利于获得各脏器间的关系及展示体腔病变（图 3 - 1）。对于体长大于 10 cm 的鱼所取出的单个脏器样本，则根据样本形状和病变位置，采取不同的修块方式。如肝胰腺等实质器官可取正常与病变相交的位置，并尽量保证切面面积最大，而肠道等空腔器官则常常取横切面，并尽量靠近所取的肠道样本末端，因为那里的组织固定效果最好，若截取的肠管较长，中间部分的肠管可能固定不良，故不宜取材。

图 3 - 1　体长小于 10 cm 的样本组织修块

冲洗：组织经彻底固定后，在转入脱水之前，为避免残留的固定液对制片带来影响，需要经过一定时间的洗涤。特别是经脱钙的组织，必须在自来水下冲洗 1～2 h，若组织块较大，或脱钙时间过长，则应适当增加冲洗时间，以防组织过酸影响后续苏木精着色，导致组织伊红着色过深。

**1. 实验步骤**

（1）用单面刀片将固定好的组织按照需求进行修块，一般组织块的大小以 0.5 cm×0.5 cm×0.2 cm 为宜，或尽量保留较大的切面，以观察到更多的病变组织（图 3－2）。

（2）修块后将组织装入塑料包埋筐，并用铅笔或防有机溶剂溶解的马克笔在塑料包埋筐上标记好对应组织的病理编号。

（3）将修块后的组织连同塑料包埋筐用流水冲洗数小时至一晚。

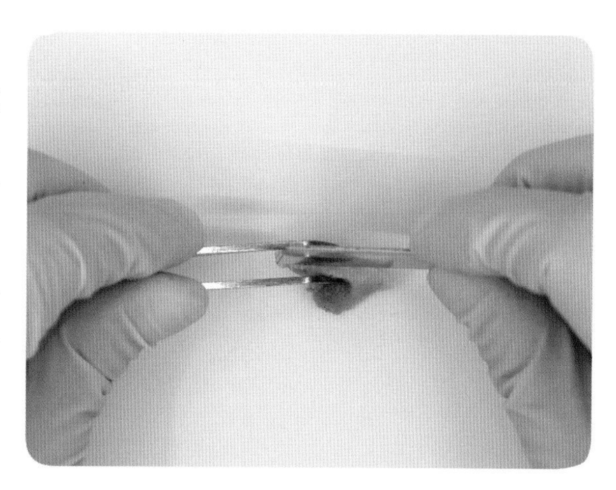

图 3－2　固定组织修块

**2. 注意事项**

（1）修块时切割面必须整齐，使用刀片切割时最好一刀切下，避免反复切割导致切割面不齐，影响制片（图 3－3）。特别是在修整脱钙后的组织时，由于酸性脱钙液对铁质刀片有腐蚀作用，需要勤换刀片以保证切面整齐。

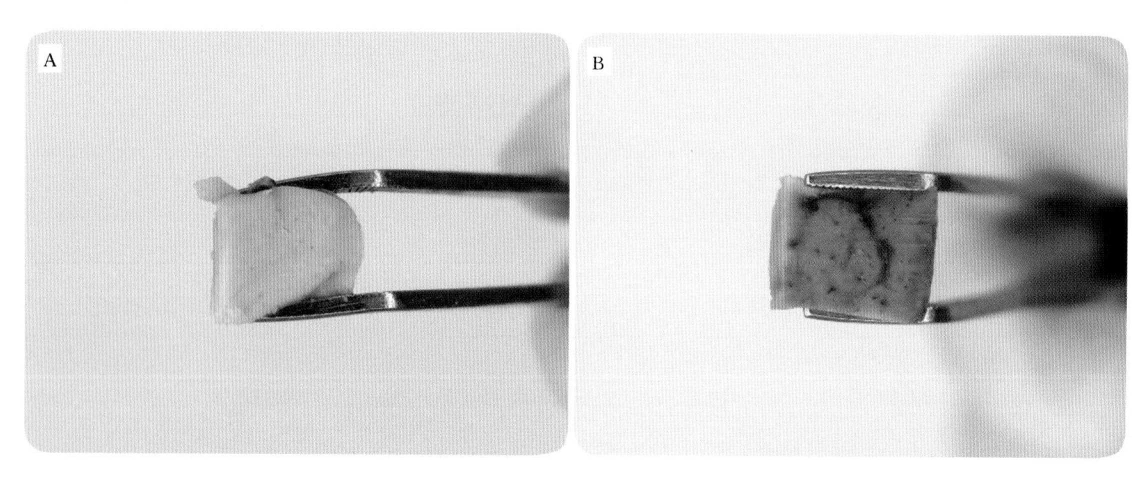


图 3－3　修块后样品

A. 正确修块时切面平整　B. 刀片不锋利、多次修块导致切面不平整

（2）组织取材应包括各脏器的重要结构或全部结构，若所取的器官太大，不易全部制片时，则可切取能代表该器官的部分材料，最好是病变与正常部位交接区域的组织。

（3）应注意切割方向。管状器官，如肠道，一般是横切制片，观察其环行皱壁；而心脏一般是纵切，切面应包括静脉窦、心房、心室和动脉球。

（4）流水冲洗的时间根据所用的固定液、固定时间和组织大小而定。如用甲醛固定的组织若固定时间较长则应流水冲洗数小时。

（5）冲洗用的冲洗剂应依据固定液的种类和性质来选择。用水溶性固定剂固定的样品用流水冲洗；用酒精溶剂的固定剂固定的样品用同浓度的酒精浸洗，或不必洗涤，直接进行脱水；用含有苦味酸的固定液固定的样品需用酒精多次浸洗；用含有氯化汞的固定剂固定的样品应在水或酒精中加碘以洗去组织内汞的沉淀；用含有铬酸的固定剂固定的样品在冲洗时最好置于暗处，以免产生沉淀或使组织硬化而影响制片。

（6）脱钙后的组织需严格冲洗，防止组织 pH 过低影响染色。

### （三）脱水

脱水（dehydration）是指用脱水剂完全除去组织内的水分，并使组织进一步硬化，为下一步透明及浸蜡创造条件。脱水剂必须是与水在任何比例下均能混合的液体，常用的脱水剂有乙醇、丙酮、正丁醇等。乙醇是制片过程中最常用的试剂，脱水能力比较强，又能硬化组织；丙酮脱水能力比乙醇强，且脱水速度快，但容易使组织过度硬化，多用作无水酒精的补充脱水；正丁醇脱水能力较酒精弱，可与水、酒精相混合，而且也能溶解石蜡，兼具脱水和透明作用，因此组织用正丁醇脱水后可不经透明剂处理直接浸蜡，并且其透明效果比乙醇和二甲苯要好，不会引起组织块过度收缩和硬化。水生动物石蜡切片的制作一般采用乙醇脱水，优点是来源广、效果好。

**1. 实验步骤**

为了保持组织细胞的形态，脱水过程应采用乙醇梯度脱水，流程与时间参考如下：

（1）75%乙醇Ⅰ脱水 1 h。

（2）75%乙醇Ⅱ脱水 1 h。

（3）95%乙醇Ⅰ脱水 1 h。

（4）95%乙醇Ⅱ脱水 1 h。

（5）95%乙醇Ⅲ脱水 1 h。

（6）无水乙醇Ⅰ脱水 1 h。

（7）无水乙醇Ⅱ脱水 1 h。

**2. 注意事项**

（1）由于脱水剂穿透组织速度很快，高浓度乙醇脱水易导致组织骤然收缩，因此必须从低浓度到高浓度，循序渐进。但初始浓度过低虽可减缓组织的过度收缩，但却会增加脱水时间，故初始浓度一般是 70%或 75%为佳。

（2）脱水必须彻底，否则会造成随后透明和浸蜡过程中二甲苯和石蜡液无法渗入组织，导致组织不易透明，浸蜡不充分，不但使透明剂内出现白色混浊现象，也可使包埋后的组织块内出现凹陷和白点，难以切出完整的组织切片。常见做法是同一浓度设置 2～3 次重复，并且经常更换新液，以保证脱水液的浓度。

（3）脱水时间视组织种类、组织块大小和温度而异，不必严守此时间。如斑马鱼（*Danio rerio*）的大脑较心脏、肠、脾体积大，含水量高，故脱水时间应适当延长。用乙醇脱水时，当温度高于 40 ℃，组织内的水和乙醇的分子运动加快，可缩短组织脱水时间；而当温度低于 15 ℃，由于分子运动减缓，组织脱水时间宜延长。

（4）脱水过度会使组织变脆，切片时组织极易裂开，可通过调整各步骤的脱水时间来控制过度硬化现象。

### （四）透明

组织在无水乙醇完全脱水后，浸蜡前，需要进行透明处理。因无水乙醇不能与熔化的石蜡混溶，而透明剂既能与无水乙醇混溶，又能与熔化的石蜡混溶，且透明后组织透光度更高，有利于后期的观察，故需要用透明剂作为石蜡切片制作中的过渡溶剂，让组织中的脱水剂被透明剂所代替，使石蜡顺利地渗入组织中。透明剂是一类挥发性的脂溶剂，其折光率与玻璃接近，都在1.5左右。被透明剂填充的组织增强了折光系数，因而在光线透射下呈现透明状态。二甲苯是目前石蜡切片制作中普遍使用的透明剂。由于二甲苯对组织的收缩性强，作用迅速，因此，组织在二甲苯中的时间不宜过长，否则容易变脆变硬。正丁醇也可用作透明剂，其作用缓和，透明后的组织平整，无收缩、变形现象，并且不存在透明时间过长的问题。此外，苯、甲苯、氯仿、香柏油等也常用作透明剂。甲苯、苯的性质类似二甲苯，但甲苯毒性比二甲苯稍强，苯的毒性较大。氯仿，又称三氯甲烷，其透明作用较弱，透明时间较长，为二甲苯的数倍。香柏油无毒，可替代有毒的二甲苯，但透明和脱蜡作用都比二甲苯弱，故需延长透明和脱蜡时间。由于二甲苯透明效果好、速度快，更符合水生动物疾病临床诊断需要，是水生动物病理学制片中常用的透明剂。

**1. 实验步骤**

水生动物组织透明过程与时间如下：

（1）二甲苯Ⅰ透明0.5 h。

（2）二甲苯Ⅱ透明0.5 h。

**2. 注意事项**

（1）透明时间长短依组织大小、厚薄而异，一般为30～60 min，组织小而薄则透明时间短，组织大而厚则透明时间长。可以通过肉眼观察来判断组织的透明状态，若组织呈现完全透明状，就说明脱水剂已完全被透明剂所取代，即可进行下一步浸蜡操作。

（2）二甲苯应设置2次重复并且定期更换，否则实验过程中吸收的水会沉降在二甲苯底部，使组织块重吸水，影响浸蜡。

（3）在二甲苯中透明的时间不宜过长，否则易使组织变脆，制片过程中易出现裂隙或折叠部位不易打开。实际上，透明过久是否会导致组织过度硬化变脆，取决于脱水彻底与否，如果组织脱水完全，则不会导致过度硬化和变脆，个别含胶样物质过多的组织例外。

（4）透明时间短容易造成组织浸蜡不全，难以切出完整的切片，且易使染色过程中发生掉片。

（5）在正常透明时间内不透明，组织内仍有白色浑浊状态，可能的原因是脱水不净、组织太厚或与组织本身的性质有关。这时，需要把组织中的二甲苯置换出来，再退回到之前的无水乙醇脱水步骤，经过无水乙醇充分脱水后，再进行二甲苯透明。

### （五）浸蜡

组织经过脱水、透明后，需要进行浸蜡（infiltration）（图3-4）。浸蜡是使包埋剂石蜡逐渐浸入组织间隙，取代透明剂的过程，达到包埋的支持作用。

**1. 实验步骤**

通常先把组织材料块放在熔化的石蜡和二甲苯的等量混合液中浸渍1 h，再移入纯石蜡液中浸渍1 h左右。水生动物浸蜡过程与参考时间如下：

（1）甲苯石蜡Ⅰ浸蜡1 h。

（2）纯石蜡Ⅱ浸蜡1 h。

**2. 注意事项**

（1）切片所用的石蜡有软蜡和硬蜡两种，熔点范围较宽（48～64 ℃）。石蜡的熔点越低，其质地相应地较为疏松，硬度也小一些，应根据组织类型、切片厚度以及制片时的温度和气候选择不同熔点的石蜡进行浸蜡和包埋。夏季采用高熔点（58～62 ℃）的石蜡，冬季则采用低熔点（56～58 ℃）的石蜡；质韧和过硬组织最好用硬度较高的石蜡，软组织则应用硬度较低的石蜡。

（2）浸蜡通常在恒温箱中进行，浸蜡温度要恒定，不可忽高忽低。并且应尽量保持在较低温度中进行，以石蜡不凝固为标准，一般使浸蜡温度高于石蜡熔点 2～3 ℃。

（3）浸蜡温度过低会导致石蜡不能够完全熔化，难以均匀地渗透到组织内部，造成组织与石蜡脱离，蜡块中出现气泡、裂隙；浸蜡温度过高会引起组织块变硬变脆而收缩，降低切片质量，研究表明浸蜡温度高于 60 ℃时易使组织硬化，且不利于保存组织的抗原性，影响免疫组化的结果。

（4）浸蜡时间的长短与组织种类、大小和温度有关。水生动物组织较疏松，浸蜡时间较哺乳动物短。标本越小、温度越高，浸蜡时间越短。

（5）浸蜡时间过长，会引起组织收缩硬脆，不能切出完整的切片，也极易引起脱片；浸蜡时间过短，石蜡得不到充分的饱和，组织块与石蜡结合不严，也会给制片带来许多困难。

（6）浸蜡操作要迅速，力求在最短时间内完成石蜡浸入操作。

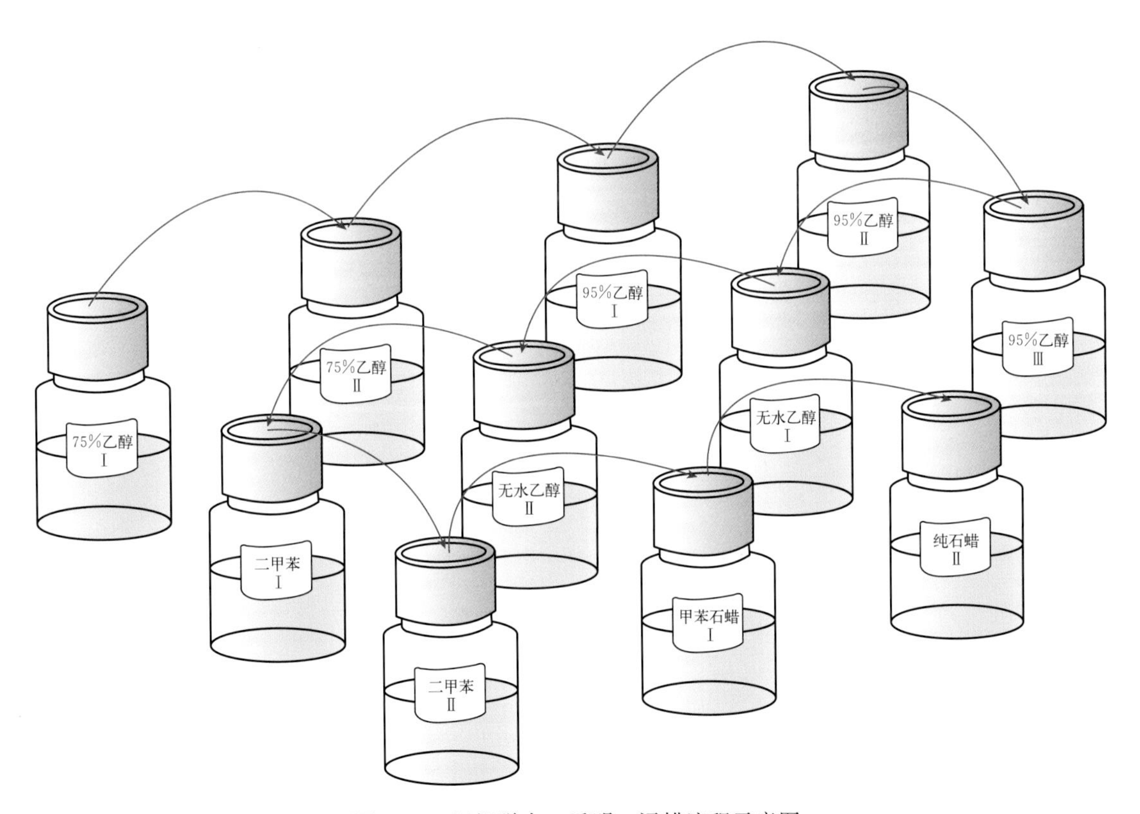


图 3-4 组织脱水、透明、浸蜡流程示意图

### （六）包埋

包埋（embedding）是指将浸蜡后的标本浸入含包埋剂的模具中，待石蜡冷却后以固定其形状，使组织具有一定的硬度和韧度，便于切片。

**1. 实验步骤**

将熔好的石蜡倒入包埋模具内，然后用镊子快速将浸好蜡的组织放入模具内，组织的平整切面朝下，再放上塑料包埋框，待石蜡自然冷却后即可取出塑料包埋框，完成包埋（图 3-5）。

**2. 注意事项**

（1）包埋用石蜡温度不可过高，最好与浸蜡温度一致。

（2）蜡温过低影响组织与石蜡融合，造成包埋面凹凸不平，切片时甚至出现组织块脱落。

（3）蜡温过高会出现组织漂浮情况，不易包埋在同一水平面上，并且容易将组织烫坏，使得组织硬化变脆、收缩变形。

（4）包埋时速度要快，以防止包埋蜡与组织块的温度相差太大，导致二者结合不紧密，造成切片困难。

（5）石蜡包埋后，不宜冷凝过慢，特别是室温较高时，石蜡凝固后应立即投入冷水或放入冰箱中加速冷却，可增加石蜡密度、韧性和硬度。但冷凝过快也会因为内外温差过大造成蜡块裂损。

图 3－5　包埋完成的组织块

### （七）切片

切片泛指将包埋好的石蜡块进行切片、展片、贴片和烤片等整个工序（图 3－6）。切片是将包

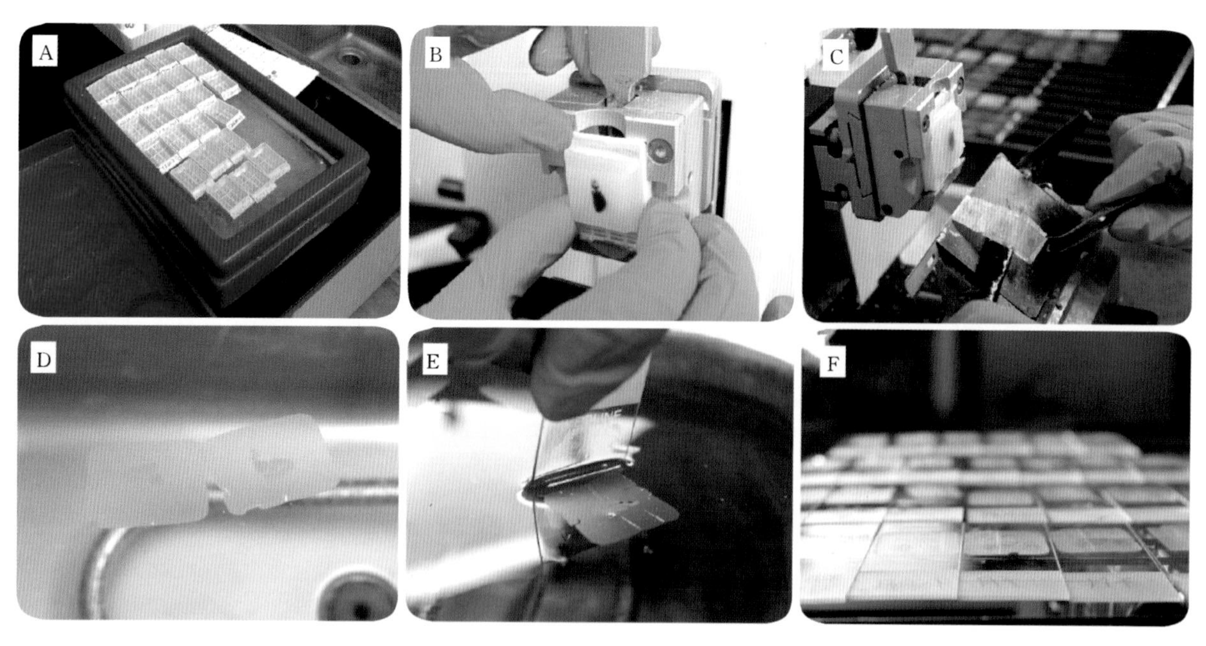


图 3－6　石蜡块切片技术流程

A. 包埋蜡块切片前冰水浴　B. 固定蜡块于切片机　C. 左右手协作切片　D. 水浴锅展片　E. 载玻片贴片　F. 烘箱烤片

埋好的蜡块置于石蜡切片机下连续切片，制成3～5 μm的超薄组织切片。展片是将切出的组织蜡皮置于一定温度的恒温水浴锅中，将其褶皱展开，使其平整，有利于贴片。贴片是将恒温水中展平的组织切片贴于载玻片上。贴片常选用蛋白甘油（albumen glycerin）作为粘片剂，以达到减少掉片的目的。烤片是将贴片后的载玻片放入略高于石蜡熔点的烘箱中烘烤，将组织切片上的水分烤干、石蜡烤化，使组织切片紧贴于载玻片上，以防止染色过程中发生脱片。

**1. 实验步骤**

（1）先对蜡块进行粗修，其目的主要是切去组织上方多余的石蜡，暴露出组织切面。

（2）正式切片前，将修好的蜡块置于冰水中，以增加蜡块的硬度，减少切片的褶皱。

（3）将刀片装好，调整好切片的厚度，将蜡块固定，调整蜡块与刀片的位置，使蜡块与刀片接近。

（4）左手执毛笔，右手旋转切片机滑轮，切出连续的含组织的蜡带。

（5）组织蜡带切出后，一端用镊子夹住，另一端用毛笔托起，将其平整的放入展片用的水浴锅里（37～40 ℃），待蜡带展平。

（6）蜡带展平后，用镊子分离组织完整、切面平整的蜡带1～2片，用载玻片捞起，并使含组织的蜡带贴于载玻片上。贴片时注意其位置一般位于载玻片稍中间的位置，便于染色与封片。

（7）切片贴好后，在玻片上用铅笔写上与蜡块相同的病理编号，然后置于56～65 ℃恒温烘箱内烤片20～30 min至载玻片上石蜡熔化。

**2. 注意事项**

（1）室温在25 ℃左右时切片顺利，室温过高时，蜡块变软，不易切出连续的蜡带，应使用冰块或者冰箱加以冷却后再行切片，这样不仅可保持石蜡的硬度，也可减少切片的褶皱。切片刀必须锋利无缺口，以免造成切片卷曲、不能连成带、有划痕、破碎等情况。

（2）展片水温要适中。水温过高，会导致石蜡快速溶解而撕烂携带的组织，引起组织细胞间隙离散；水温过低，切片皱褶展开不完全，影响后续读片观察。

（3）贴片时，依据蜡带上组织的宽度确定贴片方式，尽量将载玻片两侧留出2 mm宽度，防止玻片架上的铁栏损坏蜡带上的组织。

（4）贴片时蛋白甘油涂得过多易使制作的切片背景红染，不利于镜下观察。为了避免这一问题，可以在涂蛋白甘油时注意用量及涂抹均匀，另外也可以通过彻底清洗载玻片后不使用粘片剂直接捞片，避免蛋白甘油的影响。

（5）烤片时间与烤片温度有密切关系，温度高可缩短烤片时间，反之则需延长烤片时间。烤片时间过短，组织与载玻片贴合不紧，染色时易发生脱片或脱蜡不净。如不需立即进行染色，可将组织蜡片置于45 ℃恒温箱内烤片数小时直至水分烤干，由于烤片温度不高，蜡片石蜡不会熔化，蜡片在防潮防霉条件下可以长时间保存。

## 第二节 冰冻切片

冰冻切片（frozen section）技术是在低温条件下将活体组织快速冰冻到一定的硬度，然后进行切片的一种方法，由于组织不经任何处理，组织中的脂质、糖类、抗原等化学成分不会受到影响得以保存，适用于脂质、糖原、酶、抗原抗体的检测。冰冻切片技术由Paspail发明于1829年，到目前已广泛应用于病理学诊断和科研教学中。冰冻切片的制冷方法有二氧化碳法、氯乙烷法、半导体制冷法以及恒冷箱式冰冻法。其中恒冷箱式冰冻法是目前使用最多的制作方法，国内外恒冷箱品牌甚多，其最大的优点是冰冻速度快，箱内温度可以达到−45～−4 ℃，其优质的性能可满足各种室温下的切片工作。冰冻切片技术多用于新鲜组织、甲醛固定组织和冰箱冷藏组织等的标本制作。组织中的水分起着包埋剂的作用，因此组织块可不经任何包埋剂处理而直接放在制冷台上冰冻后再进行切片，切片厚度一般为6～8 μm。相对于常规的石蜡切片技术而言，冰冻切片不需要脱水处理，因此制片速度快，在操作上更加便捷和简单。研究表明，冰冻切片可以在十几分钟内完成明确的病理诊断，提供给临床以指导治疗，这说明其诊断的及时性。此外，由于冰冻切片采用胶胨样包埋剂（如OTC包埋液或合成胶水）进行制作，故除未脱钙骨骼标本外，冰冻切片技术适用于水生动物各种囊性、实质性标本的制作。由于冰冻切片组织新鲜，有易着色、染色时间短、不破坏脂肪细胞、细胞形态不易变形等优点，是脂肪、酶类等的染色以及免疫荧光染色的十分理想的切片方法。

冰冻切片制作过程与石蜡切片制作过程基本相同：取材→冰冻变硬→切片→贴片→风干→固定→浸洗→染色→脱水→透明→封片。虽然冰冻切片的制作时间远远短于石蜡切片，但缺点是若组织过大则不易冰冻、连续切片困难、切片厚度较厚、所显示的形态结构不如石蜡切片清晰等。

### 一、仪器及耗材

仪器：恒温冰冻切片机。

试剂：甲醛、中性树脂胶、冰冻切片包埋剂等。

### 二、实验步骤及方法

#### （一）冰冻切片机预冷

恒温冰冻切片机主要是利用物理降温的方法将新鲜组织标本冰冻，使其产生一定的硬度后进行切片，制作时需保持冰冻切片机24 h处于恒冷状态（图3－7）。

**1. 实验步骤**

切片前应提前30～60 min设置冰冻切片机的速冻头温度和箱体温度，一般情况下为−22～−20 ℃。

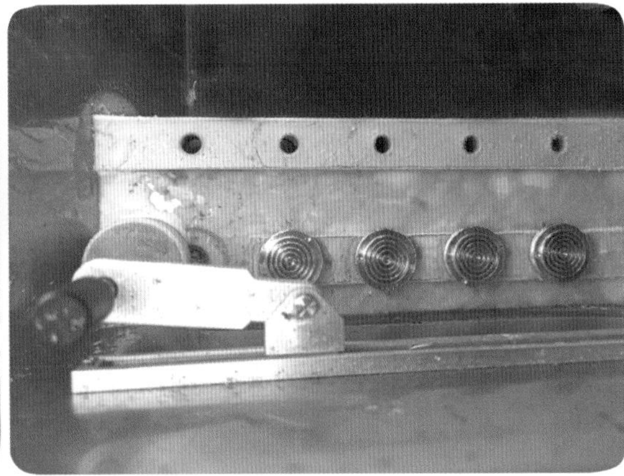

图 3-7 冰冻切片机刀座和冰冻台

**2. 注意事项**

(1) 为避免空气进入机内结霜，影响制冷效果，需每日定时启动冰冻切片机的除霜功能，以保持其最佳制冷效果。

(2) 由于制作冰冻切片的组织一般未经过固定等处理，因此，实验结束后应做好冰冻切片机的清洁消毒工作，清扫组织残屑，并启动冰冻切片机的消毒功能或用紫外线消毒。

### (二) 取材与固定

与石蜡切片不同，对于临床送检的新鲜组织标本，冰冻切片的组织块一般不经各种固定液预先固定，这样做一是为了争取时间，二是固定后的组织会增加切片难度。但当冰冻切片技术运用于水生动物病理诊断时，由于采样条件、样本量等条件的限制，很难做到新鲜组织及时送检，因此往往预先用固定液固定或用冰箱冷藏后再送检冰冻切片。

**1. 实验步骤**

(1) 将动物麻醉或急性处死，暴露出所需组织器官。

(2) 新鲜组织做冰冻切片时，将不经各种处理的新鲜组织，用双面刀切成 1 cm×1 cm×0.2 cm 大小的组织块。

(3) 固定组织做冰冻切片时，用剪刀剪下所需组织块，然后立即放入固定液中固定，且包埋前需将固定好的组织用流水冲洗 24 h，用修块刀修成 1 cm×1 cm×0.2 cm 大小。

**2. 注意事项**

(1) 冰冻切片多用于新鲜组织、甲醛固定组织和冰箱冷藏组织等。

(2) 如果使用未完全固定的组织做冰冻切片，就会出现冰晶。这是因为含水的固定液在组织未固定前，其中的水分也可渗入到组织中去，当冰冻发生时，这些水分就存留于组织中，形成了冰晶。

(3) 固定组织冰冻切片较新鲜组织冰冻切片易脱片，可在载玻片上涂上粘片剂以防脱片。

### (三) 组织速冻

组织速冻是指在低温条件下将切取的组织快速冰冻到一定的硬度，以方便切片。

**1. 实验步骤**

(1) 取出冰冻托，根据组织大小滴上薄薄的一层冰冻切片包埋剂，放入恒温切片机冰冻。

(2) 待包埋剂即将冰冻时，将组织块平整地放在上面，再用包埋剂将组织完全覆盖，置于冰冻台上冰冻。

**2. 注意事项**

（1）冰冻切片中冰晶的形成是冰冻切片过程中最难避免、也是影响诊断的最大问题，尤其是含水较多的组织，如脑，最容易形成冰晶。建议每次取材前把取材板用纱布擦干，取材后用纱布轻轻按压组织表面，尽量吸干组织表面水分，可以一定程度上减少因组织水分过多，冰冻后形成过多冰晶的现象。另外，包埋时在冰冻托上滴加包埋剂的厚度较一般组织适当增加（0.6 cm 厚度），这样可以使组织离冰冻托不至于太近，从而避免冰冻过度，减少冰晶的形成。

（2）冰冻温度要严格控制，一般以－20 ℃最为适宜，且冰冻时间不宜过长，注意随时观察，以刚刚冻上即止为宜，避免冰冻过度。某些组织较脆，极易冰冻过度，造成切片干、脆而难以制片。若不小心冻过了，可以将组织移出冰冻台回暖一下，即可补救回来。

（3）温度过低会导致组织块过硬，切片碎裂，出现梯状厚薄不均或空洞；温度过高，组织块硬度不够，切片易成形成皱褶。细胞多的组织如肝、肾等以及肿瘤组织在－20 ℃下冰冻 30～60 s 即可；含脂肪较多的组织需在－35 ℃或更低温度冰冻 60～90 s。

（4）脑组织极易收缩，造成诊断困难。针对这种情况，其解决办法依然是严格控制冰冻温度和时间。冰冻温度不宜过低，一般以－18 ℃为宜，且冰冻时间不能过长，需随时观察，冻上即可。

（5）冰冻速度要快，冰冻越慢，形成的冰晶越多，造成组织结构的破坏。一些组织如脑、肌肉等极容易形成冰晶，使组织结构受到破坏，必要时需用液氮急速冰冻组织。

（6）若组织块过小，先滴少量包埋剂在组织固定器中，并预先放在冰冻机中冰冻，待包埋剂凝固时再将小组织放上，组织周围再滴加一些包埋剂，再次置于冰冻机中冰冻，组织被垫高，便于快速切出高质量的切片。

（7）组织急速冰冻后，稍用力就可将冰冻锤与组织分开。如果组织急速冰冻不彻底，包埋剂还未完全凝固，或者冰冻锤底面不干净，则会导致冰冻锤与组织粘贴过紧，需要很用力才能分开，这样就容易拉扯组织，使组织切面凹凸不平。因此，要注意观察组织急速冰冻是否完全，并保持冰冻锤底面干净。

### （四）冰冻切片

取出冰冻好的组织块，将其置于冰冻切片机的持承器上进行切片。

**1. 实验步骤**

（1）正式切片前，先用修块刀片进行组织切面修理，即将组织块夹紧于切片机持承器上，调整组织块平面与切片刀面平行，同时转动切片手轮，直至暴露出组织的最大切面。

（2）放下防卷玻璃板，调整好切片的厚度，换切片刀片开始切片。一般细胞密集的组织如脾要薄切，细胞稀少的组织如肌肉等适当厚切，切片厚度为 5～10 μm。

（3）掀开防卷玻璃板，用载玻片轻轻贴紧组织切片，由于载玻片温度较组织切片高，组织切片会立即变软黏附在载玻片上。

**2. 注意事项**

（1）切片时，如切片未能顺着防卷玻璃板和切片刀平摊在切片刀面上，应重新调整防卷玻璃板的位置，调节防卷玻璃板慢慢向前或向后移动，使防卷玻璃板的末端与切面刀锋几乎相接和平行一致。如不使用防卷玻璃板，切出的切片经常会存在稍有卷起现象，可用毛笔轻轻扫平并轻压在切片刀面上，立即取载玻片贴片。

（2）用于贴片的载玻片应放置在室温下，如果放在冰冻切片机内，组织切片则很难贴紧在载玻片上。

（3）若所切组织有褶皱，可以用毛笔将其拉伸，微调后迅速进行贴片。

（4）理想的切片应完整、较薄、均匀、无皱褶、无刀痕、贴片恰当。

### （五）固定

切片完成后需用固定液固定，之后即可进行 H&E 染色或其他染色。

**1. 实验步骤**

切片完成后立即用乙醚和 95%的乙醇（1∶1）固定液固定数秒。

**2. 注意事项**

（1）使用不同的固定液其染色效果存在差异，研究表明乙醚∶乙醇（1∶1）固定液的效果最好，组织结构清晰，细胞无明显收缩，核质染色鲜艳、对比明显，其次是 AFA 固定液和 4%多聚甲醛固定液，而经 95%乙醇固定液以及中性福尔马林固定液固定的组织结构模糊，染色效果差。

（2）如制作的冰冻切片不需马上进行染色，切片需要保存在－20 ℃或者－80 ℃冰箱内。不同的组织保存的时间不同，如肌肉组织的乙酰胆碱酯酶在－20 ℃冰箱内可保存 1 年，温度越低保存的时间越长。

# 第三节　电镜制片技术

自1938年德国人鲁卡斯发明了第一台电子显微镜后，人类对机体的认识由组织细胞水平深入到亚细胞结构水平。电子显微镜是根据电子光学原理，用电子束和电子透镜代替光束和光学透镜，使物质的细微结构在非常高的放大倍数下成像的仪器，电子显微镜最大放大倍率超过200万倍，其分辨率可以达到0.2 nm的极限，相比之下，光学显微镜有效放大倍数始终没有突破2 000倍的极限，即0.2 μm的分辨率。经过80余年的发展，电子显微镜技术已成为医学科学领域内不可缺少的研究手段及工具，对医学科学研究起着重要作用。20世纪90年代以来，人们应用电镜技术研究了大量水生动物疾病的超微病理结构，积累了丰富的资料，为研究水生动物基础病理学和诊断病理学打下了良好的基础。虽然电镜技术在病理诊断上有着广泛的应用，但单一的电镜技术在病理学上的应用存在着较大的局限性，对于疑难病症的诊断还要多种诊断技术的辅助，以缩小诊断误差。此外，相较于石蜡切片技术和冰冻切片技术，电镜制片复杂、耗时、费用贵，限制了电镜制片技术的普及。

电镜种类很多，有透射电镜（TEM）、扫描电镜（SEM）、扫描隧道电镜、原子力电镜等，但应用于临床病理诊断中的主要是扫描电镜和透射电镜。扫描电镜主要用于观察组织细胞表面的立体结构，原理是在标本表面扫描激发出次级电子而成像。由于扫描电镜发出的电子束不穿过标本，因此标本不需要切片，故本节电镜制片技术主要是介绍透射电镜切片技术。不同于扫描电镜呈现的立体结构，透射电镜常用于观察普通显微镜所不能分辨的细胞内部平面结构，其原理是利用透过样品的电子束来成像。由于电子易散射或被物体吸收，故穿透力低，样品的密度、厚度等都会影响到最后的成像质量，因此，需要制备50～100 nm的超薄切片。超薄切片技术是透射电镜标本制备的基本技术，即组织取材后经固定、脱水、包埋、超薄切片和染色后用透射电镜观察。

超薄切片的质量决定着电镜制片的成败，理想的超薄切片应该具备厚度适中，厚薄均匀，结构清晰，没有颤痕、皱褶、重叠、刀痕、空洞及污染的特点。优质超薄切片的获得与样品的取材、脱水、浸透、包埋和切片等环节关系密切。

## 一、仪器及耗材

仪器：烘箱、玻璃制刀机、修块机、超薄切片机、电子显微镜（图3-8）。

试剂：戊二醛、0.1 mol/L磷酸缓冲液、锇酸、丙酮、环氧树脂812（Epon812）、十二烷基琥珀酸酐（DDSA）、六甲酸酐（MNA）、2，4，6-三（二甲基氨基甲基）苯酚（DMP-30）、乙醇、醋酸双氧铀、氢氧化钠、枸橼酸铅（lead citrate）。

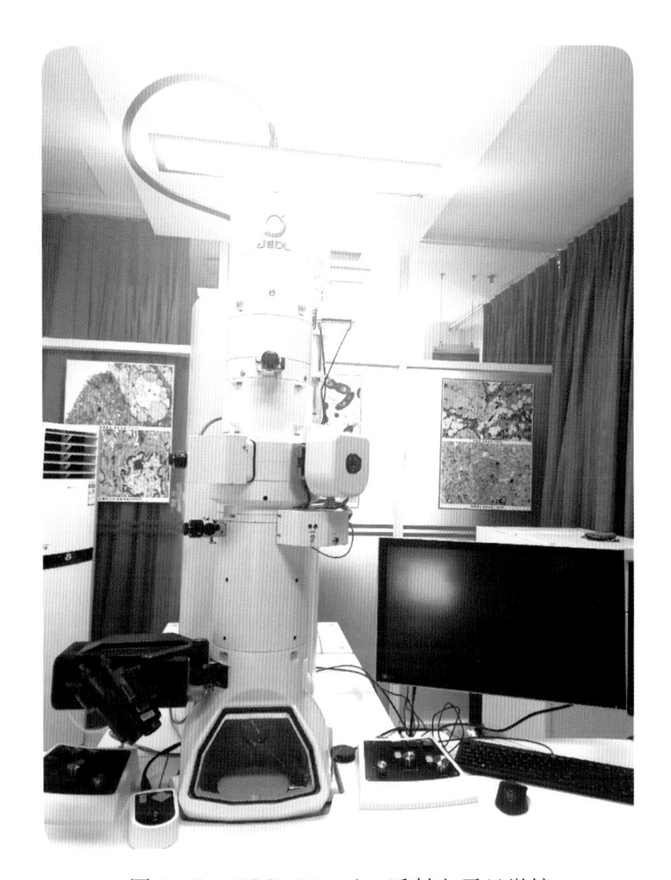

图 3-8 JEM1400-plus 透射电子显微镜

## 二、实验步骤及方法

### (一) 取材

用于电镜标本制备的固定液渗透速度极慢，同时超薄切片的面积又很小，一般取材不宜过大，不超过 0.5～1 $mm^3$，否则固定效果不好，取材的基本要求如下：

快：实验动物应在麻醉或断颈后 1～2 min 内取材完毕，临床活检也要力争在 1 min 内将组织投入盛有新鲜固定液的小瓶内，即离体 1 min 内，保证动物或细胞处于活的状态；

小：所取的组织块应小，不要贪大，一般要求将组织切成 1 mm×1 mm×1 mm 大小或火柴棍大小；

准：取材部位准确，修切时注意切面的方向；

冷：取材可在常温下进行，如有条件最好在 4 ℃下操作，以抑制溶酶体酶的活性，从而减少组织自溶，所用器械、容器及固定液都应预冷；

利：双面刀片，避免挤压、牵拉等机械损伤。

**1. 实验步骤**

(1) 将动物麻醉或急性处死，暴露出所需组织器官。

(2) 用剪刀剪下一小块组织，放在滴有预冷固定液的蜡块上，用双面刀修成细长条，再切成 1 mm×1 mm×1 mm 的小块。

(3) 细胞样品通过低速离心（1 000 r/min）收集至离心管。

**2. 注意事项**

（1）电镜样品要求取材及时、新鲜，并且立即固定。

（2）由于用于电镜标本制备的固定液渗透速度极慢，超薄切片的面积又很小，故取材时必须注意取材部位，取材部位要准确（需掌握解剖及组织学特点），如胃肠道、皮肤、角膜、视网膜等一定要注意方向性。

（3）取材用的器皿、双面刀片等都应该尽量干净锋利，做好标记，瓶签上用铅笔做好标记，注明组别、编号。

（二）固定

为避免因自身酶的分解而出现自溶，或因外界微生物的侵入繁殖导致细胞超微结构的破坏，组织取材后需要用固定液进行固定（图 3－9）。常用的固定液为 2.5％～4％戊二醛和 1％锇酸。

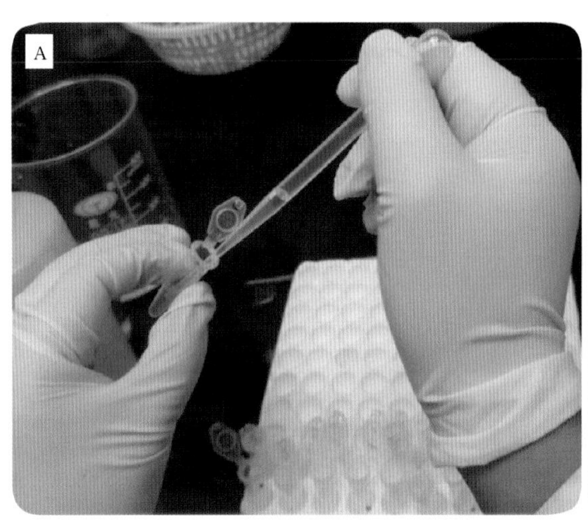
A

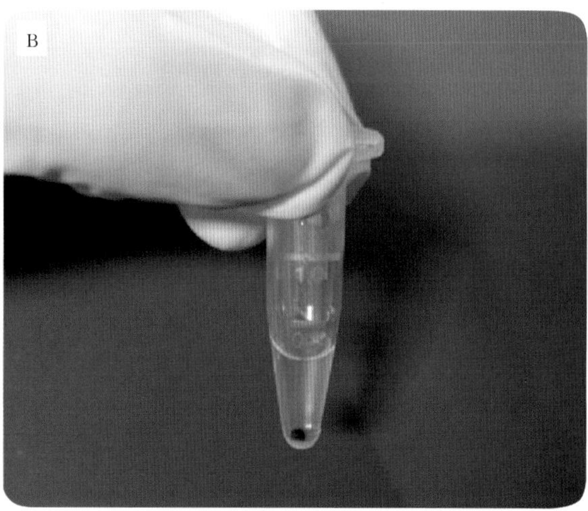
B

图 3－9 电镜样品后固定
A. 样品加锇酸进行后固定 B. 锇酸固定后的样品变黑

**1. 实验步骤**

（1）固定

取材后将组织样品用生理盐水漂洗，并立即用 2.5％戊二醛固定。细胞样品离心后弃掉培养液，管底的细胞团不要打散，沿管壁缓慢加入适量 2.5％～4％戊二醛，并轻轻摇晃使细胞块脱离管底，一般在 4～7 ℃下固定 24 h 以上。

（2）漂洗

用去离子水或磷酸缓冲液漂洗 3 次，每次 15 min。

（3）再固定

用 1％锇酸固定 2 h 左右。

（4）漂洗

用去离子水或磷酸缓冲液漂洗 3 次，每次 15 min。

**2. 注意事项**

（1）戊二醛的优点是渗透能力强，组织块可以长期保存，能固定核酸且安全，但是没有电子染色作用。锇酸可以电子染色，但渗透能力差，不能固定核酸、糖原，有剧毒，固定时间不宜太长，否则容易使组织变脆。

（2）固定液需置于 4 ℃冰箱或冰水中提前预冷。

（3）固定液的体积约为组织总体积的 8～10 倍。

（4）组织固定后，应用漂洗液洗去残留的固定液，否则残留的醛可与锇酸反应产生细的电子致密的还原态锇。

（5）固定组织样品最重要的是要做到快速，固定不及时会导致超微结构改变，有条件尽可能活体灌注固定。

## （三）脱水

固定组织漂洗干净后，需用梯度丙酮对组织进行脱水，以除去样本中的水分，为包埋剂的均匀浸透做准备（图 3－10）。

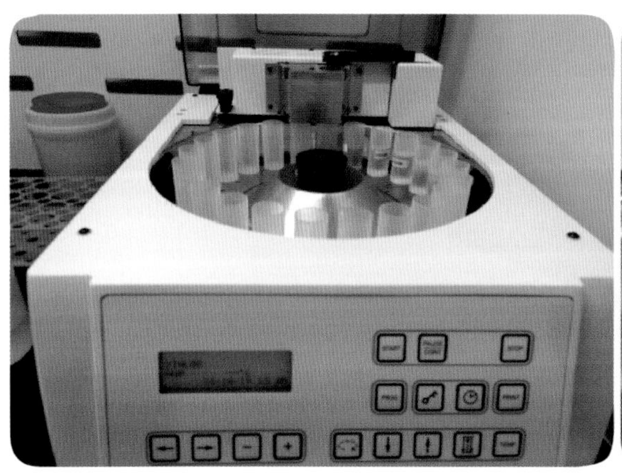

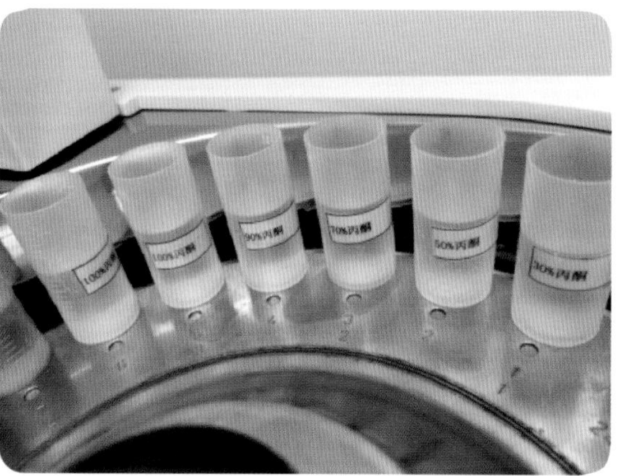

图 3－10　全自动脱水机梯度丙酮脱水

### 1. 实验步骤

（1）30％丙酮，4 ℃，脱水 15 min。

（2）50％丙酮，4 ℃，脱水 15 min。

（3）70％丙酮，4 ℃，脱水 15 min 或过夜。

（4）90％丙酮，常温，脱水 15 min。

（5）100％丙酮Ⅰ，常温，脱水 15 min。

（6）100％丙酮Ⅱ，常温，脱水 15 min。

### 2. 注意事项

含水组织在电镜高真空状态下反差极低，且常用的包埋剂不能与水互溶，只有将组织内的游离水除去后，包埋剂才能均匀浸透到组织内部。

## （四）浸透

取出脱完水的组织，由于丙酮与环氧树脂的互溶性差，需要 Epon812 作为中间溶剂，将包埋剂环氧树脂按比例逐步渗透到组织中去。

### 1. 实验步骤

（1）配制 Epon812 包埋剂。

| 药品 | 用量 |
| --- | --- |
| Epon812 | 90 mL |
| DDSA | 60 mL |
| MNA | 50 mL |
| DMP－30 | 4 mL（为上述总量的 2%） |

（2）Epon812 包埋剂：丙酮（3∶1）于 40 ℃浸透 30～40 min。

（3）Epon812 包埋剂：丙酮（1∶1）于 40 ℃浸透 30～40 min。

（4）Epon812 包埋剂于 40 ℃浸透，可过夜存放。

**2. 注意事项**

为避免切片出现空泡影响观察，切片制作时浸透要彻底。

### （五）包埋聚合

包埋时需使包埋剂完全渗透到组织内部，经过加温逐步聚合成坚硬的固体，成为细胞结构的支架，能够承受切片时的压力，这样有利于超薄切片（图 3－11、图 3－12、图 3－13）。

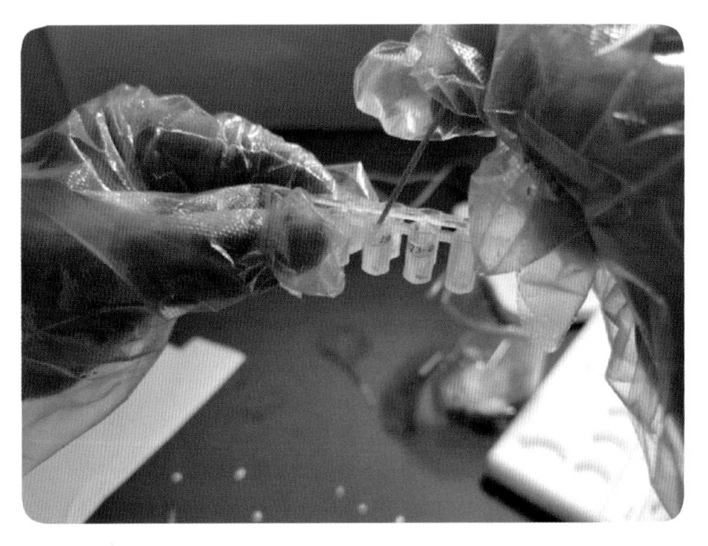

图 3－11　样本的包埋

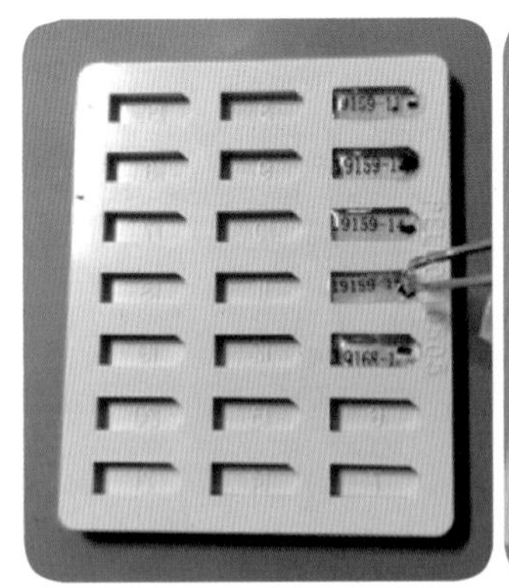

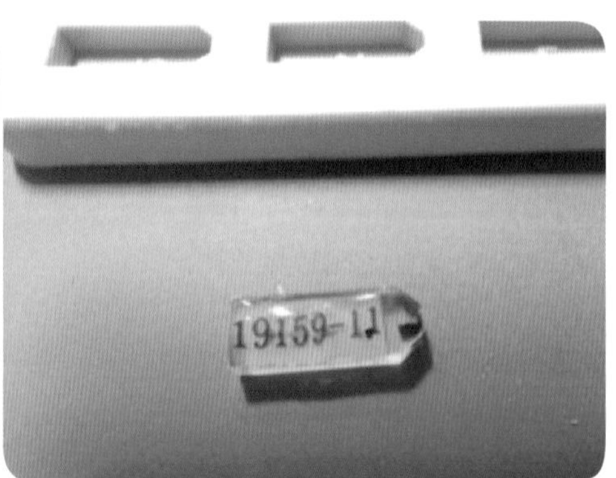


图 3－12　定向包埋

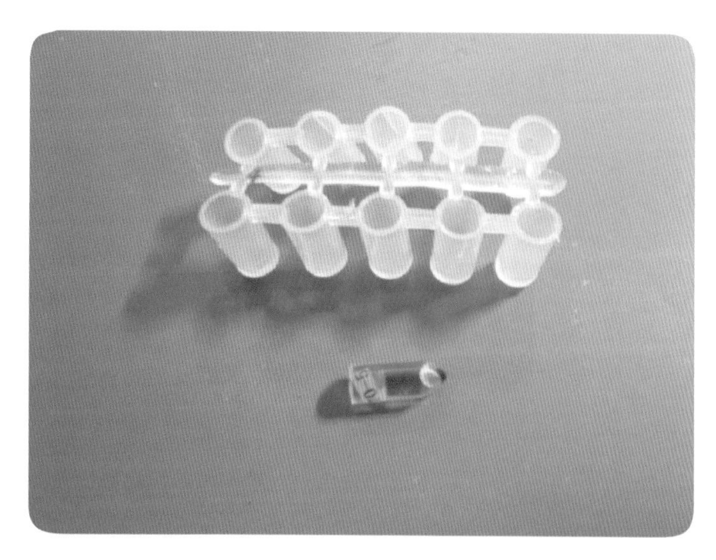

图 3－13 包埋后的样本

**1. 实验步骤**

浸透后将样品平放在包埋模具里，加入 Epon812 包埋剂，置于烘箱中，于 80 ℃过夜。

**2. 注意事项**

包埋剂的软硬需根据季节做出相应调整，常用方法是在环氧树脂包埋剂中加入不同比例的固化剂，如在夏季要求包埋剂硬度高些，固化剂 DDSA（控制软度）：MNA（控制硬度）的比值就要下降，而冬季要求包埋剂硬度低些，这个比值则升高。

### （六）修块与半薄切片

正式切片前，需将包埋好的组织进行粗修，将需要定位的组织切成 1～3 μm 的半薄切片（图 3－14）。

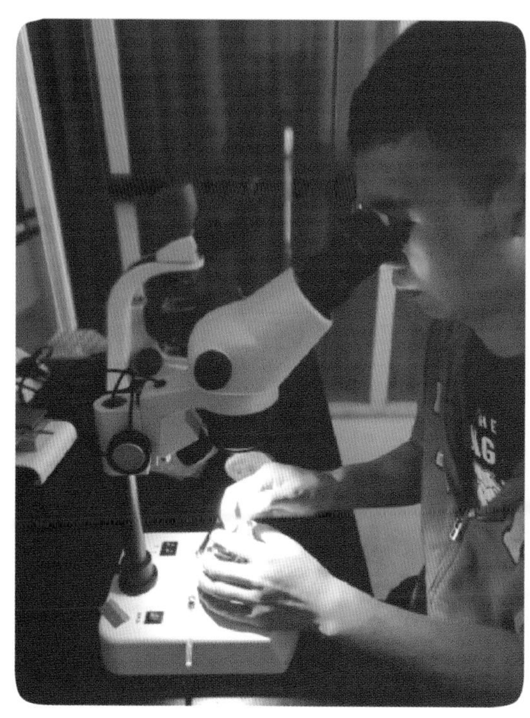

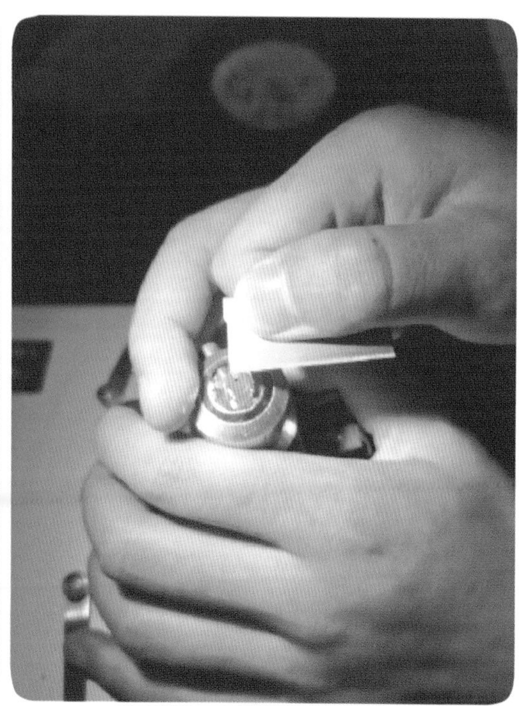

图 3－14 样品粗修

半薄切片比光学显微镜石蜡切片薄，有时能提供大量的信息，必要时可染色进行观察。

**1. 实验步骤**

（1）将包埋好的组织块用刀片修成梯形。

（2）需要定位的组织修整后用超薄切片机先切成1～3 μm的半薄切片，用亚甲蓝或甲苯胺蓝染色，边加热边染色约2 min，清水漂洗，烘干，相差显微镜下观察定位。

**2. 注意事项**

制备切割性能良好、半薄切片定位精确的包埋块，需要达到切面光滑、上下边缘平行的要求。

### （七）超薄切片

半薄切片定位完成后可开始超薄切片（图3-15）。

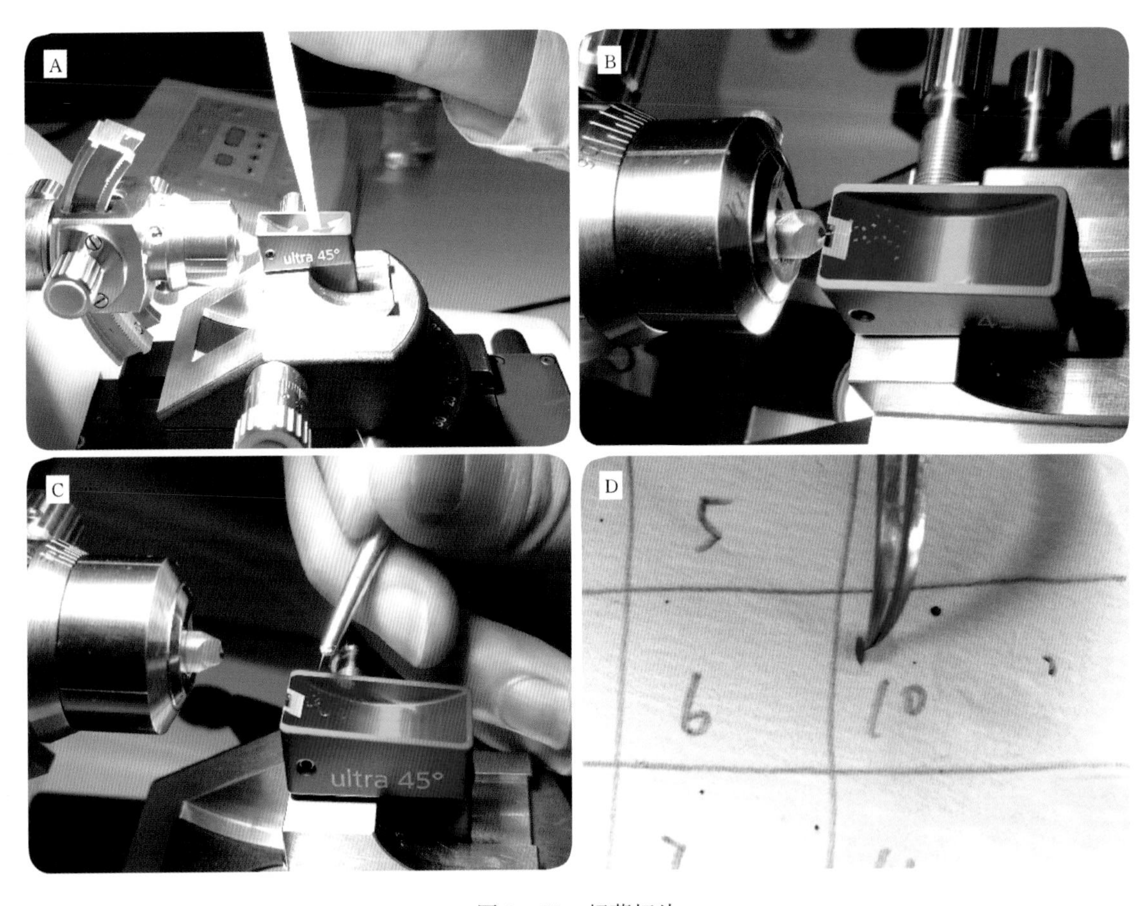


图3-15　超薄切片

A. 对光　B. 切片　C. 用睫毛针选片　D. 铜网捞片并置于培养皿中干燥

**1. 实验步骤**

用超薄切片机将半薄切片切成厚度为60～80 nm的超薄切片，用支持膜（碳膜铜网或福尔莫瓦膜）裱片，红外灯下烤干。

**2. 注意事项**

（1）锋利的切片刀是切出高质量超薄切片的关键，故建议使用钻石刀。

（2）包埋块和切片刀安装后必须将固定螺丝拧紧，锁住样品臂后要将包埋块置于切片机的可切割范围内，否则切片易出现颤痕。

（3）捞片的质量对制片的成败尤其关键，捞片时要仔细认真，确保不脱片。尤其是要做立体计数时，切片与相邻的切片的比较才有意义。研究表明无膜捞片也可以获得高质量切片，既省去做膜的麻烦，又可避免因制作过程中膜带来的背景污染。

### （八）染色

生物组织由碳、氢、氧、氮等原子序数较低的元素组成，散射电子的能力较弱，未经染色的超薄切片反差一般很低，电子显微镜下难以看清其细微结构。将制好的超薄切片用醋酸双氧铀和枸橼酸铅进行双重染色，组织细胞经超薄切片和染色后用透射电镜观察（图 3－16）。醋酸双氧铀可与细胞内大多数分子结合，可提高核酸、蛋白质和结缔组织纤维成分的反差，但对膜的染色效果较差。而铅盐类可与细胞内的核蛋白及糖原结合，可提高细胞膜系统和脂类的反差。

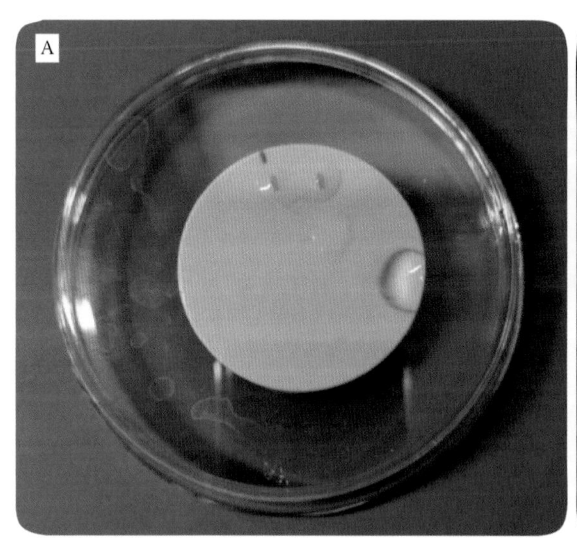


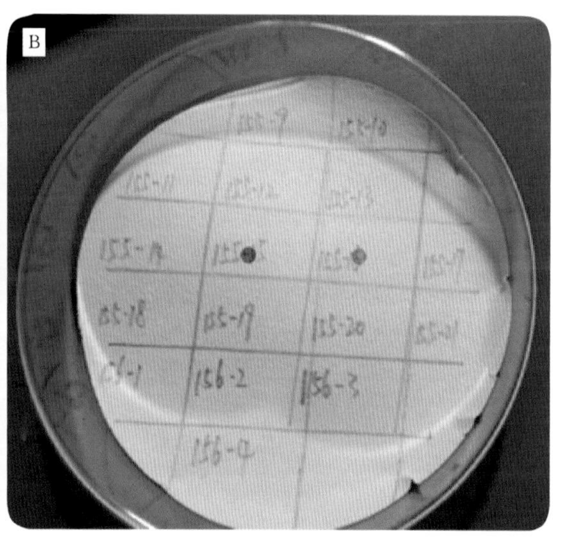


图 3－16　电镜切片染色

A. 正在染色的样本　B. 染色完成的样本

**1. 实验步骤**

（1）用滴管将饱和醋酸双氧铀染液滴到胶板上，胶板应置于避光培养皿中，一次可染多片铜网，保证液体完全覆盖切片，避光染色 15～20 min。

（2）倾倒胶板上的染色液，用双蒸水漂洗 5 min，然后用滤纸吸除铜网上的水滴（不要吸太干）。

（3）用滴管将枸橼酸铅染液滴到胶板上，保证液体完全覆盖切片，然后把胶板置于避光培养皿中，围绕培养皿放入适量氢氧化钠颗粒吸收 $CO_2$，避免枸橼酸铅沉淀，避光染色 10～15 min。

（4）双蒸水漂洗 5 min，滤纸吸去水滴，晾干后将铜网放入透射电镜中观察、拍照。

**2. 注意事项**

切片易受铅、铀污染，特别是铅染液。染色前，可将铅、铀染液离心，4 000 r/min，离心 15 min 可降低污染概率。铅盐类易与二氧化碳反应，染色时要注意尽量减少暴露在空气中的时间。

图 3－17、图 3－18、图 3－19、图 3－20、图 3－21 是一些质量较好的电镜切片。

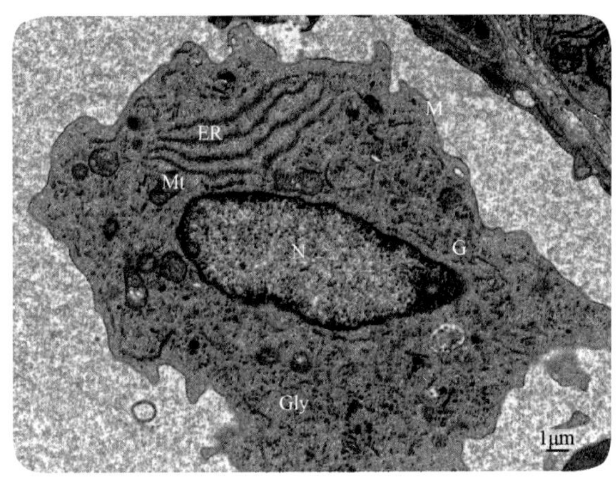


图 3－17　患肝病的加州鲈肝细胞透射电镜观察

N. 细胞核　Mt. 线粒体　ER. 内质网

G. 高尔基体　Gly. 糖原　M. 细胞膜

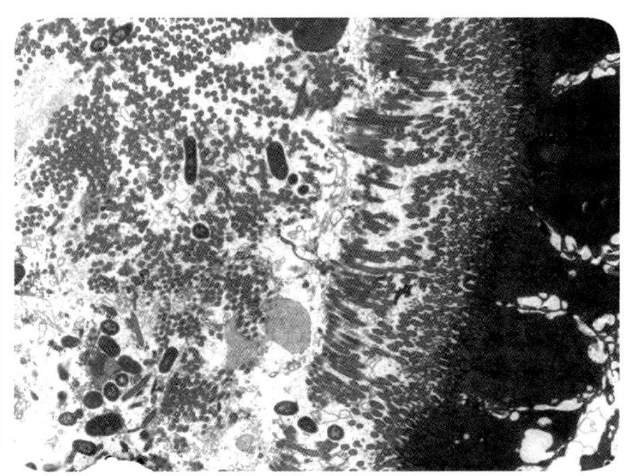

图 3－18　患肠炎病的鲟肠道内细菌穿透内黏液层

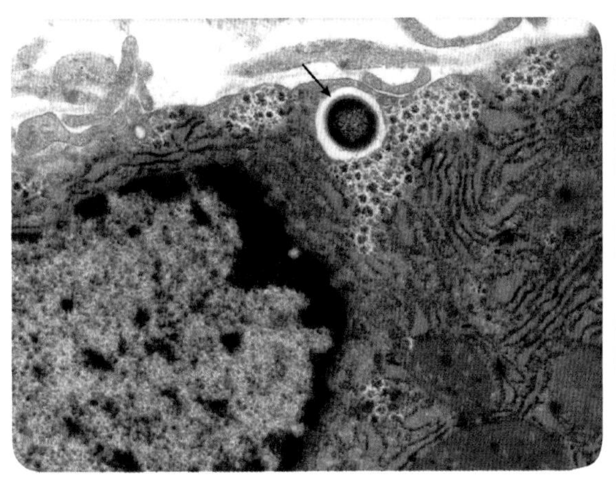

图 3－19　米尔伊丽莎白金菌感染的黑斑蛙肝细胞（→示进入肝细胞内的米尔伊丽莎白金菌）

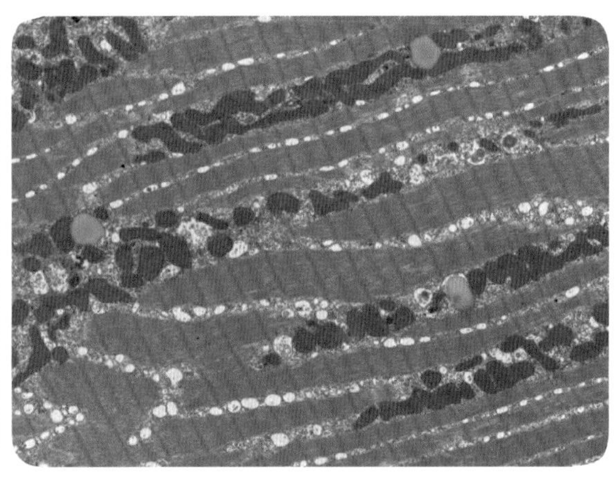

图 3－20　草鱼肌肉组织超微电镜观察

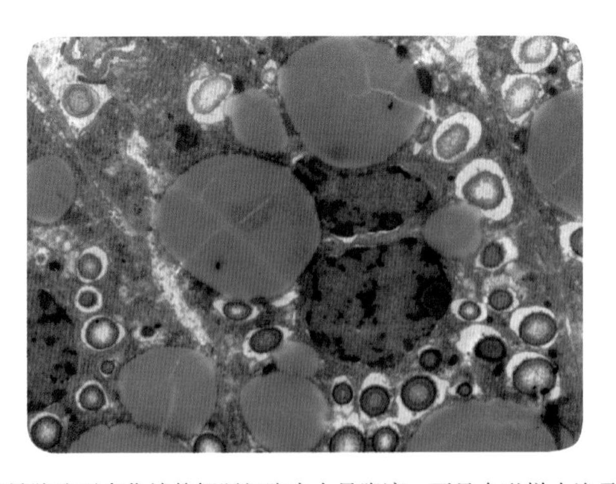

图 3－21　饥饿胁迫下中华绒螯蟹肝细胞内大量脂滴，可见自噬样小泡及细胞核皱缩

# 第四章　水生动物病理染色技术

石蜡组织切片本身无色，无色的组织切片在光学显微镜下很难分辨其组织细胞结构，更无法观察其微小的形态改变。染色技术可以使石蜡切片中不同组织或细胞显示不同的颜色，从而增大切片中各组织或细胞对折光率的区别，以此提高其在显微镜下的分辨度。最早将天然染料使用到组织染色中的是荷兰人 Leeuwenhoek，他将番红花酒作为染色剂浸染肌纤维组织切片，用以观察母牛的肌细胞形态。1856 年，英国化学家 William Henry Perkin 发现了苯胺紫，从此开创了人工合成染料的时代。根据来源，现所用染料可分为天然染料和人工合成染料；也可以根据分子结构中所含的发色团的性质，将染料分为酸性染料、碱性染料和中性染料。常见的染料有苏木精、伊红、苏丹等。随着各类染料的开发，染色技术日益增多，已经广泛应用于人医、兽医以及水生动物病理切片制作。常见的染色方法有：常规染色的 H&E 染色法、浸染结缔组织的 Masson 三色染色法、浸染网状纤维的 Gomori 银染色法、浸染弹力纤维的 Verhoeff染色法、浸染糖原的 PAS 染色法、浸染脂肪组织的苏丹Ⅲ染色法、浸染细菌的 Gram 碱性复红结晶紫染色法以及浸染抗酸细菌的抗酸染色法。本章将就上述染色法进行介绍。

# 第一节　苏木精-伊红（H&E）染色技术

苏木精（hematoxylin）-伊红（eosin）染色技术，简称H&E染色（H&E staining）技术，是病理学实验室中的常规染色方法，广泛应用于组织切片研究，被认为是观察正常和病变组织细胞形态结构的最常用的染色技术。该方法最早由Waldeyer在1863年倡导使用，利用苏木精染细胞核、伊红染细胞质的特性，使不同组织和细胞成分呈现不同的颜色，产生不同的折射。1865年，Boehmer从染色工业上得到启发，对细胞核染液进行了改良，在原有苏木精中添加明矾（硫酸铝钾），形成明矾苏木精（alum hematoxylin）用于细胞核染色，立即得到广泛认可。从此，确定了铝盐作为媒染剂的地位。此外，对于苏木精，还有很多方面的探索和改良。如使用乙醇使苏木精更易溶解，并可防止霉菌生长；加入甘油，保持染液的质量稳定；探索不同的铝盐的作用；加入各种化学氧化剂；促进酸化等。除染细胞核外，1884年，Weigert发现苏木精还可以染髓鞘。从此，拓宽了H&E染色技术的使用范围。

## 一、染色原理

苏木精也称苏木素，是一种天然碱性染料，分子式为$C_{16}H_{14}O_6$，分子量为302.282，呈无色或淡灰黄色粉末状。苏木精是南美洲洋苏木树（*Hematoxylon campechianum*）干枝的乙醚抽提物。抽提出来的苏木精不具有发色基团，没有染色能力。但其溶解产物放置一段时间后可发生氧化，即苏木精分子失去两个氢原子，且其中一个苯环转化成醌型苯环，这个过程又称成熟（图4-1）。氧化后的苏木精称为苏木红（hematein），其分了结构中既具有原有的助色团羟基，又具有发色团醌型苯环，在碱性染料中呈蓝色。苏木精在水中解离成带正电的阳离子，与细胞核中DNA双螺旋结构外侧的磷酸基团结合，使细胞核呈蓝色。

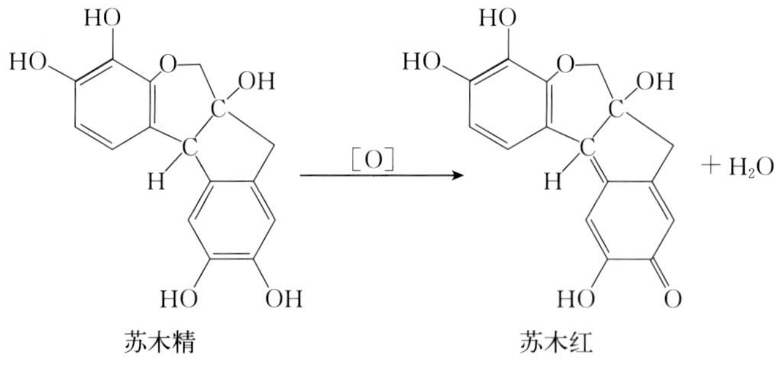

苏木精　[O]　苏木红　$+H_2O$

图4-1　苏木精的氧化

伊红又称曙红、酸性曙红，分子式为$C_{20}H_6O_5Br_4Na_2$，分子量为691.859，呈桃红色或粉红色粉末状。伊红是一种酸性染料，属人工合成染料中的咕吨类染料，由荧光素衍生而来。常见的伊红有2种，分别是：伊红Y，呈黄色；伊红B，呈淡蓝色。而淡蓝色的伊红B与蓝色的苏木精对比染色不理想，所以在H&E染色中选用伊红Y进行染色。伊红Y在水中解离成带负电荷的阴离子，与蛋白质的氨基正电荷的阳离子结合使细胞质染色，细胞质、红细胞、肌肉、结缔组织、嗜伊红颗粒等被染成不同程度的红色或粉红色。

细胞由细胞核和细胞质组成。因此，在H&E染色中，选用苏木精-伊红Y进行染色，可以将细胞核（蓝色）和细胞质（红色）清晰的区别开来。

## 二、染色液的配制

### （一）苏木精染液配制

氧化是苏木精真正成为一种染料的重要环节。苏木精的氧化可分为自然氧化和人工氧化两种形式。自然氧化即将配置好的苏木精染液暴露于日光和空气中，在日光和空气的共同作用下，慢慢氧化成苏木红。该方法简单，形成的苏木精使用和保存的时间较长，但是氧化所需时间长（可能长达数周甚至数月），因此需要提前配置。人工氧化是指在配置苏木精染液时加入一定量的氧化剂，使苏木精立即被氧化成熟。常用的氧化剂有氧化汞、碘酸钠（sodium iodate）、高锰酸钾和铁盐等。

苏木精染液配制法及各种改良的方法众多，常用的苏木精染液主要有：改良Lillie-Mayer、Harris、Mayer、Ehrlich、Gill和Carazzi六种。在临床病理H&E常规制片染色中，以改良Lillie-Mayer苏木精染液为佳，Mayer苏木精染液常用于免疫组化染色和特殊染色后复染细胞核，其他几种苏木精染液可根据各自实验室的情况选用。

**1. 改良Lillie-Mayer苏木精**

（1）所需药品

苏木精5.0 g，100%乙醇10 mL，硫酸铝钾50 g，蒸馏水650 mL，碘酸钠500 mg，甘油300 mL，冰醋酸20 mL。

（2）配制步骤

将硫酸铝钾（aluminium potassium sulfate）溶于蒸馏水，加热至40～50 ℃，使硫酸铝钾充分溶解，冷却至室温备用。将苏木精溶于无水乙醇，再将硫酸铝钾水溶液与苏木精无水乙醇液充分混合，加入碘酸钠，最后加入甘油和冰醋酸充分溶解混合。

**2. Harris苏木精**

（1）所需药品

苏木精1.0 g，100%乙醇10 mL，硫酸铝钾20 g，蒸馏水200 mL，氧化汞0.5 g，冰醋酸10 mL。

（2）配制步骤

将苏木精溶于无水乙醇中，充分搅拌至完全溶解后备用。将硫酸铝钾溶于蒸馏水中，加热至完全溶解。将硫酸铝钾水溶液与苏木精醇溶液混匀，煮沸1 min。稍冷却，向混合液中缓慢加入氧化汞0.5 g，加热溶解后，溶液变为紫红色。将上述溶液迅速冷却、过滤并加入冰醋酸（每100 mL溶液加入冰醋酸5 mL）即可使用。用时现配，不适宜长期保存。

**3. Mayer苏木精**

（1）所需药品

苏木精1.0 g，蒸馏水1 000 mL，碘酸钠0.2 g，硫酸铝铵50 g，柠檬酸1 g，水合氯醛50 g。

(2) 配制步骤

将蒸馏水加热至 40～50 ℃，加入苏木精使彻底溶解，再加入碘酸钠和硫酸铝铵，玻璃棒搅拌至彻底溶解。加入柠檬酸和水合氯醛，混匀后将溶液过滤，置于 4 ℃冰箱保存备用。

**4. Ehrlich 苏木精**

(1) 所需药品

苏木精 2 g，95%乙醇 100 mL，硫酸铝钾 25 g，甘油 100 mL，蒸馏水 100 mL，冰醋酸 5 mL。

(2) 配制步骤

将苏木精溶于 95%乙醇，溶解后依次加入蒸馏水、甘油、硫酸铝钾和冰醋酸，充分混合均匀后，置于容器中，密封。经常摇动容器，2～3 个月自然氧化成熟，溶液为红褐色，过滤即可使用。需要注意的是，Ehrlich 苏木精应至少在用前两周配制，可长期保存。

**5. Gill 苏木精**

(1) 所需药品

苏木精 2 g，乙二醇 250 mL，硫酸铝 17.6 g，蒸馏水 730 mL，碘酸钠 0.2 g，冰醋酸 20 mL。

(2) 配制步骤

将苏木精溶于乙二醇，硫酸铝溶于蒸馏水，待彻底溶解后将两者混匀，再加入碘酸钠和冰醋酸充分混匀。

**6. Carazzi 苏木精**

(1) 所需药品

苏木精 1 g，硫酸铝钾 50 g，甘油 200 mL，蒸馏水 800 mL，碘酸钾 5 mL。

(2) 配制步骤

将苏木精充分溶于甘油，硫酸铝钾溶于少量蒸馏水，彻底溶解后将两者混匀。再将碘酸钾加入余下的蒸馏水中，待彻底溶解后，与上述混合液混合，摇匀即可使用。

### (二) 盐酸酒精分化液配制

分化是清除吸附于组织细胞上多余染色剂的过程。苏木精染色水洗后必须进行分化处理，分化不仅可以增加细胞核的清晰度，还能清除吸附于细胞质的苏木精，为伊红染色提供有利条件。酸能破坏苏木红的醌型结构，促使染料与组织解离，将细胞核中结合过多的染料、细胞质中吸附的染料以及不需要着色部位的染料去除。此时，由于苏木红加铝形成的蓝色色淀在酸性环境中处于离子状态，故组织由蓝色变为红褐色。

**1. 所需药品**

浓盐酸 0.5～1 mL，75%酒精 99～99.5 mL，二者共 100 mL。

**2. 配制步骤**

将浓盐酸加入 75%的酒精中，配制成 0.5%～1%的盐酸酒精。应注意新配制的分化液分化时间要短，但若已使用一段时间则需要延长分化时间或更换分化液。

### (三) 返蓝液配制

切片返蓝是利用碱性环境使苏木红与铝重新结合，使红褐色组织变成蓝色。返蓝可直接用自来水冲洗或者经返蓝液（1%氢氧化铵水溶液）返蓝。

**1. 所需药品**

氢氧化铵 1 mL，蒸馏水 99 mL。

**2. 配制步骤**

将上述氢氧化铵与蒸馏水混合即可配成返蓝液。

### (四) 伊红染液配制

**1. 所需药品**

伊红 Y 1 g，蒸馏水 200 mL，冰醋酸，甲醛。

**2. 配制步骤**

先将伊红溶解于蒸馏水中，然后加入冰醋酸 1 滴（按照每 200 mL 加冰醋酸 1 滴的比例）。应注意为防止真菌生长，可向伊红水溶液中加入甲醛（按照每 200 mL 加入甲醛数滴的比例）。

**3. 注意事项**

伊红染液配置后需进行检查，pH 大于 5 可能会导致伊红着色较淡。同时，伊红染料的浓度不宜过高，否则会导致细胞质过染，分色不足。若出现这种状况，可适当降低伊红浓度或者减少染色时间。

## 三、染色操作步骤

**1. 二甲苯脱蜡**

二甲苯Ⅰ脱蜡 10～15 min；二甲苯Ⅱ脱蜡 10 min。

**2. 梯度酒精复水**

无水乙醇Ⅰ复水 3 min；无水乙醇Ⅱ复水 1～3 min；95%酒精复水 3 min；85%酒精复水 3 min；75%酒精复水 3 min；水洗 2 min。

**3. 苏木精染色**

苏木精浸染 10～20 min；水洗数次至水无色。

**4. 盐酸酒精分化**

盐酸酒精分化 1～30 s；水洗 5～6 次（注：显微镜下控制细胞核分化程度）。

**5. 稀氨水返蓝**

1%氨水返蓝 3～10 s；水洗 5～6 次（注：显微镜下观察细胞核）。

**6. 伊红染色**

伊红浸染 6～7 min（注：水溶性伊红染色后水洗数次至水无色；醇溶性伊红染色后，跳过水洗，直接使用 85%的酒精脱水）。

**7. 梯度酒精脱水**

75%酒精脱水 10 s；85%酒精脱水 20 s；90%酒精脱水 30 s；95%酒精Ⅰ脱水 1 min；95%酒精Ⅱ脱水 1 min；无水乙醇Ⅰ脱水 2 min；无水乙醇Ⅱ脱水 2 min。

**8. 二甲苯透明**

二甲苯Ⅰ透明 10 min；二甲苯Ⅱ透明 15 min。

**9. 封片**

中性树脂滴胶封片，37 ℃烘干后观察切片（注：调节中性树脂胶黏稠度使其呈水滴状）。

**10. 镜检**

细胞核呈紫蓝色，细胞质呈粉红色。

## 四、染色结果

组织经 H&E 染色后，肉眼观察呈紫红色，淋巴细胞较多的组织如脾、头肾切片颜色偏蓝，而肌肉、肝等组织颜色偏红（图 4－2、图 4－3）。在显微镜下，正常的细胞边界清晰，细胞核呈蓝色，细胞质呈均质红色，血浆或组织液呈淡粉红色。其中，淋巴细胞的细胞核染色最深，蓝色最分明，极少见细胞质；红细胞的细胞质颜色最鲜艳，呈椭球形，蓝色的细胞核位于中央；网状细胞和血管内皮细胞的细胞质呈淡红色，细胞核呈淡蓝色位于中央。骨骼肌纤维的细胞核小，呈蓝色，位于边缘，细胞质为淡粉色。鱼类肝胰腺中的腺泡细胞和嗜酸性粒细胞内可见嗜伊红的红染颗粒。甲状腺腺泡呈均质红染样。嗜碱性粒细胞中，可见蓝染小颗粒。在病理情况下（图 4－4），细胞变性，细胞质可能出现染色变浅、不均质等现象，严重的细胞变性可导致细胞坏死，可见散布的蓝色小碎片（核碎裂）、细胞核染色浅甚至消失（核溶解）或细胞核浓染（核浓缩）。

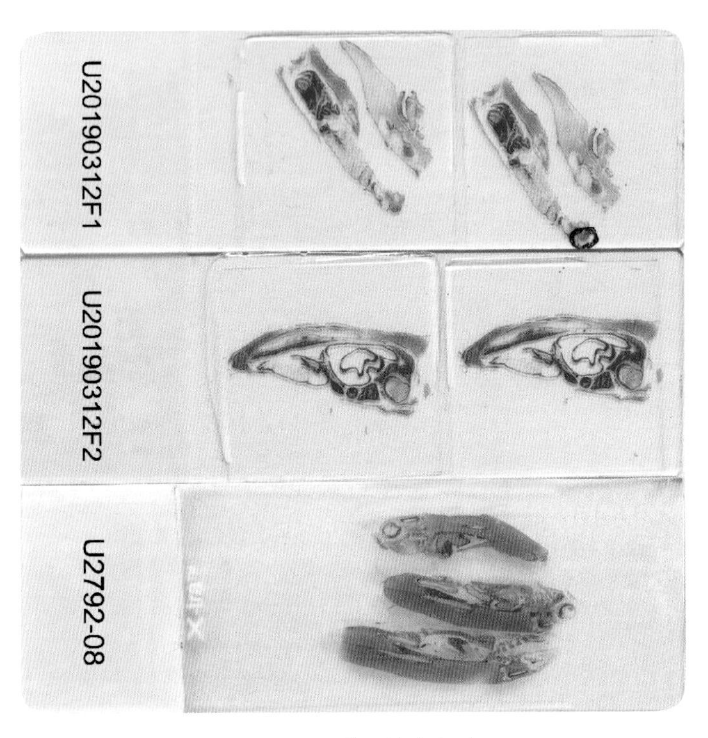

图 4－2　H&E 染色切片

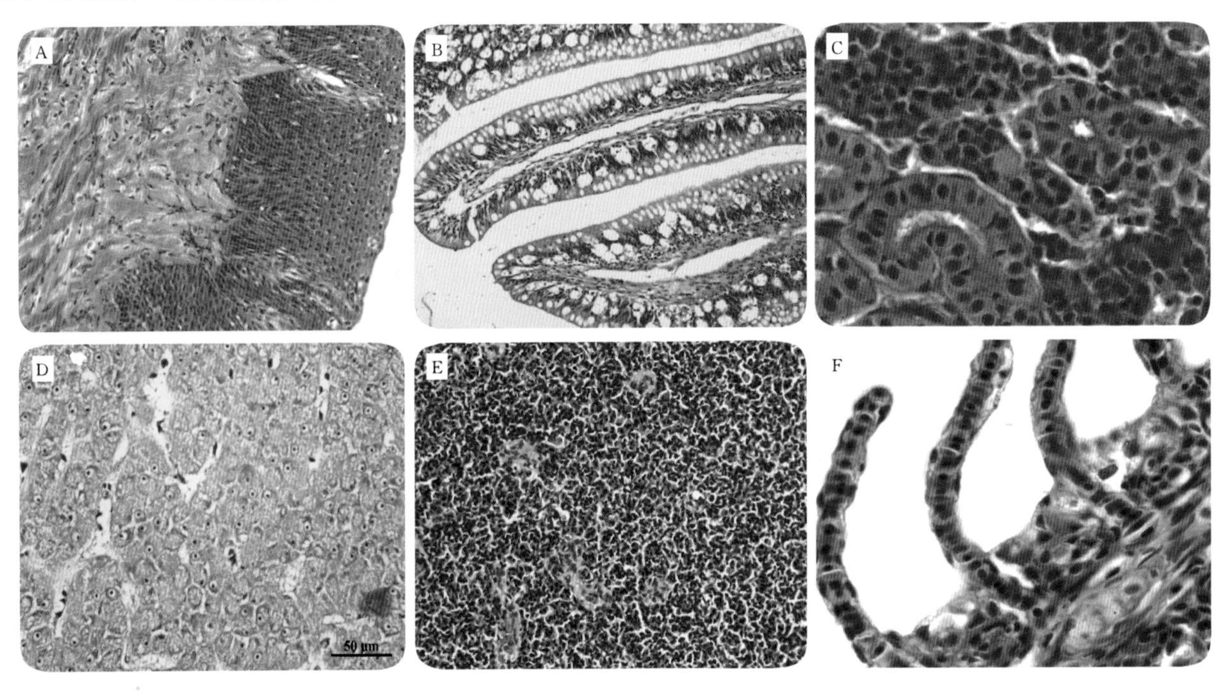

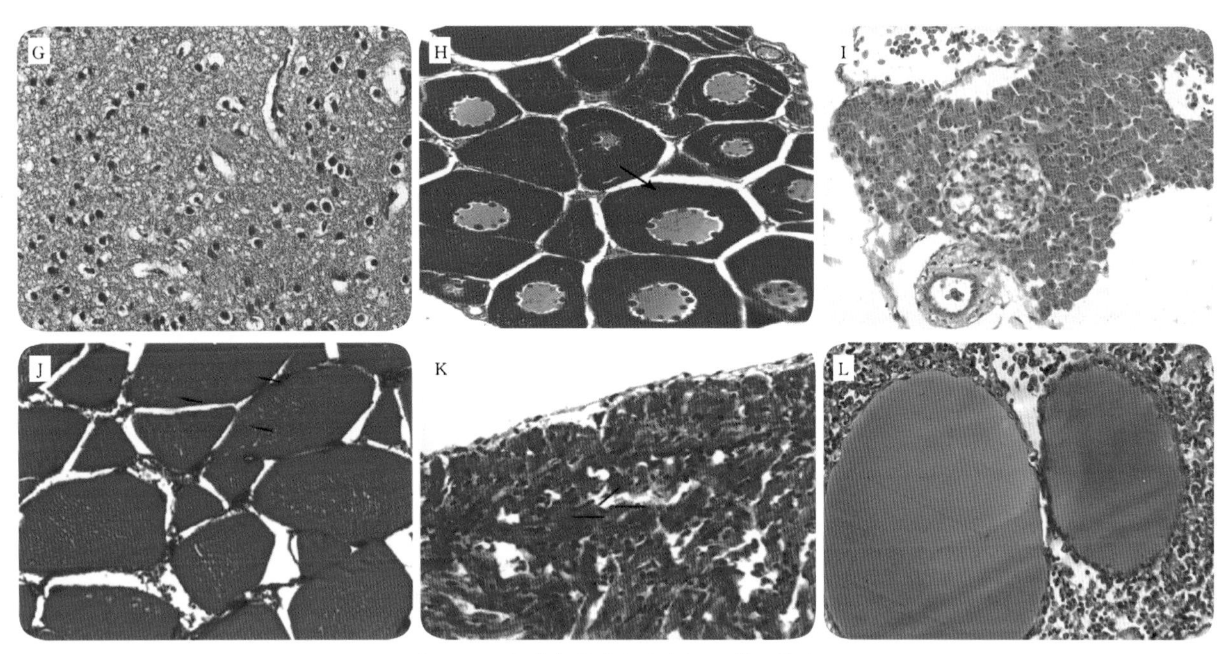


图 4－3 鱼类各器官组织图（H&E 染色）

A. 草鱼口咽腔皮肤（×200） B. 草鱼前肠肠绒毛（×100） C. 草鱼中肾（×400）

D. 草鱼肝（×400） E. 罗非鱼脾（×400） F. 草鱼鳃（×400）

G. 草鱼大脑（×400） H. 草鱼卵巢（箭头示Ⅱ时相卵母细胞）（×400） I. 草鱼胰腺，可见胰岛

J. 草鱼骨骼肌（×1 000） K. 草鱼心肌（×400） L. 鲤甲状腺腺泡（×400）

（引自《草鱼组织学彩色图谱》，2015）

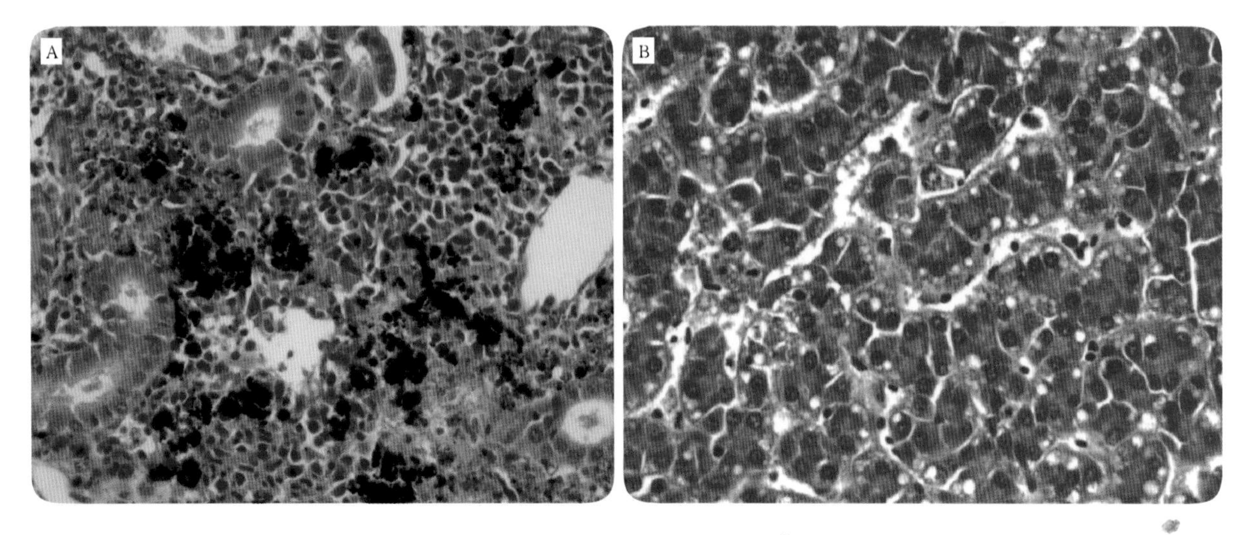


图 4－4 虹鳟 IHNV 感染后的病理学变化（H&E 染色，×400）

A. 肾小管上皮细胞内有红染的蛋白样物质 B. 肝细胞细胞质内出现大量空泡

## 五、染色注意事项

**1.** 为避免脱蜡过程中使用的有机溶剂对操作人员造成伤害，脱蜡操作需在通风橱中进行。

**2.** 根据切片厚度、组织样品细胞疏密程度、脱蜡液使用频次、环境温度等适当调整切片脱蜡时间。脱蜡时间不足，切片呈云雾状，不易着色，建议脱蜡液在处理 50 张切片后及时更换。

**3.** 梯度酒精复水时，伊红染液容易从酒精中脱落造成染色过浅，因此在高浓度酒精中不易长时间停留，低浓度75%酒精可短暂停留，建议全过程准确计时。此外，建议在处理100张切片后更换酒精。

**4.** 若苏木精染液出现大量沉淀，需进行过滤处理或重新配制替换，避免污染切片。其染色时间可根据组织样品细胞疏密程度进行适当调整，如脾、头肾、中肾等细胞核密集组织的染色时间相对于肝、脑、肌肉可以适当缩短。

**5.** 盐酸酒精分化时间建议准确摸索，提前准备好水洗液及时终止反应。一旦时间稍长就会出现苏木精染色过浅或脱色的现象，这时可以返回苏木精染液中重新染色。尤其是在使用新配制的盐酸酒精时，更需准确把握时间。

**6.** 盐酸酒精分化和稀氨水返蓝的过程建议通过镜检来严格把握时间。

**7.** 伊红染色后水洗时间要短，否则容易脱色。

**8.** 染色结束后应充分脱水透明，避免将水分带入二甲苯，从而使得切片透明不彻底，出现组织细胞轮廓模糊的现象。

**9.** 封片前，需要吹干或风干切片上的水分，避免出现云雾状或水雾状不清晰的细胞界限；同时滴加的封片用中性树胶应适量，太多会导致溢出、浮片，太少容易出现气泡，甚至覆盖不全。

## 六、染色常见问题

### 1. 切片着色不均

（1）脱蜡复水不彻底，出现石蜡在局部组织中的残留，建议更换脱蜡液和复水用梯度酒精。

（2）组织未被分化液完全浸泡，出现切片浸泡部位着色较浅，未浸泡部位着色相对较深的现象，建议添加足够分化液确保完全覆盖整张切片。

（3）切片着色不均也可能是样本自身质量较差或切片操作不当所造成的。如组织块过大固定不彻底、切片厚薄不均、组织块浸蜡不彻底等（图4-5 J、图4-6 D）。

### 2. 切片着色模糊

（1）分化液分化过度，细胞质和细胞核着色浅，模糊不清。

（2）染色后脱水透明不彻底，组织细胞轮廓模糊不清，建议根据室温适当延长透明时间，或更换梯度脱水酒精和透明液。

（3）样品自身质量较差和切片操作不当也能造成切片着色模糊。如固定样本不新鲜或固定不彻底，有腐败自溶的现象；石蜡包埋温度过高，组织蛋白质发生质变，使得其与染料亲和力降低，造成染色模糊。

### 3. 切片有杂质污染

（1）染液长时间使用存在杂质、组织碎片脱落、或室温过低有过饱和颗粒析出导致切片存在组织碎片污染或大量染料颗粒污染，应及时更换染液。

（2）载玻片或盖玻片过脏，建议使用前先用2%盐酸酒精浸泡清洗。

（3）捞片时水面不清洁也会使切片被污染，建议更换水体、保持干净。

## 七、其他切片问题

染色封片后，借助显微镜可能观察到切片出现褶皱、空洞、异物或模糊等质量不高的现象，有时并不都是染色问题，而可能是样品不新鲜、固定不完全或切片不均匀等人为操作因素引起的切片质量问题（图 4－5 A～I、K～L，图 4－6 A～C）。这些结果会给病理切片观察和病理诊断带来一定的干扰或困惑，因此在切片观察中需要准确地辨识并排除。

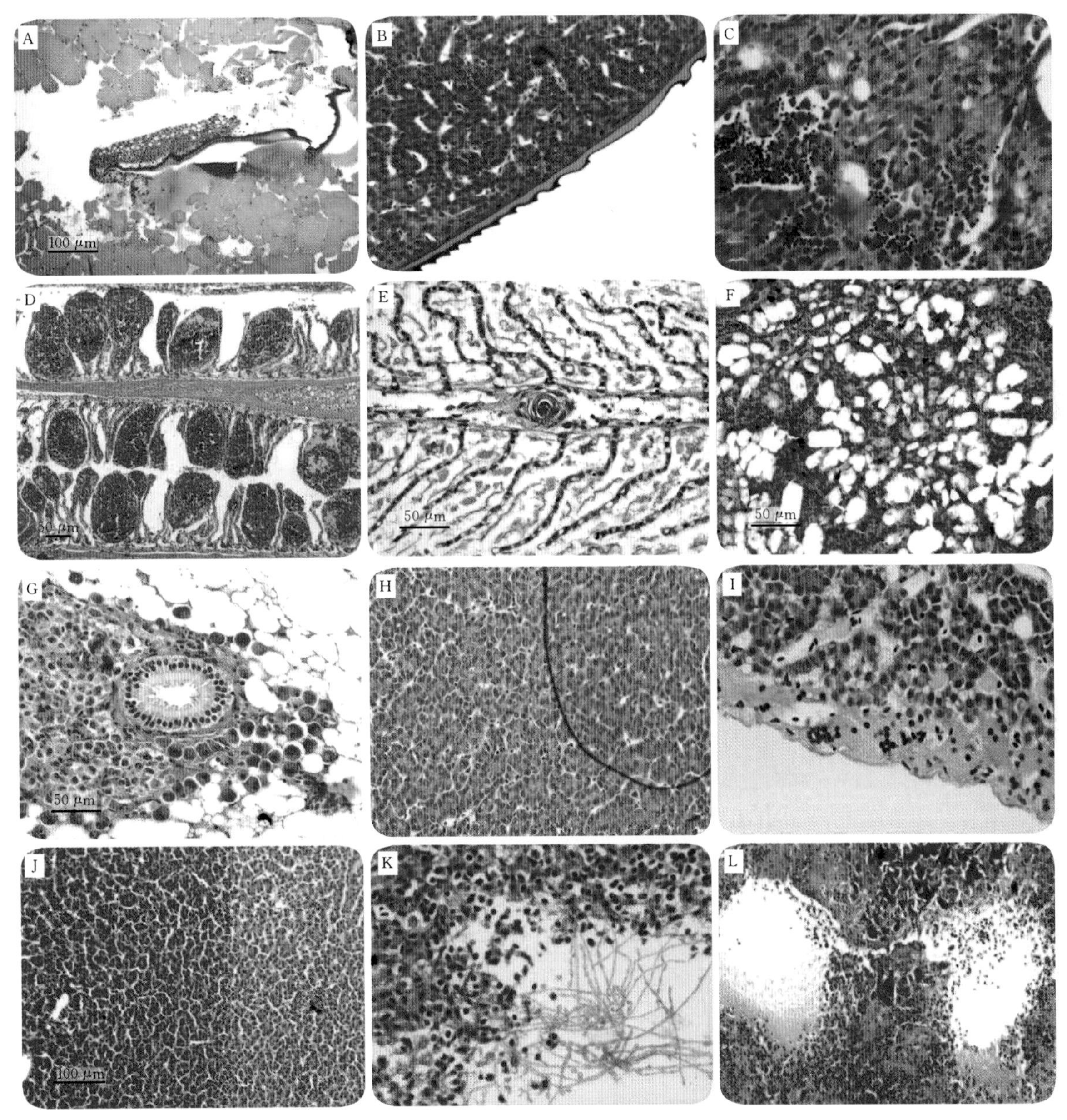


图 4－5　人为因素导致的组织切片结果

A. 在肌肉里出现带表皮的鳞片　B. 肝表面出现鳞片　C. 肝实质中出现精子细胞

D. 头部重击造成的鳃动脉瘤　E. 采样前鱼已经死亡导致鱼鳃的变化　F. 冷冻因素（脾）

G. 死亡造成胰腺的变化，腺泡细胞变圆和细胞核固缩　H. 固定因素（肝）

I. 胆囊中流出的胆汁造成肝表面损伤　J. 染色因素（肝），左侧为正常染色

K. 酵母污染　L. 剖检因素（肝），剖检过程中由手术钳等工具造成

（引自《鲑鳟疾病彩色图谱》第二版，2018）

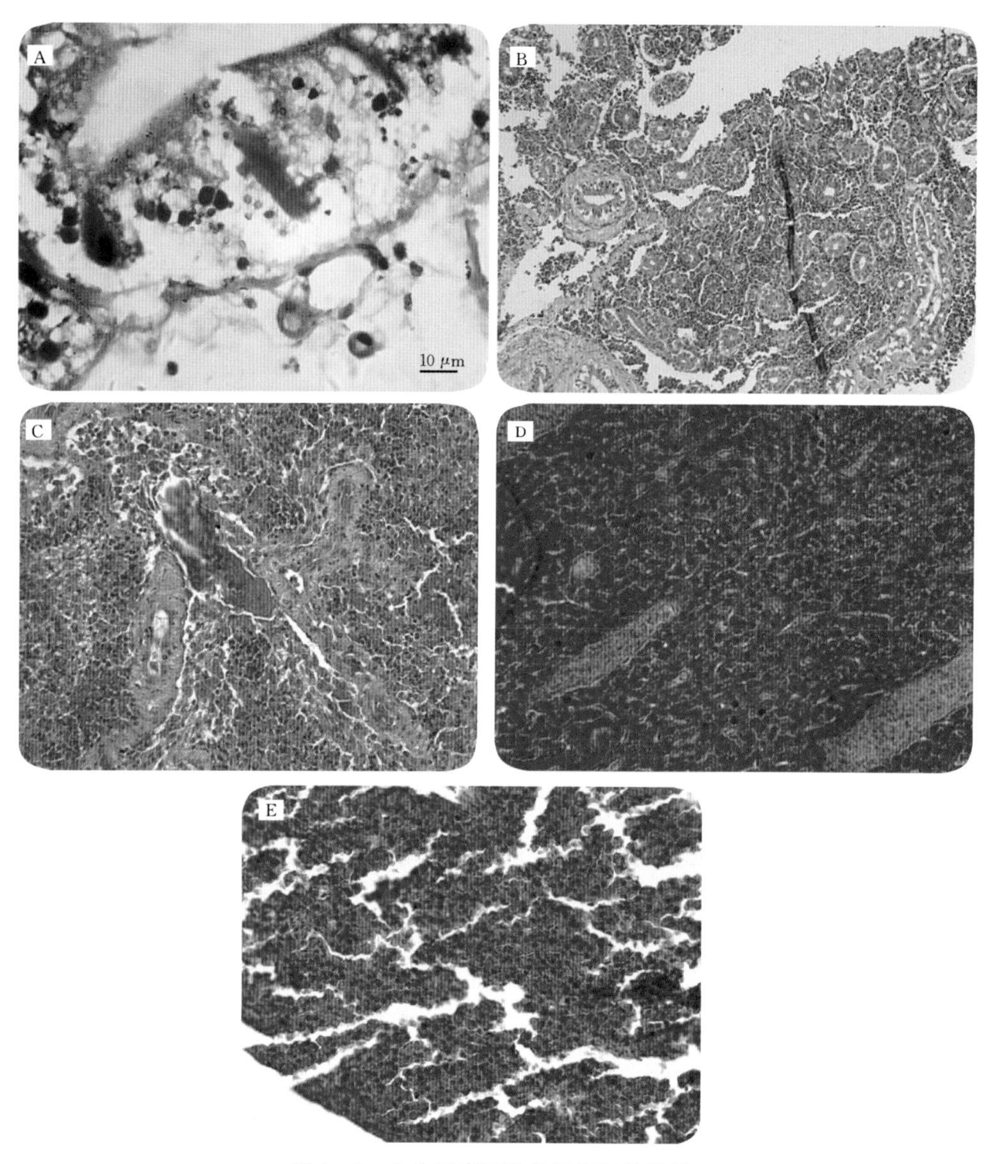

图 4-6　人为因素导致的组织切片结果

A. 蟹肝胰腺组织固定不良，细胞碎片化（×1 000）　B. 斑点叉尾鮰肾组织展片问题导致的褶皱深染（×200）
C. 斑点叉尾鮰脾厚薄不均（×400）　D. 斑马鱼肝切片模糊，透明度不够（×400）
E. 斑马鱼肝厚薄不均，裂纹（×400）
（引自《鲑鳟疾病彩色图谱》第二版，2018）

# 第二节 常用特殊染色技术

随着病理学的发展，H&E染色技术已不能满足临床病理学对组织结构观察的需求，一些能够使特定组织结构呈现出独特颜色的染色方法应运而生。由于这些染色技术仅在特定观察需求时使用，因此相对于常规H&E染色技术，统称为特殊染色技术。对胶原纤维、弹性纤维、网状纤维、肌细胞、糖原颗粒、内分泌细胞、肥大细胞、巨噬细胞、病原微生物等的呈色反应技术都归于特殊染色技术。本节围绕结缔组织、糖类、脂滴和病原细菌的特殊染色技术进行简要介绍，其中过碘酸雪夫染色（periodic acid-Schiff staining，PAS）技术、Gram碱性复红结晶紫染色（Gram basic fuchsia crystal violet staining）技术和抗酸染色（acid-fast staining）技术在水生动物疾病病理诊断中应用较广。

## 一、Masson三色染色法

结缔组织是动物基本组织之一，由细胞、纤维和基质组成。其中纤维又分为胶原纤维、网状纤维和弹力纤维。常规H&E染色不能将结缔组织和其他细胞如肌纤维等区别开来，尤其是在一些病理进程如心肌纤维化中较难区分。因此，结缔组织特殊染色技术被应用于结缔组织的观察中。其中Masson三色染色法使用三种不同染料连续染色使结缔组织成分选择性着色，清晰地显示出胶原、软骨、黏液、淀粉样物质和纤维素等，具有染色稳定、分化时间短、色彩清晰鲜艳、切片不易褪色等特点，成为结缔组织染色中最经典的一种方法。

### （一）染色原理

根据组织的不同渗透性能，采用不同大小的阴离子染料进行染色，从而将不同组织成分显示出来。小分子量染料易穿透结构致密、渗透性低的组织；而大分子量染料则只能进入结构疏松、渗透性高的组织。红细胞对阴离子染料的渗透性最小，肌纤维与细胞质次之，而胶原纤维具有最大的渗透性。染液中亮绿水或苯胺蓝的分子量都很大，因此Masson染色后肌纤维被丽春红染成红色，胶原纤维被亮绿水染成绿色，细胞核呈蓝色。

### （二）染色液的配制

**1. Masson复合染色液**

酸性复红1g，丽春红2g，橘黄G 2g，0.25%醋酸300mL，混匀，过滤后备用。

**2. 亮绿染色液**

亮绿干粉0.1g，0.2%醋酸100mL，充分混匀，过滤后备用。

### （三）染色步骤及方法

**1.** 常规石蜡包埋、切片、脱蜡。

**2.** Masson复合液染5min，自来水过洗2次。

**3.** 0.2%醋酸Ⅰ浸洗1min，0.2%醋酸Ⅱ浸洗1min，自来水过洗1次。

**4.** 1%磷钨酸浸洗 6 min，自来水过洗 1 次。

**5.** 亮绿染 15 min，自来水过洗 2 次。

**6.** 0.2%醋酸Ⅰ浸洗 1 min，0.2%醋酸Ⅱ浸洗 1 min，自来水过洗 1 次。

**7.** 无水乙醇脱水，二甲苯透明，中性树胶封固。

### （四）染色结果

以苯胺蓝复染时，胶原纤维、软骨、黏液呈绿色。肌纤维、纤维素、红细胞、细胞质、神经胶质呈红色，细胞核呈清晰的黑蓝色。鱼类动脉血管外膜结缔组织中含有丰富的胶原纤维，而静脉血管外膜结缔组织较单薄，Masson 染色可见血管壁上胶原纤维呈绿色（图 4－7）。

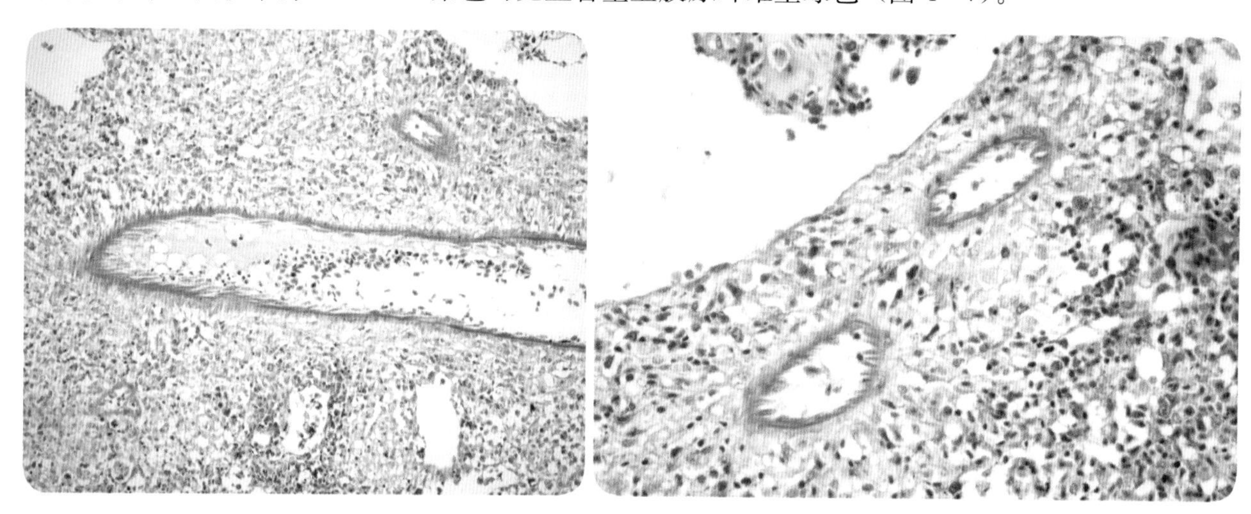

图 4－7 罗非鱼脾（Masson 三色法）

### （五）注意事项

**1.** 用 1%磷钨酸处理时，应在显微镜下观察控制分化时间，以肌纤维清楚为止。

**2.** 醋酸溶液有分色作用又能防止染色剂洗脱，浓度范围为 0.2%～1%。

## 二、改良 James 染色法

### （一）染色原理

James 染色法是用于网状组织中网状纤维染色的一种特殊染色法。网状纤维（reticular fiber）主要分布在脾、头肾、中肾肾间质、脂肪组织、血管壁等组织内。大量纤细的网状纤维在组织内堆集形成精巧的网状结构，星形网状细胞沿着网状结构零散分布，共同形成网状组织，为血细胞、淋巴细胞、脂肪细胞等提供良好的支架。网状纤维能与银化合物结合，经甲醛还原为金属银而沉淀于组织内及表面，从而呈现为黑色，因其嗜银特性故又称为嗜银纤维（argyrophil fiber）。James 染色法具有成本低、色泽清晰、保存时间久的优点。

### （二）染色液的配制

**1. 酸性 $KMnO_4$ 溶液**

$KMnO_4$ 3 g，加入 80 mL dd$H_2O$ 中，溶解后用 dd$H_2O$ 定容至100 mL，制成 3% $KMnO_4$ 溶液；300 μL $H_2SO_4$ 加入 100 mL dd$H_2O$ 中，制成 0.3% $H_2SO_4$ 溶液。临用时，将等体积的 3%$KMnO_4$ 与 0.3%$H_2SO_4$ 混合，即为酸性 $KMnO_4$。

**2. 二胺银液**

$AgNO_3$ 10 g，加入 80 mL $ddH_2O$ 中，溶解后用 $ddH_2O$ 定容至 100 mL，制成10% $AgNO_3$ 溶液。将浓氨水逐滴加入 20 mL 10 % $AgNO_3$ 溶液中，并轻摇容器，直至最初形成的沉淀恰好完全溶解，随后加入 20 mL $ddH_2O$，过滤备用。

**3. 5%草酸**

草酸 5 g，加入 80 mL $ddH_2O$ 中，溶解后用 $ddH_2O$ 定容至 100 mL。

**4. 5%甲醛**

甲醛溶液 5 mL，加入 95 mL $ddH_2O$，充分混匀。

（三）染色步骤及方法

**1.** 常规石蜡切片，脱蜡至水。

**2.** 切片轻微干燥后，立即置入酸性 $KMnO_4$ 溶液中浸泡 5 min，去离子水洗涤 3 次，每次 3～5 min。

**3.** 切片轻微干燥后，置入 5% 草酸溶液中浸泡 5 min，去离子水洗涤 3 次，每次 3～5 min。

**4.** 切片轻微干燥后，放入 5% $AgNO_3$ 溶液中浸泡 5 min，去离子水洗涤 3 次，每次 3～5 min。

**5.** 置于二胺银溶液中浸泡 5 min，去离子水洗涤 3 次，每次 5 min。

**6.** 置于 5%甲醛溶液中浸泡 5 min，去离子水洗涤 3 次，3～5 min。

**7.** 核固红复染 5 min，去离子水洗涤 3 次，每次 2～3 min。

**8.** 脱水、透明和封片。

**9.** 干燥后于显微镜下观察。

（四）染色结果

网状纤维呈黑色，胶原纤维呈黄色，细胞核为红色。常用于组织内网状纤维分布观察，如脾白髓区域网状纤维的分布和脾动脉血管外膜结缔组织观察（图 4－8）；也可用于组织纤维化检测和纤维性病变观察，如诺卡氏菌、肾杆菌导致的肝、脾、肾肉芽肿等。

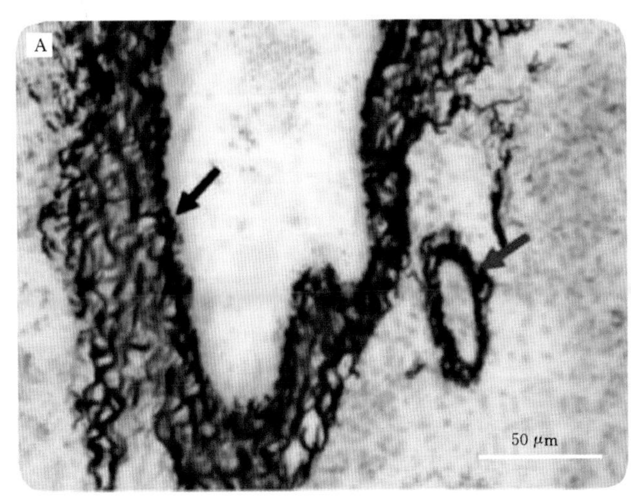


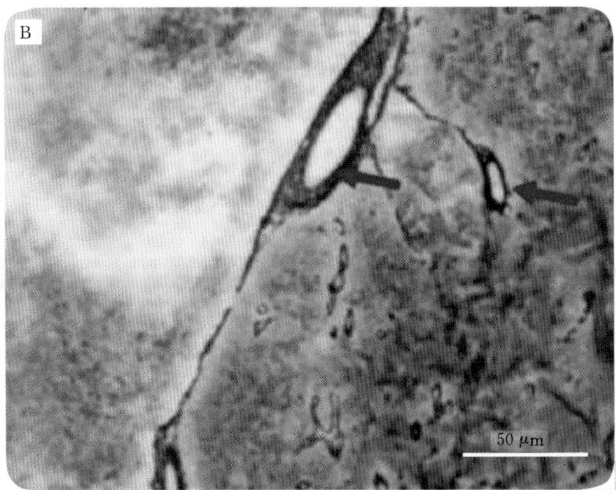

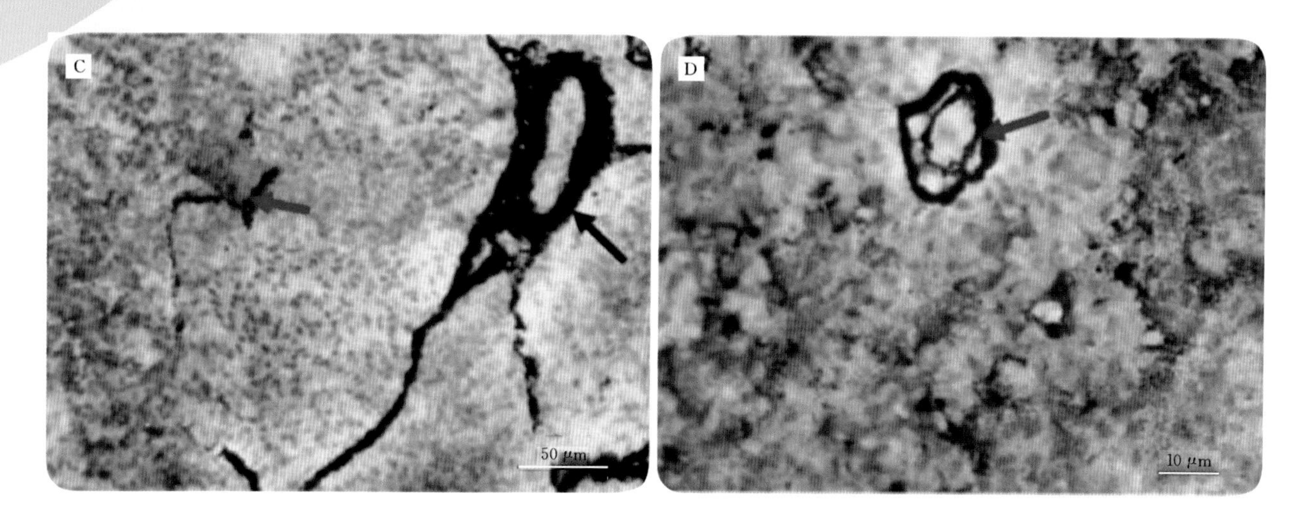


图 4-8 罗非鱼脾（改良 James 染色法）

A. 脾动脉主干外周结缔组织中黄染的胶原纤维和墨染的网状纤维（→），脾小动脉外周结缔组织中墨染的网状纤维（→）

B. 脾小动脉外周结缔组织中墨染的网状纤维（→）

C. 脾小动脉外周结缔组织中墨染的网状纤维（→），脾小静脉外周结缔组织中间断的网状纤维（→）

D. 脾微动脉双层墨染的网状纤维（→）

## 三、天狼猩红染色法

### （一）染色原理

胶原纤维（collagen fiber）是结缔组织中分布最广、含量最多的一种纤维，广泛分布于各脏器，其中皮肤、巩膜、肌腱中最丰富。Ⅰ型胶原纤维主要是骨、皮肤、肌腱纤维；Ⅱ型胶原纤维主要是软骨胶原；Ⅲ型胶原纤维主要分布在胚胎组织、血管、胃肠道中；Ⅳ型胶原纤维主要分布在基膜中。天狼猩红染色（Sirius red staining）通常使用天狼猩红染色液和 Mayer 苏木精染色液，用于各种组织病变时对胶原纤维异常或纤维增生的研究。天狼猩红是一种强酸性和长形展开的分子结构染料，每个分子内含有 6 个磺酸基，与胶原分子的碱性氨基酸发生强烈反应，易与胶原分子中的碱性基团结合。在普通光学显微镜下，胶原纤维被染成红色。在偏振光镜检查中，胶原纤维有正的单轴双折射光的属性，与天狼猩红复合染色液结合后，可增强双折射，提高分辨率，从而区分两型胶原纤维。

### （二）染色液的配制

1 g 天狼猩红，溶解于 1 000 mL 苦味酸饱和液中。

### （三）染色步骤及方法

**1. 样品处理**

（1）石蜡切片

二甲苯中脱蜡 2 次，每次 5 min；复水：无水乙醇 5 min、90%乙醇 2 min、70%乙醇 2 min；PBS 漂洗 2 min。

（2）冰冻切片

PBS 漂洗 2 min。

（3）培养细胞

用 4%多聚甲醛固定 10 min 以上，PBS 洗涤 2 次，每次 2 min。

**2. 天狼猩红染色**

（1）苏木精染核 8 min，用自来水漂洗切片 10 min。

（2）用天狼猩红染色 1 h（一般不使用短时间染色，即使染色效果很好）。

（3）酸化水（在 1 L 水中加入 5 mL 冰醋酸）漂洗切片 2 次，每次 3～5 min。

（4）用吸水纸吸去切片上的多余水分。

（5）100%乙醇脱水 3 次，每次 3～5 min。

（6）二甲苯透明 2 次，每次 5 min，用树脂封片。

### （四）染色结果

普通光学显微镜下胶原纤维呈红色，细胞核呈蓝色（图 4－9 A）。偏振光显微镜下可通过颜色区分胶原纤维（图 4－9 B）：

Ⅰ型胶原纤维：紧密排列，显示很强的双折光性，呈黄色或红色的纤维；

Ⅱ型胶原纤维：显示弱的双折光，呈多种色彩的疏松网状分布；

Ⅲ型胶原纤维：显示弱的双折光，呈绿色的细纤维；

Ⅳ型胶原纤维：显示弱的双折光的基膜，呈淡黄色。

其中，Ⅰ、Ⅲ型胶原所显示的不同颜色对比鲜明，极易区别这两种类型的胶原。

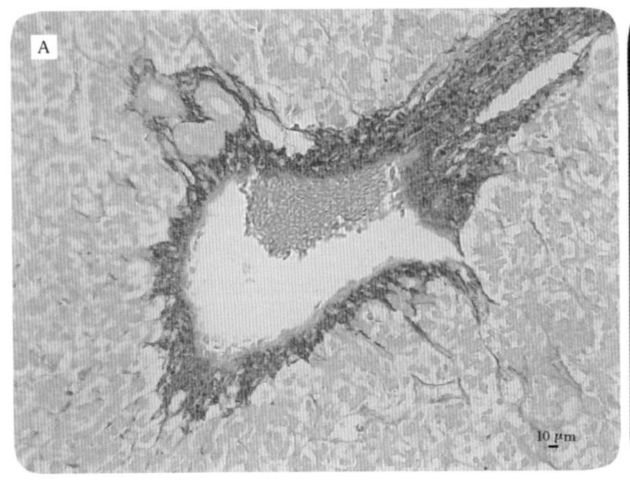


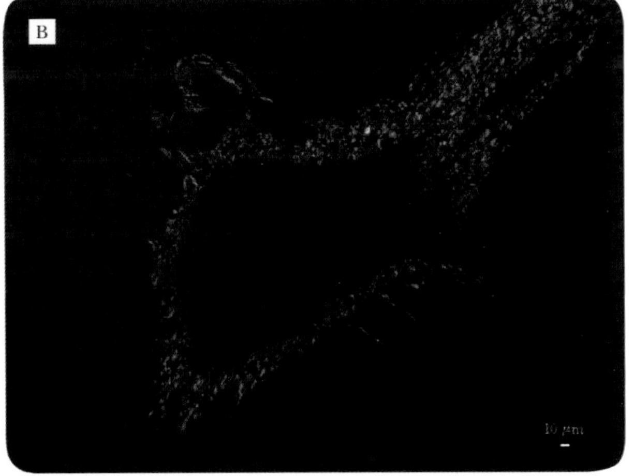


图 4－9 黑斑蛙脑静脉天狼猩红染色

A. 普通光镜下观察 B. 偏振光观察

### （五）注意事项

**1.** 为使在偏振光镜下显示清晰，本法的切片厚度以 6～7 μm 为宜。

**2.** 复染细胞核宜用 Mayer 苏木精染色液，它不影响Ⅰ型和Ⅲ型胶原纤维的数量和双折射强度的显示。如果没有 Mayer 苏木精染色液，亦可采用其他明矾苏木精，但染色时应缩短时间，否则容易染色过深。

**3.** 苦味酸有毒性，应避免皮肤直接接触溶液。

## 四、AB－PAS 染色法

过碘酸雪夫染色法是一种用于组织中多糖和黏液物质显色的特殊染色方法。糖原（glycogen）

是存在于动物体内的常见的多糖，其在酶的作用下很容易分解成葡萄糖为机体提供能量。机体中的糖原存在于细胞质内，肝细胞、心肌细胞、骨骼肌细胞含量较多。通常情况下，鱼类肝中含有丰富的糖原颗粒，在H&E染色中糖原溶于水从而使肝细胞的细胞质多呈不着色的空泡状，病理过程中的水泡样变和脂肪样变也会形成空泡，借助于PAS染色可以鉴别肝细胞内的空泡是否由糖原溶解引起。

此外，机体的皮肤、鳃、消化道及各种腺体都能制造或分泌黏液物质，根据这些黏液物质中含酸基的不同，可分为中性、酸性和混合性黏液。先通过阿利新蓝（alcian blue，AB）分子中带正电荷的盐键与酸性黏液物质中带负电荷的酸性基团结合，再用PAS进行复合染色，即AB-PAS染色，以更好地区别显示三种不同的黏液物质。在病理状态下，黏液分泌量及种类是机体黏膜免疫应答的重要反应，AB-PAS染色可以用于鉴别组织切片中的中性黏蛋白和酸性黏蛋白。

### （一）染色原理

阿利新蓝是铜钛花青染料，其分了中带正电荷的盐键与酸性黏蛋白多糖物质中带负电荷的酸性基团进行结合，使酸性黏液物质带上蓝色，而中性黏液物质不着色。过碘酸作为一种氧化剂，可使黏液中葡萄糖分子的两个相邻的带有羟基的碳键打开，从而生成醛基。氧化后暴露出来的游离醛基再与Schiff试剂中的无色复红液结合，生成新的红至紫红色复合物。

### （二）染色液的配制

**1. 阿利新蓝染色液**

阿利新蓝1 g，冰醋酸3 mL，蒸馏水97 mL。混合后搅拌至充分溶解，pH为2.6～3.0。

**2. Schiff试剂**

碱性复红1 g，1 mol/L盐酸20 mL，重亚硫酸钠2 g，蒸馏水200 mL。

先将1 g碱性复红溶于200 mL 80 ℃的蒸馏水，再加热煮沸片刻，并充分搅拌5 min，冷至50 ℃时过滤，将20 mL 1 mol/L盐酸加入滤液内，冷至35 ℃时加入2 g重亚硫酸钠，封口，用棕色瓶贮存于4 ℃冰箱中备用。

### （三）染色步骤及方法

**1.** 常规石蜡切片，脱蜡至水。

**2.** 阿利新蓝染色液染色10～20 min。

**3.** 蒸馏水洗3次，每次2 min。

**4.** Schiff试剂染色10～30 min。

**5.** 流水冲洗5～10 min。

**6.** 苏木精复染细胞核1～2 min，水洗。

**7.** 常规分化、返蓝，乙醇脱水，二甲苯透明，中性树胶封固。

### （四）染色结果

糖原和中性黏蛋白呈紫红色，酸性黏蛋白呈蓝色，含有中性黏蛋白和酸性黏蛋白的细胞或组织可染成不同程度的蓝紫色至紫色，其他组织细胞的细胞核呈蓝色（图4-10、图4-11、图4-12）。

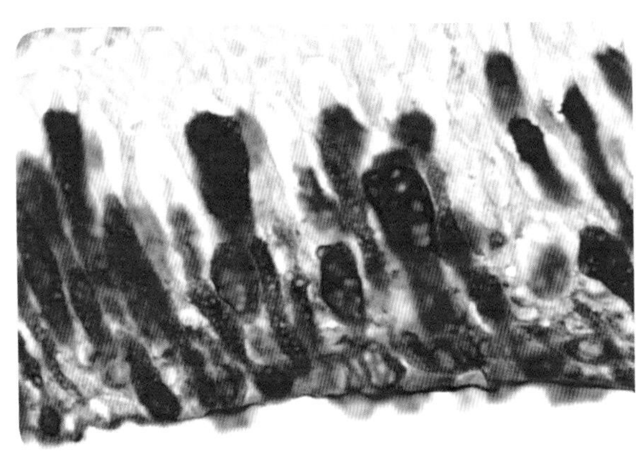

图 4-10 草鱼口咽腔横切面（AB-PAS 染色）

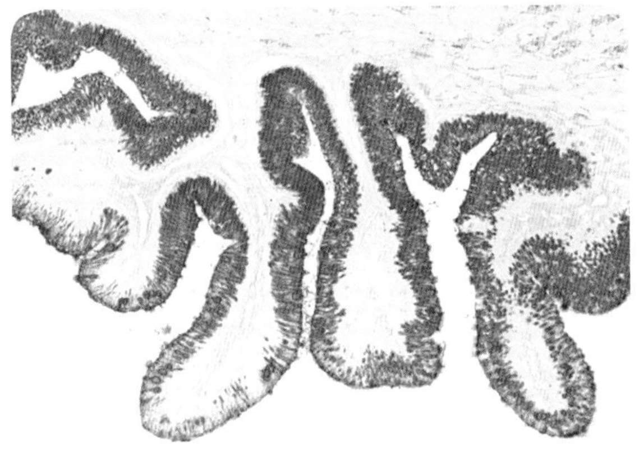

图 4-11 草鱼食道复层扁平上皮（AB-PAS 染色）

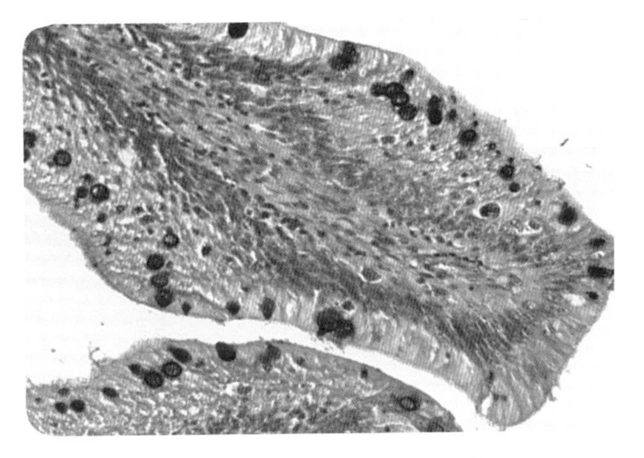

图 4-12 草鱼中肠（AB-PAS 染色）

### （五）注意事项

**1.** 糖原组织样品固定时，取样块不宜过大，固定要透彻、均匀。

**2.** 阿利新蓝染色的切片，不宜采用含糖物质进行防脱处理，否则会使背景着色。

**3.** Schiff 试剂应为无色清亮溶液，不能用陈旧无硫的刺激性试剂，溶液出现淡红色时表明试剂失效。

**4.** Schiff 试剂从冰箱中取出后，应放至室温后再以滴染方式进行染色效果更佳。

**5.** 过碘酸溶液和重亚硫酸钠溶液应用小口磨砂瓶盛装，置于 4 ℃冰箱内保存，可保存 3 个月以上。

## 五、苏丹Ⅲ染色法

脂肪组织是鱼类脂肪在体内沉积的特定区域。正常情况下，机体内的脂肪组织主要有两种存在形式。一种是以中性脂肪为主的储存脂肪形式，不同鱼类体内分布区域存在差异，如大菱鲆体内脂肪组织分布以皮下脂肪组织为主，而草鱼、罗非鱼、大黄鱼（*Larimichthys crocea*）等体内脂肪分布以内脏脂肪组织为主。这些脂肪组织由大量聚集的脂肪细胞构成，其间由以网状纤维为主的薄层疏松结缔组织将其分隔成小叶。脂肪细胞内充满脂肪滴，细胞质位于细胞边缘成一薄层，细胞核亦被挤到细胞的边缘。体内脂肪组织的另一种存在形式是结构脂肪，主要为类脂，如磷脂、糖脂、胆固醇和胆固醇脂等，常与蛋白质、糖类结合于细胞内，用于构成细胞的组成成分。

肝是脂质代谢的重要脏器，在病理变化如缺氧、缺血、中毒、感染等因素影响下，肝细胞脂肪代谢失衡，细胞内出现脂质堆积。解剖观察，可见肝色泽发黄、质地变脆、切片肿大。由于脂肪易溶于有机溶剂如乙醇、二甲苯、甲苯等，因此常规 H&E 染色的脂肪组织呈空泡状，与细胞的水泡变性相似（图 4－13）。因此，常规 H&E 染色无法很好地区别水泡变性和脂肪变性。针对脂质不溶于水、只溶于脂溶剂的特性，使用脂溶性染料如苏丹Ⅱ、苏丹Ⅲ、苏丹Ⅳ、苏丹黑 B、油红 O、尼罗蓝、锇酸等，可特异性地对脂肪进行着色，从而区别水泡变性和脂肪变性。其中，苏丹Ⅲ染色液常用于显示组织器官的脂肪变性和类脂质的异常沉着，被用于肝脂肪变性鉴别。

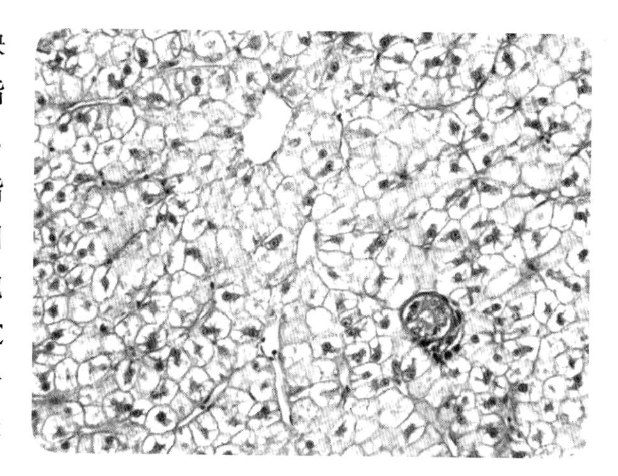
图 4－13　草鱼肝空泡变性（H&E 染色）

### （一）染色原理

苏丹Ⅲ（sudan Ⅲ）是一种脂肪偶氮染色剂，为红褐色结晶。其在脂质中的溶解度较在原有溶剂中的溶解度大，所以在染色时染料便从染液中转移至被染的脂质中去，从而使脂肪着色。

### （二）染色液的配制

**1. 所需药品**

苏丹Ⅲ 0.15 g，70%乙醇 100 mL。

**2. 配制方法**

将 0.15 g 苏丹Ⅲ溶解于 70%乙醇，充分摇匀，放入冰箱保存。由于苏丹Ⅲ难溶，需每天摇匀，连续几天。临用时过滤，所得液即为饱和液。

### （三）染色步骤及方法

**1.** 新鲜组织－25～－20 ℃低温处理。

**2.** 冰冻切片 8～15 μm，贴于载玻片上。

**3.** 蒸馏水稍洗，苏木精复染细胞核 1 min。

**4.** 自来水洗后，0.5%盐酸酒精液分化，流水洗直至核为蓝色。

**5.** 蒸馏水洗后，放入 70%乙醇内稍洗。

**6.** 苏丹Ⅲ染液浸染 30 min 或更长时间。

**7.** 70%乙醇分化数秒，自来水洗。

**8.** 切片稍干后，甘油明胶封片。

### （四）染色结果

脂质呈橘红色，细胞核呈蓝色。常用于鱼类肝脂肪变性观察，如草鱼脂肪肝中脂质观察。冰冻切片的细胞结构不如石蜡切片清晰，草鱼脂肪肝苏丹Ⅲ染色后，脂质呈橘黄色颗粒聚集分布，细胞核呈浅蓝色（图 4－14）。草鱼背侧肌肉组织苏丹Ⅲ染色可见肌细胞内含有大量呈红色的脂质（图 4－15）。

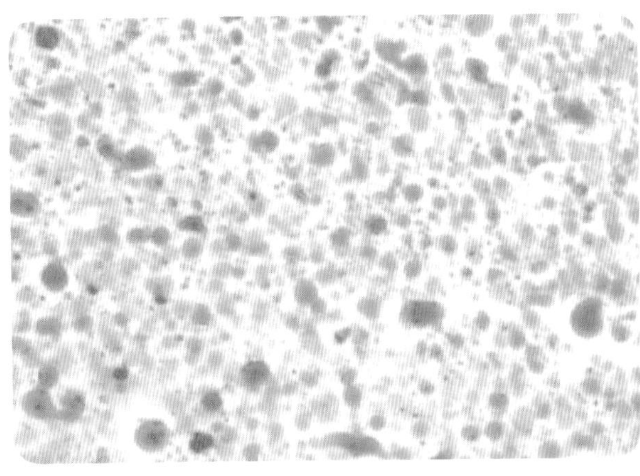

图 4-14 草鱼脂肪肝（苏丹Ⅲ染色，×400）

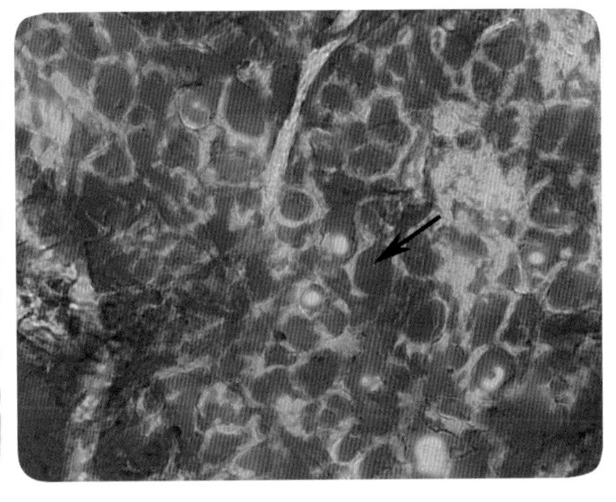

图 4-15 背部肌组织横切面（示脂肪组织，苏丹Ⅲ染色，×200）

### （五）注意事项

**1.** 该方法只适合于冰冻切片。

**2.** 苏丹Ⅲ染液配制时，采用低浓度的乙醇溶解，避免染液溶剂溶解切片中的脂质。

**3.** 封片时注意避免气泡。

**4.** 切片不宜长期保存，应及时观察、照相。

## 六、油红 O 染色

### （一）染色原理

油红 O 属于偶氮染料，是很强的脂溶剂和染脂剂，能溶于组织和细胞中的脂类，与甘油三酯结合呈小脂滴状。它在脂类中的溶解度比在溶剂中大，当组织切片置入染液时，染料则离开溶剂而溶于组织内的脂质（如脂滴）中，使组织内的脂质呈橘红色。

### （二）染色液的配制

储备液：油红 O 0.5 g，加异丙醇 100 mL，60 ℃水浴，玻璃棒搅拌至完全溶解。封口，4 ℃长期贮存。

实验液：实验前，将储备液与蒸馏水按 3∶2 稀释，过滤去除沉淀。使用油红 O 染液时最好现配现用，避免出现沉淀。

### （三）染色步骤及方法

**1.** 制备冰冻切片。

**2.** 切片用 10 mL 40%福尔马林溶液原液+$CaCl_2$ 1 g+$H_2O$ 100 mL 固定 10 min。

**3.** 蒸馏水洗。

**4.** 60%异丙醇浸洗。

**5.** 油红 O 染液染色 10 min。

**6.** 60%异丙醇分化至背景无色。

**7.** 蒸馏水洗。

**8.** Mayer 苏木精复染。

**9.** 自来水蓝化 1～3 min。

**10.** 蒸馏水洗。

**11.** 甘油明胶封片。

(四) 染色结果

组织细胞中的脂滴呈橘红色，核呈蓝色（图 4－16）。

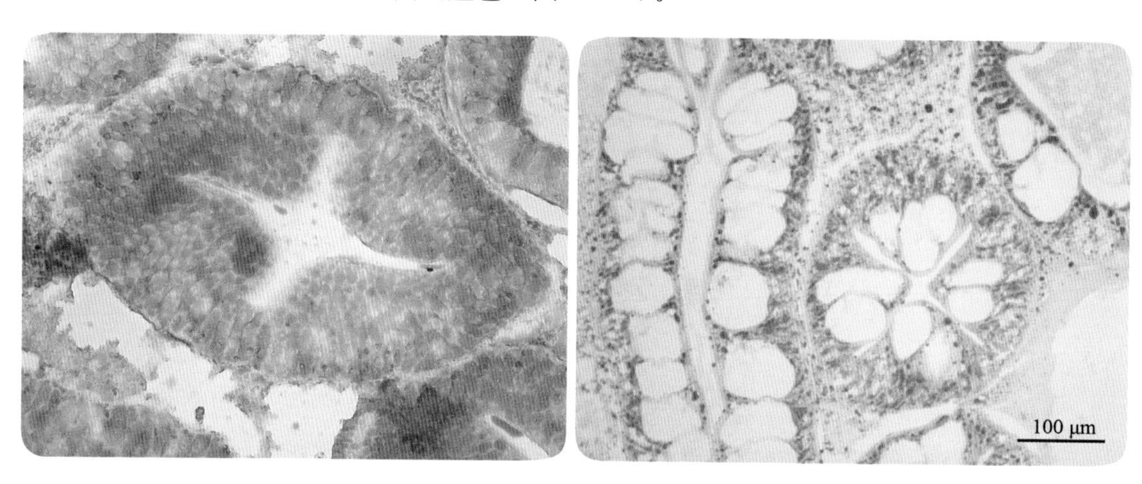


图 4－16　油红 O 染色显示禁食胁迫下中华绒螯蟹肝胰腺脂质的变化情况

(五) 注意事项

**1.** 由于脂肪易溶于有机溶剂，石蜡切片在处理过程中无法保存脂类物质，所以一般用冰冻切片染色来显示。

**2.** 用于脂肪染色的冰冻切片不能太薄，过薄的切片常会使脂质丢失。

**3.** 染色结果不能长期保存，应尽快观察。

**4.** 油红 O 染液使用一段时间后，染出的脂滴颜色会偏黄，此时就需要更换染液。

## 七、Gram 组织染色法

细菌是一类单细胞微生物，其个体微小，直径多为 0.4～2 μm。未经染色的细菌，由于其与周围环境折光率差别甚小，故在显微镜下极难区别。1884 年丹麦生物学家 Christian Gram 根据细菌细胞壁上主成分差异，发明了 Gram 细菌染色法，借助光学显微在油镜下观察，将细菌分为红色的革兰氏阴性菌和蓝色的革兰氏阳性菌。

细菌性疾病是危害水生动物健康养殖的常见传染性疾病，Gram 染色法被广泛用于纯培养后病原细菌的形态观察。在鱼类败血症、柱形病、链球菌病等细菌性疾病的组织触片或石蜡切片中，常常可以观察到细菌的存在。常规 H&E 染色不利于组织内细菌的观察，而对触片或组织切片进行 Gram 染色可以减少组织背景对细菌的干扰，更容易直接观察到细菌，为临床疾病诊断提供参考。组织染色中 Gram 染色液对细菌的染色不具有特异性，为了染色后能更好地增强细菌与宿主组织细胞的对比度，Becerra 等（2016）基于经典组织 Gram 染色法，在组织切片二甲苯透明封片前，增加了酒精藏红花染色和无水乙醇处理的步骤。

(一) 染色原理

Gram 染色法步骤包括结晶紫初染、碘液媒染、乙醇脱色和番红复染四个步骤。细菌经过结晶紫初染和碘液媒染后，在细胞壁内形成了不溶于水的结晶紫-碘复合物。在革兰氏阳性菌中，由于细菌的细胞壁较厚，肽聚糖网层次较多、交联致密，且不含类脂等物质，在乙醇脱色处理时，细胞壁失水使网孔缩小，将结晶紫-碘复合物束缚在细胞壁中，呈蓝色。而革兰氏阴性菌的细胞壁薄，外膜层类脂含量高，肽聚糖层薄、交联度差，且含有较多类脂物质，当乙醇脱色后，类脂溶解，薄而松散的肽聚糖网不能阻挡结晶紫-碘复合物的溶出，因此通过乙醇脱色后仍呈无色。细菌再经番红复染，使革兰氏阴性菌呈红色。

### （二）染色液的配制

**1. 结晶紫液**（liquid crystal violet）

草酸铵 1 g，95％乙醇 20 mL，结晶紫 2 g，蒸馏水 80 mL。结晶紫溶于乙醇，草酸铵溶于蒸馏水，然后将二液混合均匀，置于室温下 24 h 后过滤即可，长期保存可放于 4 ℃冰箱中。

**2. 鲁戈氏碘液**（Lugol’s iodine solution）

碘片 1 g，碘化钾 2 g，蒸馏水 300 mL。将碘化钾溶于少量蒸馏水，再加入碘片搅拌至充分溶解，蒸馏水标定至 300 mL 即可，存放于棕色瓶内备用，若液体变黄则不可使用。

**3. 番红液**（safranin solution）

番红 O 2.5 g，95％乙醇 100 mL。将番红 O 溶解于乙醇中，制成储备液存于密闭棕色瓶中。用时，取 20 mL 储备液与 80 mL 蒸馏水混合即可。

### （三）染色步骤及方法

**1.** 常规石蜡切片，脱蜡。

**2.** 结晶紫液染色 2 min，自来水冲洗。

**3.** 碘液媒染 2～5 min，风干。

**4.** 95％酒精脱色 10～30 min，自来水冲洗。

**5.** 番红染色 1～2 min，自来水冲洗。

**6.** 梯度酒精脱水，二甲苯透明，中性树胶封固。

### （四）染色结果

革兰氏阳性菌呈蓝色，阴性菌呈红色，组织细胞呈红色（图 4－17、图 4－18、图 4－19）。

图 4－17 鲑肾杆菌聚集在脾的包囊中（Gram 染色）
（引自《鲑鳟疾病彩色图谱》第二版，2018）

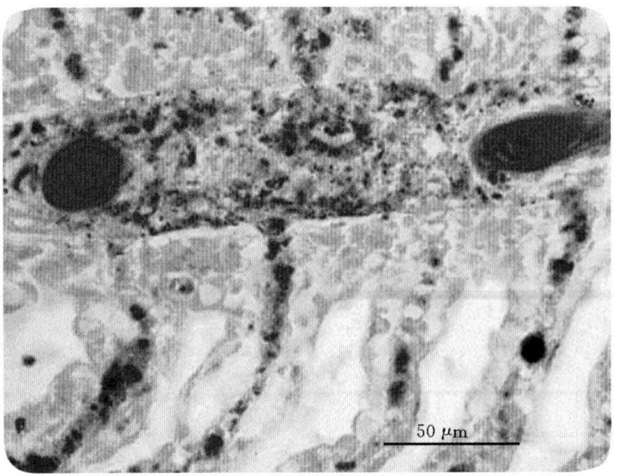


图4－18 大西洋鲑鳃丝和鳃小片上的鲑肾杆菌（Gram 染色）
（引自《鲑鳟疾病彩色图谱》第二版，2018）

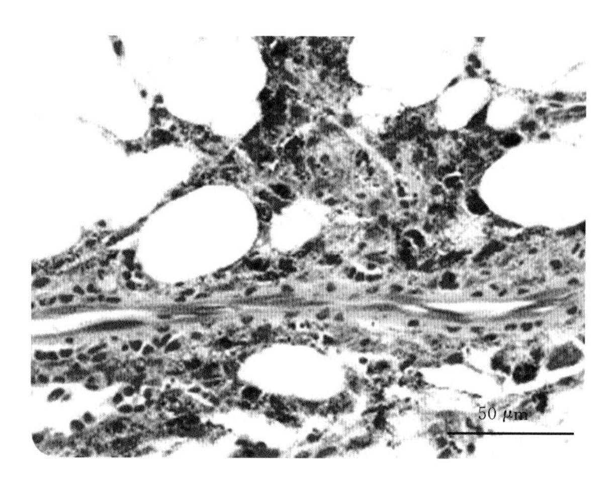


图 4－19　大鳞大麻哈鱼（*Oncorhynchus tshawytscha*）胰腺组织中的鲑肾杆菌（Gram 染色）

（引自《鲑鳟疾病彩色图谱》第二版，2018）

### （五）注意事项

**1.** 若采用组织触片染色，注意触片不易过厚，细胞堆叠会影响染色观察。

**2.** 碘液若变黄不能再使用。

**3.** 番红染色可根据切片上色情况，适当增加染色时间。

## 八、抗酸染色法

抗酸染色法于 1882 年由 Paul Ehrlich 发明，后德国细菌学家 Franz Ziehl 和病理学家 Friedrich Neelsen 对该方法进行优化，亦被称为 Ziehl－Neelsen 染色法。该染色方法被特定性的用于一类耐酸性细菌的染色，主要是分枝杆菌。分枝杆菌的细胞壁表面肽聚糖被大量脂质包裹，不易着色，但一经着色很难被酸性乙醇褪去。分枝杆菌能感染淡水养殖和海水养殖的众多鱼类，主要有海分枝杆菌（*Mycobacterium marinum*）、龟分枝杆菌（*Mycobacterium chelonei*）、偶发分枝杆菌（*Mycobacterium fortuitum*）、戈登分枝杆菌（*Mycobacterium gordonae*）、苏尔加分枝杆菌（*Mycobacterium szulgai*）等。此外，引起鲈、斑鳢（*Channa maculata*）、大黄鱼等结节症的诺卡氏菌也具有抗酸性或在生长某一阶段具有弱抗酸性。鱼体被这些细菌感染后会在内脏中形成大小不等的灰白色或淡黄色的小结节。但真菌感染、寄生虫感染等也可以引起鱼类内脏出现结节，因此利用病原菌耐酸特性，对组织切片的抗酸染色成为疾病快速诊断的有效方法。

### （一）染色原理

在室温条件下，抗酸杆菌细胞壁内的脂质、蛋白质和多糖能与石炭酸碱性复红结合形成复合物。其中石炭酸（苯酚，carbolic acid）作为媒染剂，能提高染料的染色性能，使碱性复红与抗酸杆菌牢固结合。这种复合物结构能抵抗酸性乙醇脱色，通过亚甲蓝复染后，抗酸杆菌仍然呈初染的红色，而其他细菌及背景呈蓝色。

### （二）染色液的配制

**1. 石炭酸碱性复红染液**

碱性品红 0.3 g，95%乙醇 10 mL，5%苯酚溶液 90 mL。先将品红充分溶解于乙醇中，再与苯酚溶液均匀混合。

**2. 3%盐酸-乙醇液**

浓盐酸 3 mL，95%乙醇 97 mL。取浓盐酸 3 mL，加入乙醇后混匀。

**3. 亚甲蓝染液**（methylene blue dye）

亚甲蓝 0.3 g，95%乙醇 30 mL，0.01%氢氧化钾溶液 100 mL。先将亚甲蓝溶解于乙醇中，再与氢氧化钾溶液均匀混合。

### （三）染色步骤及方法

**1.** 常规石蜡切片，脱蜡至水洗。

**2.** 石炭酸碱性复红染液浸染 15～30 min（60 ℃烘箱），水洗。

**3.** 3%盐酸-乙醇脱色 1～3 min，至切片呈浅粉色止，水洗。

**4.** 亚甲蓝染液复染 1 min，水洗。

**5.** 梯度酒精脱水，二甲苯透明，中性树胶封片。

### （四）染色结果

抗酸性细菌被染成红色，背景组织及其他物质为蓝色（图 4－20）。在水产动物上，乌鳢易被诺卡氏菌感染，可用该方法进行检测（图 4－21）。

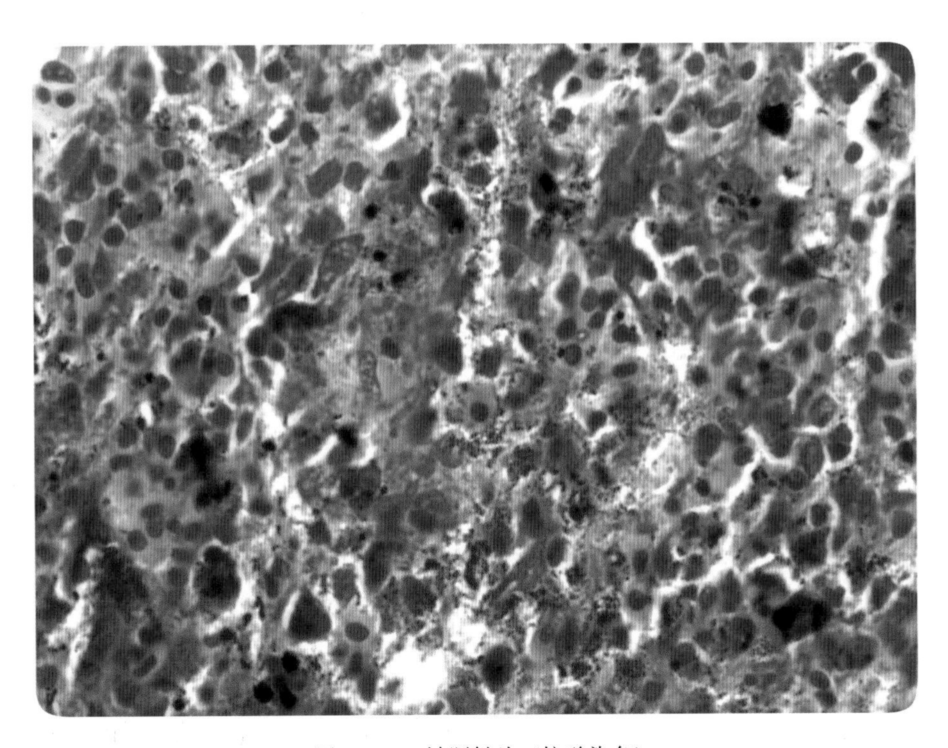

图 4－20 鲈肝触片（抗酸染色）

### （五）注意事项

**1.** 染色时，应选用阳性切片做对照。

**2.** 采用立式染缸盛染液便于均匀加热，减少切片污染。

**3.** 盐酸酒精脱色要适度，切片水洗后呈淡粉色为宜。

**4.** 亚甲蓝复染时间不宜过长，应迅速进行乙醇脱水。

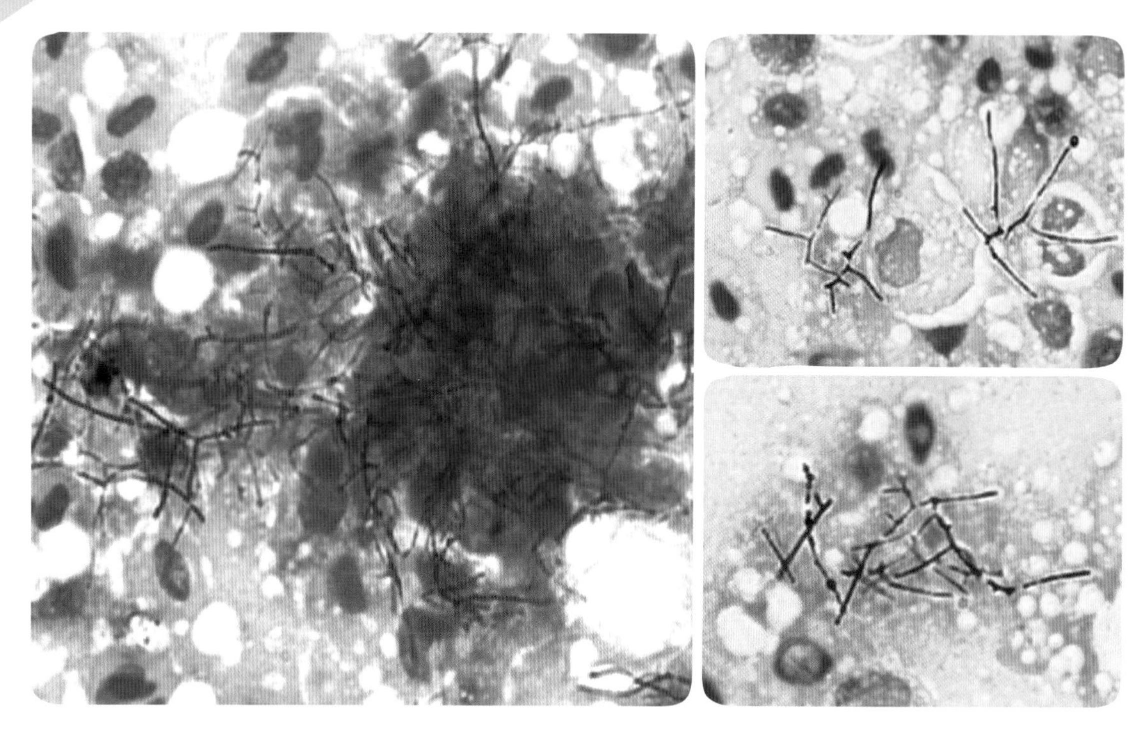

图 4-21 乌鳢组织触片，诺卡氏菌呈红色（抗酸染色）

# 第三节 免疫组织化学染色技术

免疫组织化学染色技术是利用抗原抗体特异性结合的原理，通过化学反应使用外源显色（荧光素、酶、金属离子、同位素）标记的抗体（或抗原），特异性锚定于组织或细胞标本中相应的抗原（或抗体）部位，标记物经显色反应而显示待检抗原（或抗体），从而实现待测物质在组织上的定位、定性及定量的研究。

1890 年 Von Behring 发现了血清抗体，并将其用于治疗白喉和破伤风。1897 年 Kraus 开发了沉淀实验证实这些抗毒素能够与抗原进行反应。1923 年，Michael heidelberger 通过在抗原上的染料附着量来量化这个反应。Albert H Coons 开发出第一个荧光抗体标签，并于 1941 年正式推出光学显微镜免疫组织化学。1959 年 S J Singer 将铁蛋白附着到抗体上以检测病毒表面抗原，在电子显微镜下观察形成了免疫电镜技术。随后，Stratis Avrameas 和 Paul Nakane最早使用免疫过氧化物酶在光学显微镜和电子显微镜水平下检测抗原，形成了免疫组织化学技术。1969 年，Ludwig Sternberger 和 Sam Spicer 通过抗体-抗体桥接优化了酶标免疫技术，有效避免了化学结合。1970 年，Ludwig Sternberger 开发了可溶性过氧化物酶-抗过氧化物酶复合物（peroxidase - antiperoxidase，PAP），提高了灵敏度和效率。1971 年，Faulk 和 Taylor 将胶体金标签贴在抗体上，开发出免疫胶体金技术，如今仍被广泛使用。1972 年 Gwen C Moriarty 和 Nicholas S Halmi 将 PAP 应用到了电子显微镜检测中。80 年代初期，Hsu 建立了抗生物素蛋白-生物素复合物（avidin biotin complex，ABC）染色法，利用两种物质之间的高度亲和能力及其可标记性，形成亲和免疫组化法（affinity immunohistochemistry）。在生物素化二抗的基础上，人们发现链霉抗生物素蛋白（streptavidin，SA）与生物素结合力极强，用它标记过氧化酶形成链亲和素过氧化物酶法（streptavidin peroxidase，SP）和标记的链霉抗生物素蛋白生物素法（labeled streptavidin biotin，LSAB）。由于 SA 分子量小，具有良好穿透性，且与生物素化的抗体结合位点更多，因此其敏感性与一般的 ABC 法相比明显提高。

免疫组织化学染色技术在水产研究中被广泛应用，如肠道内分泌细胞鉴别与定位、激素受体定位、免疫球蛋白定位、特定疾病的诊断、感染病原组织分布监测等，是重要的病理学技术之一。

## 一、免疫组织化学染色的类型

免疫组织化学技术根据标记物的不同分为免疫荧光法、免疫酶标法、免疫铁蛋白法、放射性免疫法、免疫胶体金技术、亲和免疫组化法等。根据标记物的位置可分为直接法和间接法。直接法具有操作时间短、特异性强的优点，但灵敏度较低、对抗体需求量较大；而间接法敏感性明显提高，可同时对多种抗原进行定位，但由于染色步骤多，耗时较直接法长。

**1. 直接法**

直接法即一步法，是直接使用标记的抗体（抗原）与检测组织中的抗原（抗体）特异性结合（图 4－22）。在此步骤中抗原与抗体的连接步骤少，干扰染色结果的因素少，染色特异性高；但由于没有将抗原-抗体结合物放大，所以染色敏感性低，且标记的抗体通常商业化程度低，需要自行制备。

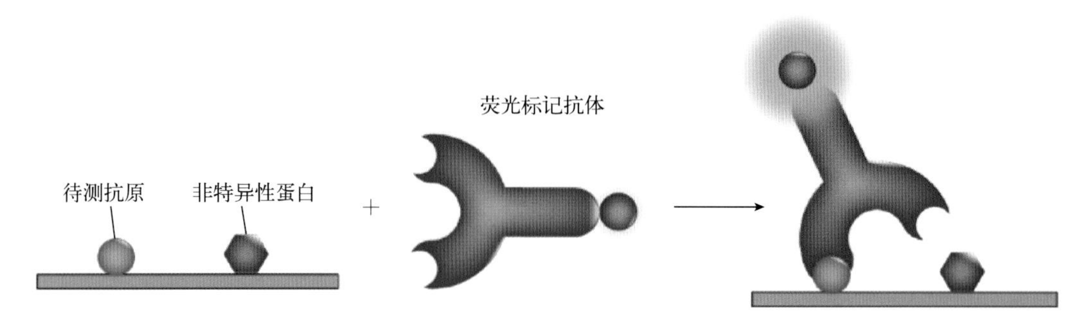


图 4－22　直接免疫荧光法

**2. 间接法**

间接法是使用未标记的抗体（一抗）与检测组织中的抗原特异性结合。再进一步使用标记的抗体（二抗）对前一步骤中未标记的抗体（一抗）进行特异性结合（图 4－23、图 4－24）。该步骤中连接抗体的步骤多，能把抗原-抗体结合物进行特异性放大，因此敏感性高；但由于在放大抗原-抗体结合物过程中，影响染色结果的因素增多，故染色特异性相对较低。

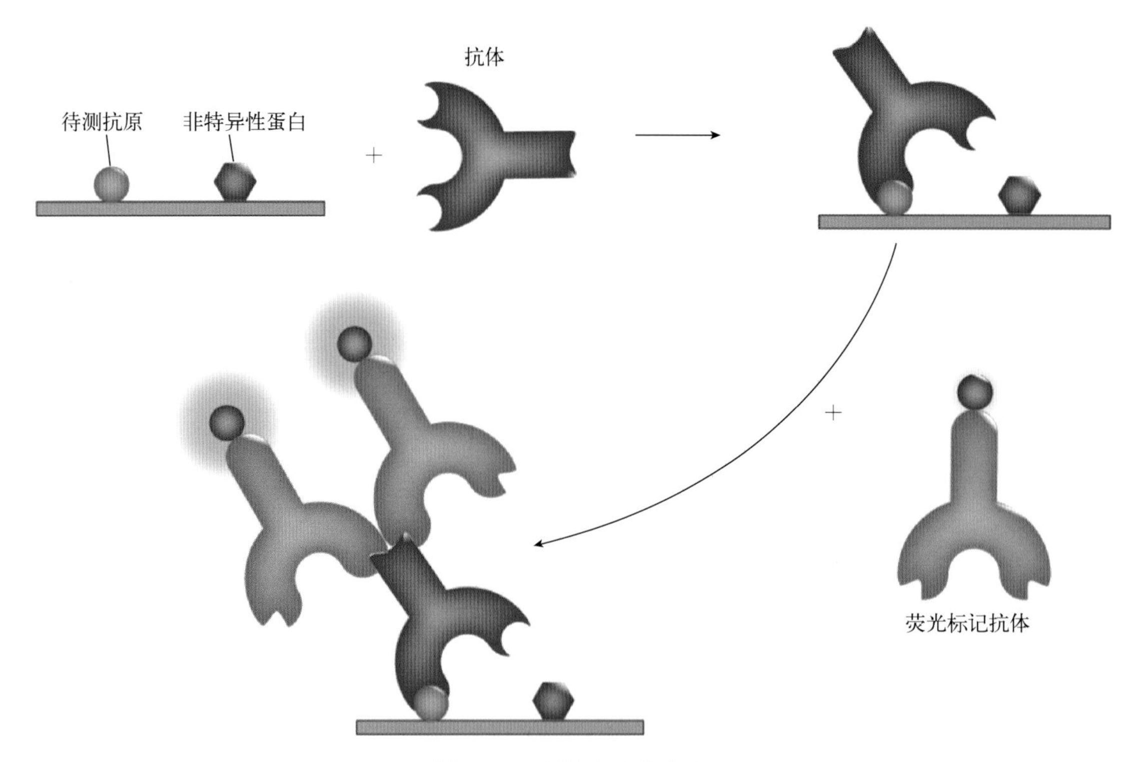


图 4－23　间接免疫荧光法

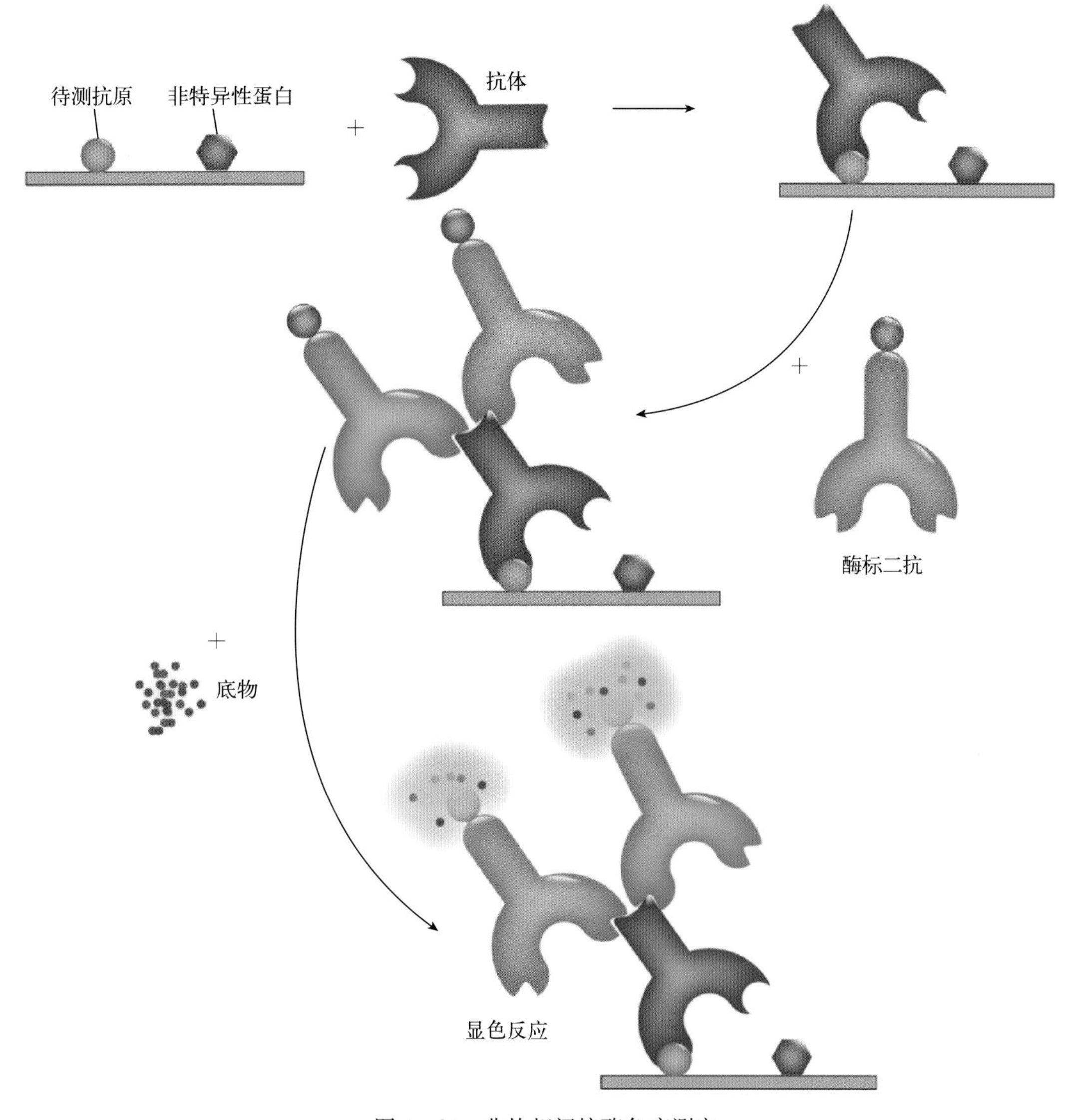


图 4-24 非均相间接酶免疫测定

## 二、具体步骤及方法（以间接酶联免疫法为例）

**1.** 常规石蜡切片，脱蜡至水。

**2.** PBS 浸洗 2～3 次，每次 2 min。

**3.** 3% $H_2O_2$ 处理 10 min，PBS 洗 2～3 次，每次 2 min。

**4.** 抗原修复（选择下列中的 1 种方法修复）：

（1）煮沸热修复

将组织切片置于 0.01 mol/L 枸橼酸钠缓冲液（pH 6.0）中，电炉加热至 95 ℃左右，10～15 min。

（2）微波热修复

将组织切片置于 0.01 mol/L 枸橼酸钠缓冲液（pH 6.0）中，微波加热 5～10 min，通过断电通电控制剧烈沸腾。

（3）酶消化法

用 0.1%胰蛋白酶或 0.4%胃蛋白酶与组织切片 37 ℃孵育 5～30 min。

**5.** PBS洗2～3次，每次2 min。

**6.** 滴加胎牛血清封闭，室温20 min，弃多余液体。

**7.** 滴加一抗50 μL，湿盒37 ℃静置1～3 h或4 ℃过夜。

**8.** PBS洗3次，每次2 min。

**9.** 用0.05% Tween-20稀释二抗至适宜浓度，滴加二抗50 μL于组织切片，湿盒室温或37 ℃静置10～30 min。

**10.** PBS洗3次，每次2 min。

**11.** 湿盒中DAB显色5～10 min，显微镜下控制染色程度。

**12.** 自来水冲洗10 min。

**13.** 苏木精复染30～60 s，自来水冲洗。

**14.** 梯度酒精脱水，二甲苯透明，中性树胶封固。

## 三、染色结果

组织切片背景为白色或淡黄色，阳性信号呈黄色，细胞核呈蓝色。免疫组织化学可用于鉴定原位标记组织内的细菌（图4-25、图4-26、图4-27）、病毒或蛋白质（图4-28）等。

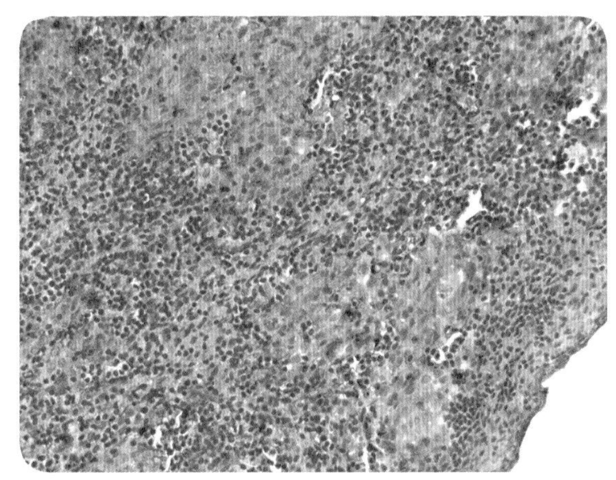

图4-25 斑点叉尾鮰脾内的海豚链球菌（免疫组化，×400）

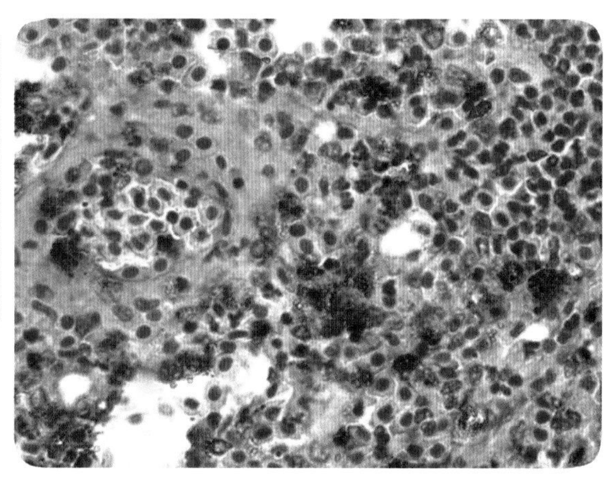

图4-26 斑点叉尾鮰脾内的海豚链球菌（免疫组化，×1 000）

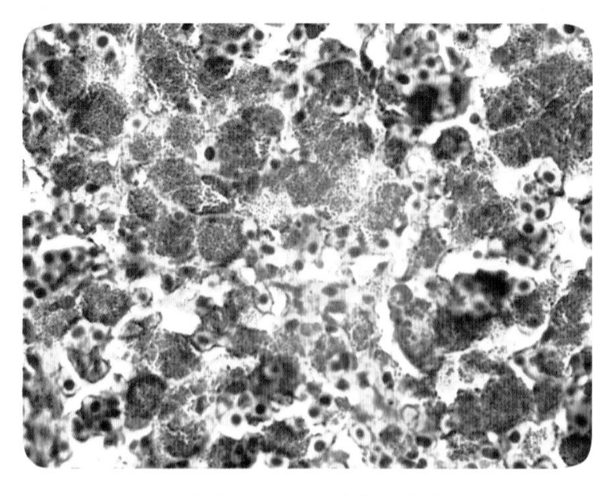

图4-27 罗非鱼脾内的无乳链球菌（免疫组化，×1 000）

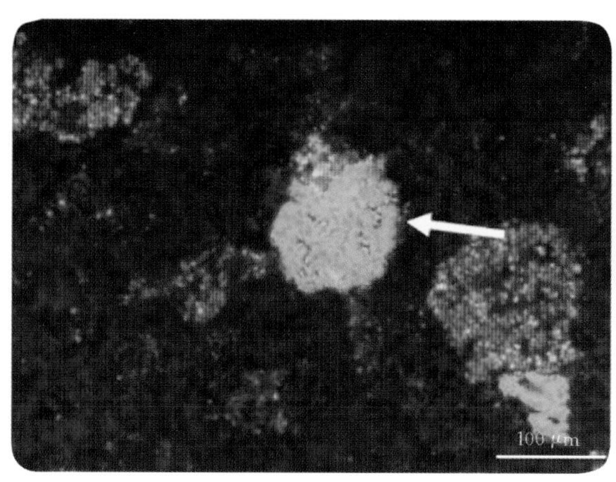

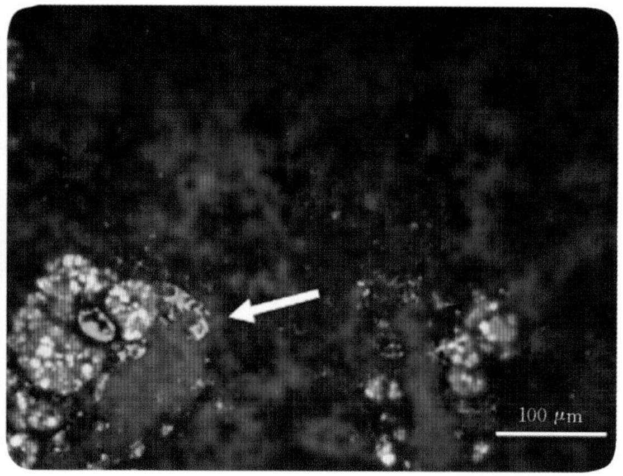


图 4－28 间接免疫荧光法检测罗非鱼脾 IgM

## 四、注意事项

**1.** 新鲜组织采用多聚甲醛固定后，尽快包埋。
**2.** 组织包埋块和石蜡切片于 4 ℃冰箱保存。
**3.** 石蜡切片建议采用防脱切片，避免后期反复处理切片造成脱落。
**4.** 切片必需均匀平展，无褶皱、刀痕等，避免出现背景色过高。
**5.** 切片脱蜡必需干净彻底，避免出现非特异性染色。
**6.** 3% $H_2O_2$ 应现配现用，避免出现背景色过高。
**7.** 滴加抗体时，要尽量除去切片上的 PBS，但不能让切片干涸，否则会出现背景色过高。
**8.** 抗体一般保存在 4 ℃，现用稀释，若长期保存可以分装放于－20 ℃。
**9.** 设立阳性对照、阴性对照和空白对照切片，能更好地分析染色结果和优化染色方法。

# 第五章　水生动物分子病理学技术

分子病理学（molecular pathology）技术是将传统的分子生物学技术与经典病理学技术相融合的一种新技术。该技术实现了分子水平研究疾病发生、发展和转归的愿望，可用于组织、细胞甚至蛋白或基因水平的检测。目前，分子病理学技术在人类医学和兽医学上发展比较迅速，但水生动物上相对滞后。部分分子病理学技术在水生动物疾病的诊断中，已体现出了传统病理学技术无可比拟的优势。常见的分子病理学技术包括原位杂交技术、原位PCR技术和基因芯片技术等。

# 第一节　原位杂交技术

原位杂交技术是分子杂交与组织化学结合的一项技术。该技术特异性强、敏感性高、定位精确且可进行半定量测定，被广泛应用于生物学、医学等各个领域。原位杂交技术的首次应用是在爪蟾（*Xenopus laevis*）上，用于标记爪蟾核糖体基因。目前，该技术在水生动物病原学、细胞基因的定位和定量检测中均有应用。

## 一、原理

ISH技术涵盖了探针标记（label of probe）技术、DNA重组技术（recombinant DNA technology）和染色体显色技术（chromosomal chromogenic technique）。利用碱基互补配对原理，使用已知探针与待测组织或细胞中的核酸序列形成杂交体，通过间接标记待检序列，实现核酸定位（图5-1）。其中，探针（probe）为已知的带标记的外源核酸序列。ISH在检测上具有独特的优势：检测时不需要提取组织的核酸；检测的灵敏度高，可检测组织中含量极低的靶序列；组织细胞形态完整，有利于揭示组织细胞的相互关系和功能状态。

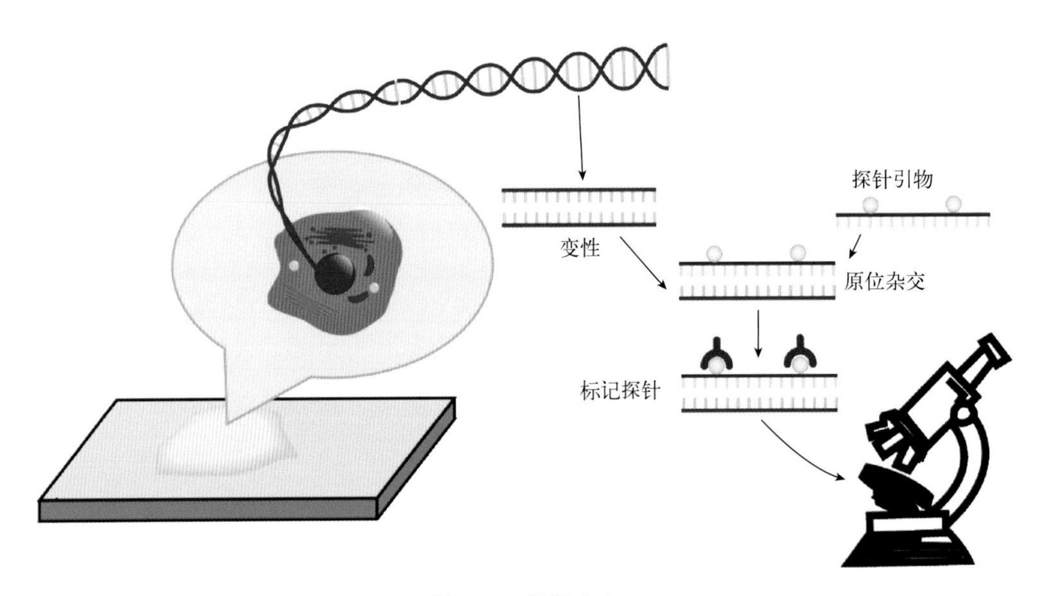


图5-1　原位杂交

ISH的关键在于探针，根据探针的组成和目的，可将探针分为4类：DNA探针、cDNA探针、cRNA探针和寡核苷酸探针。其中，cDNA探针又可分为双链cDNA探针和单链cDNA探针。

探针上必须带有用于示踪的标记物，根据探针的标记物是否能直接被检测，原位杂交技术可分为直接法和间接法。直接法使用的探针标记物为可直接观测的物质，如放射性同位素、荧光和酶。间接法的探针通常以半抗原作为标记物，检测时需首先使用标记的抗体特异性结合半抗原，然后再对标记的抗体进行观察。

## 二、原位杂交的应用

### （一）DNA 检测

常见于检测基因组 DNA、细菌和 DNA 病毒。如利用 ISH 检测组织中的无乳链球菌、鱼类分枝杆菌、鲤疱疹病毒Ⅱ型的组织嗜性。

### （二）RNA 检测

常用于检测细胞质内 mRNA 和 RNA 病毒。Denise Vizziano 等利用 ISH 研究虹鳟性别分化早期因子；李晓恬利用 ISH 技术研究了补体 C3 在罗非鱼肝中的分布；Gregory 利用 ISH 检测大西洋鲑的鲑贫血病毒。

### （三）染色体原位杂交

染色体原位杂交是基因物理定位的主要方法之一，主要用于鱼类特异重复 DNA 的定位、多拷贝基因的定位、鱼类染色体的重排与丢失等。张锡元等使用人类绒毛膜促性腺激素（HCG）基因类似顺序定位了草鱼 m 组一染色体短臂末端；耿波等利用荧光素标记的生长激素基因定位了大麻哈鱼生长激素基因在鲤染色体上的插入位点；董在杰利用荧光素标记了 6 个性别连锁或相关标记基因，并在尼罗罗非鱼染色体上对其位置和分布进行了定位。

### （四）组织块原位杂交

将全部组织不经切片直接杂交，其优点是具有立体感。如在斑马鱼上整体观察传染性造血器官坏死病毒的分布；使用整胚 ISH 方法研究罗非鱼胚胎发育过程中的基因功能和基因表达模式。

## 三、步骤及方法

由于核酸探针的种类和标记物不同，在具体应用的技术方法上各有差异，但其基本方法和应用原则大致相同。

**1. 组织固定**

最常用的固定剂为多聚甲醛，它不与蛋白质产生广泛的交叉连接，因而不会影响探针穿透入细胞或组织。不同的样本取材和固定方式略有差异。

（1）新鲜的组织

应尽快取材，清除多余的组织后置于液氮中冷冻保存。为维持组织的形态，可使用 OCT 包埋后储存。

（2）积液及脱落细胞

检测积液及脱落的细胞时，需首先对样本进行短暂离心，取沉淀涂抹在玻片上，待干燥后直接置于 4 ℃或－20 ℃保存，也可使用丙酮或 4%多聚甲醛固定后保存。

（3）RNA 样本

取材后应尽快固定或冷冻。若固定，可选用 4%多聚甲醛（磷酸盐缓冲液）为固定液，固定程序为：4%多聚甲醛 1～2 h→15%蔗糖 4 ℃过夜，次日切片或保存在液氮中备用。若冷冻保存，则可在取材后将组织直接置入液氮中，待切片后再将其浸入 4%多聚甲醛固定约 10 min。

**2. 探针设计**

ISH 探针的最佳碱基长度为 50～100 bp。探针短，则进入细胞易、杂交率高、杂交时间短，但特异性相对较低；反之，探针长，则进入细胞阻力大、杂交率低、杂交时间长，但特异性相对较高。如：500 bp 的长探针，其杂交时间约需 20 h。因此，200～500 bp 探针仍可应用，但如探针超过 500 bp，则在杂交前最好用碱或水解酶先水解探针，使其变成短的片段，再进行杂交。

**3. 预处理**

预处理主要是为了增加组织的通透性，便于探针进入细胞，提高杂交率。常用的试剂有：酸、去垢剂、酒精和消化酶如胃蛋白酶、胰蛋白酶、胶原蛋白酶和淀粉酶。这种广泛的去蛋白作用虽然可增强组织的通透性，但也会降低 RNA 的含量和影响组织结构的形态，因此掌握其用量及孵育时间极为重要。

以蛋白酶 K（proteinase K）为例：蛋白酶 K 1μg/mL（于 0.1 mol/L Tris、50 mmol/L EDTA，pH 8.0 缓冲液中），37 ℃孵育 15～20 min，可以达到充分的蛋白消化作用而不致影响组织形态的目的。蛋白酶 K 还具有消化包围着靶 DNA 的蛋白质的作用，从而提高杂交信号。

**4. 再固定**

为保持组织结构，通常在消化后使用 4%多聚甲醛进行再固定。

**5. 预杂交**

预杂交（prehybridization）是降低背景染色的一种有效手段。将组织切片浸入预杂交液中可达到封闭非特异性杂交点的目的，从而降低背景染色。

**6. 杂交**

预杂交液和杂交液的区别在于前者不含探针和硫酸葡聚糖（dextran sulphate）。杂交时，将杂交液滴于切片组织上，加盖硅化的盖玻片，防止孵育过程中的高温（50 ℃左右）导致杂交液蒸发。在杂交过程中，为保证杂交所需的湿润环境，可将杂交玻片放入含有 5×SSC（标准柠檬酸盐，standard saline citrate）或 2×SSC 溶液的硬塑料盒湿盒中进行孵育。

**7. 洗涤**

洗涤是 ISH 中的重要环节。非特异性的探针片段易黏附在组织切片上，从而增强背景染色。大多数 ISH 是在低盐度条件下进行，洗涤的条件如盐溶液的浓度、温度、洗涤次数和时间因核酸探针的类型和标记的种类不同而略有差异，一般遵循的共同原则是盐溶液浓度由高到低而温度由低到高。必须注意的是，在漂洗过程中，切勿使切片干燥。干燥的切片即使用大量的溶液漂洗也很难减少非特异性结合，从而增强了背景染色。

**8. 显色**

根据核酸探针标记物的种类分别进行放射自显影或利用酶检测系统进行不同显色处理。细胞或组织的原位杂交切片在显色后均可进行半定量的测定，如放射自显影可利用人工或计算机辅助的图像分析检测仪（computerassisted image analysis）检测银粒的数量和分布的差异。非放射性核酸探针杂交的细胞或组织可利用酶检测系统显色，然后利用显微分光光度计或图像分析仪对不同类型和数量的核酸的显色强度进行检测。但利用 ISH 做组织切片的半定量测定时必须严格保持相同的实验条件、切片厚度、核酸保存量和取材固定的间隔时间等。如为放射自显影，核乳胶膜的厚度与稀释度等必须保持一致。

**9. 建立对照**

并非 ISH 的任何阳性信号都是特异性的，故必须同时设置对照实验以证明其特异性，降低假阳性和假阴性的概率。实验中要求设置 3～4 个平行对照；DNA/RNA 丢失对照：预先将切片用 DNA 酶或 RNA 酶消化，然后用 ISH 技术证明丢失的是 DNA 或 RNA；阴性对照：使用编码链上的序列作为探针（即序列顺序与 mRNA 序列相同）进行 ISH。

**10. 具体方法**（以石蜡切片为例）

（1）清洁玻片和防脱处理

① 玻片清洗：热肥皂水刷洗，1%盐酸浸泡 24 h，煮沸 10 min，烘干，锡纸包好，于 4 ℃保存备用。

② 防脱处理：使用 0.01%多聚左旋赖氨酸（poly－L－lysin）或 3－氨苯基－3－乙氧基甲硅烷（APES）处理清洗后的玻片，烘干备用。

（2）组织前处理

① 常规脱水、浸蜡、包埋。切片厚度 6～8 μ m。

② 石蜡切片经常规脱蜡至水，3%$H_2O_2$室温处理 10 min，蒸馏水洗涤 2 次。

（3）暴露核酸片段

切片上滴加 20 mg/mL 蛋白酶 K（溶解于 50 mmol/L Tris－HCl、pH 7.4，10 mmol/L NaCl，10 mmol/L EDTA），37 ℃或室温消化 5～15 min。4%多聚甲醛再固定 5 min。0.5mol/L TBS 洗 3 次，每次 5 min。蒸馏水洗 1 次。

（4）预杂交和杂交

① 预杂交：湿盒的准备（干的杂交盒底部加 20%甘油 20 mL 以保持湿度）。按每张切片 20 μL 加预杂交液（50% 去离子甲酰胺，5×SSC，50 μg/mL 酵母 tRNA，50 μg/mL 肝素，0.5% Tween－20）。恒温箱 42 ℃ 60 min。吸取多余液体，不洗。

② 杂交：将制备的探针滴加在前处理的切片上，孵育过夜。杂交液组成：50 mol/L DTT，50% 甲酰胺，200 μg/mL tRNA（无 RNA 酶）或 20 μg/mL ssDNA，1×Denhardt 液，10%硫酸葡聚糖，1×SSC。杂交时将探针用杂交液稀释至 0.5～2 μg/mL，混匀，于 SSC 10 min 加热变性，将 20 μL 含探针的杂交液滴加至前处理后的切片，用封口膜覆盖，含 50%甲酰胺与 2×SSC 湿盒中 37 ℃、42 ℃或 50 ℃，16～20 h 以上保温。注：如为 DNA 检出或染色体及间期核原位杂交则需经过以下变性处理：70%甲酰胺，1×SSC 中，70 ℃ 10 min 保温后于 80%冷乙醇 30 s，风干。检测 RNA 时，需戴手套防止 RNA 酶的污染。无水乙酸的半衰期约 5 min，所以需在使用前配制。

③ 杂交后，去掉盖玻片，洗涤除去多余和非特异结合的探针。

（5）杂交后显色及观察

杂交显色的标记物多为非同位素标记物，如生物素、地高辛、荧光素、化学发光、胶体金等。如为碱性磷酸酶催化，所形成的沉淀会溶于有机物，因此不能用乙醇和二甲苯脱水、透明，用水性封片剂封片，并尽快照相留档。如为荧光标记，则荧光易淬灭，应尽快观察。显色步骤大同小异，以下以过氧化酶为例：

① 血清（1∶100）或 3%牛血清蛋白（BSA），室温 30～60 min。

② ABC 复合物或 SA（HRP 标记），37 ℃ 60 min。

③ PBS 处理 3 次，每次 2 min。

④ 1 mg/mL 联苯胺（DAB），0.06% $H_2O_2$ 显色液，光学显微镜下观察。

⑤ 自来水终止。

⑥ 复染，常规脱水封固。

⑦ 染色结果：过氧化酶显色为黄褐色，碱性磷酸酶显色为蓝紫色。

# 第二节 原位 PCR 技术

原位 PCR（*in situ* PCR，ISPCR）技术于 1990 年由 Ashley 等首次提出，用于检测细胞内的病毒 DNA。该技术结合了原位杂交和 PCR 技术的优点，既能定位靶细胞又能提高检测灵敏度、降低检测阈值，甚至可检出单拷贝的核酸序列。在鱼类病理检测中，原位 PCR 已开始应用于病原和细胞基因的定位检测。

## 一、原位 PCR 技术类型及原理

### （一）直接原位 PCR

直接原位 PCR 是使扩增产物直接携带标记分子，如使用标记的三磷酸核苷酸或引物（图 5 - 2）。当标记物用于 PCR 扩增时，标记分子就掺入到扩增产物中，通过放射自显影、免疫组织化学、亲和组织化学等技术检测产物。目前，常用的 3 种标记物为：地高辛- 11 - dUTP、生物素（荧光素-dUTP）和放射性同位素（$^{3}$H - CTP）。该技术快速、简便，但特异性低于间接原位 PCR，容易出现较强的假阳性信号。

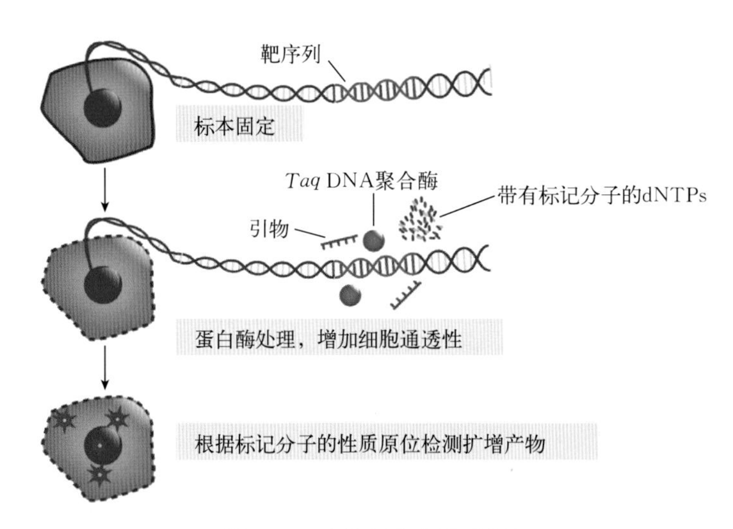


图 5 - 2 直接原位 PCR 原理

### （二）间接原位 PCR

间接原位 PCR 是 PCR 技术与原位杂交技术的结合，亦称 PCR 原位杂交（PCR *in situ* hybridization，PISH）。与常规 PCR 相同，间接法原位 PCR 所用的引物和三磷酸核苷酸都不带任何标记物。当原位 PCR 扩增结束后，再利用原位杂交技术检测特异性扩增产物（图 5 - 3）。间接原位 PCR 虽然操作复杂，但其增加了原位杂交的灵敏度，又提高了直接原位 PCR 的特异性，因此是目前应用最广泛的靶序列原位扩增技术。

### （三）原位反转录 PCR

原位反转录 PCR（*in situ* reverse transcription PCR，*in situ* RT - PCR）是结合反转录、PCR

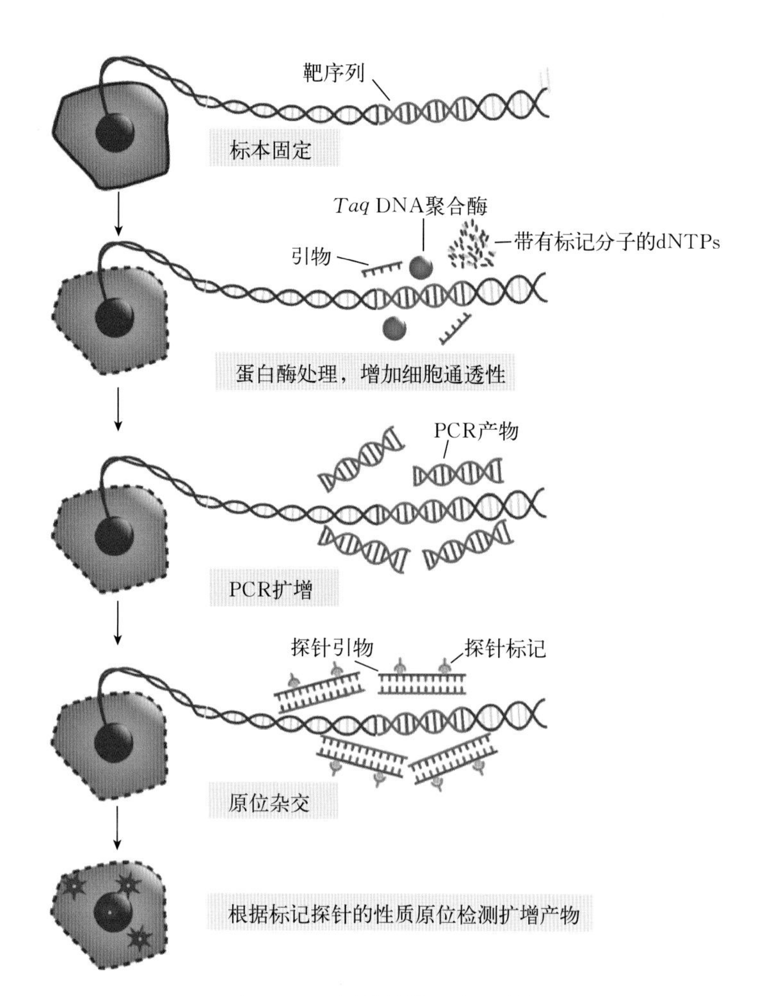


图 5－3 间接原位 PCR 原理

和原位杂交 3 种技术的一种结合技术，主要用于检测细胞内低拷贝 mRNA。全过程分两步进行（图 5－4）：第一步以 mRNA 为模板，在逆转录酶的催化下合成 cDNA。第二步则以 cDNA 为模板，用 PCR 对靶序列进行扩增。与液相反转录 PCR 不同的是，原位反转录 PCR 反应过程在固定的组织细胞标本上进行。进行原位反转录 PCR 的标本先要用 DNA 酶处理，以破坏组织细胞中的 DNA，保证 PCR 扩增的模板是 mRNA 反转录合成的 cDNA，而不是细胞中原有的 DNA。

### （四）原位再生式序列复制反应

1990 年，Guatelli 等首次提出使用再生式序列复制反应（self－sustained sequence replication reaction，3SR）检测人类免疫缺陷病毒（human immunodeficiency virus，HIV）RNA。3SR 是以 mRNA 为模板，在逆转录酶、核糖核酸酶、RNA 聚合酶和特异性引物的作用下进行直接 RNA 扩增。不同于普通 PCR 引物，3SR 引物 3′端为特异性的靶基因序列，中间为转录起始位点，5′端添加额外碱基以提高扩增效率。由于 IS－3SR 扩增具有非特异性的特点，因此该技术仅适用于间接原位杂交。IS－3SR 能够检测到早期的病毒感染，灵敏度极高。目前该技术主要用于人类疾病和原癌基因的检测，在鱼类疾病的研究上，尚属空白。

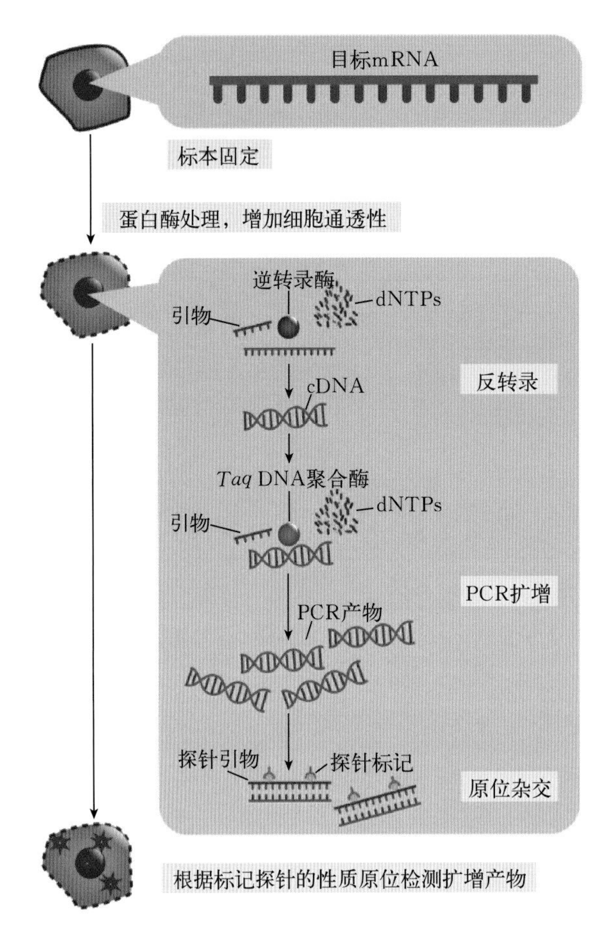


图 5-4　原位反转录 PCR 原理

## 二、步骤及方法

### （一）标本处理

染色体、细胞及组织切片样品均可用于原位 PCR。相较而言，以悬浮的完整细胞做原位 PCR 效果最好，石蜡切片效果最差。在该步骤中固定是关键，所选固定剂需有利于 PCR 反应。新鲜组织一般使用 10%中性福尔马林或 4%多聚甲醛于 4 ℃下固定，根据组织大小固定时间为 4～6 h；细胞爬片多用甲醛：醋酸（1：3，$V/V$）、2%～4%多聚甲醛固定；悬浮细胞多用 4%多聚甲醛固定，固定后可于 25 倍体积的 70%乙醇中，－20 ℃保存。若为切片，则切片厚度一般选择 4～10 μm。切片越厚，靶 DNA 含量越多，膜结构也越多，防止扩增产物弥散的作用也越明显。但切片细胞重叠多，形态观察效果差，且分辨率较低。

### （二）引物设计

原位 PCR 非特异性或假阳性极大程度上来源于引物与模板的错配。因此，设计引物时应选择与其他序列同源性低的片段。设计原则与液相 PCR 一致，引物长度 18～24 bp，引物 $T_m$ 相差不超过 2 ℃，G、C 含量较高。扩增片段在 100～1 000 bp，其中石蜡切片的 DNA 序列一般不超过 400 bp。

### （三）PCR 前处理

通常在扩增前使用蛋白酶处理，常用蛋白酶 K、胰蛋白酶或胃蛋白酶。不同的反应条件会影响实验的结果，反应时间、温度等需要在实验过程中进行优化。消化过度会破坏细胞形态，使核酸网络破坏，导致PCR产物流失；消化不够，则核酸蛋白网络结构结合紧密，导致试剂不能进入，影响后续反应。另外，若为石蜡切片，需先脱蜡至水再进行上述步骤。

### （四）PCR

原位PCR与液相PCR扩增原理完全相同，但为获得较好的扩增效果，引物的加入量、$Mg^{2+}$浓度、聚合酶的浓度应比液相PCR高。为减少聚合酶的用量，防止其黏附于载玻片和盖玻片表面，还需在反应液中加入一定量的牛血清白蛋白（BSA）。同时，PCR的延伸时间需较液相PCR长。扩增过程中，为保证体系不至丢失过多，可使用指甲油、矿物油或PAP笔对盖玻片四周进行封闭。当PCR扩增结束后，揭去盖玻片，将组织放入4%多聚甲醛中进行再固定。

### （五）洗脱

当原位PCR结束后，要将目的样本进行洗涤，以去除多余PCR试剂和非目的产物。洗片的强度对实验结果有极大的影响：洗涤不充分，检测时漂散的扩增产物会造成假阳性或背景颜色过深；洗涤过度，将可能引起扩增产物的丢失，出现假阴性。因此，需根据阳性信号强弱和背景调整洗涤的程度。

### （六）对照设置

原位PCR技术具有高度的灵敏性和特异性，极易受到试剂和操作中各种因素的干扰。为确保实验结果的正确性，应严格设置对照和重复，以降低假阳性和假阴性的概率。实验中要求设置：不含引物和探针的空白对照；用无关探针或抗体取代、不加核酸酶消化、不加*Taq*酶的阴性对照。同时，对相应的组织或细胞提取DNA或RNA进行液相PCR对照检查，以排除假阴性。

### （七）具体方法（以石蜡切片，间接原位PCR方法为例）

**1. 清洁玻片和防脱处理**

（1）玻片清洗

热肥皂水刷洗，1%盐酸浸泡24 h，煮沸10 min，烘干，锡纸包好，于4 ℃保存备用。

（2）防脱处理

使用0.01%多聚左旋赖氨酸（poly－L－lysin）或3－氨苯基－3－乙氧基甲硅烷（APES）处理清洗后的玻片，烘干备用。

**2. 石蜡切片**

切片厚度4～10 μm。方法同普通H&E染色。

**3. 常规脱蜡至水**

方法同普通H&E染色。

**4. 灭活过氧化物酶**

室温下，以3%$H_2O_2$处理10 min，灭活内源性酶。蒸馏水洗涤3次，每次5 min。

**5. 蛋白酶K消化**

蛋白酶K溶解于0.1 mol/L Tris－HCl（pH 8.0）、10 mmol/L EDTA中（蛋白酶K浓度：组织片为10 μg/mL，细胞片为20 μg/mL）。消化时间因蛋白酶浓度不同、组织不同而异，一般为20 min。消化结束后95 ℃，2 min灭活蛋白酶K，0.1 mol/L Tris－HCl（pH 7.4）洗3次，每次5 min。注：蛋白酶K需洗涤干净，防止影响PCR酶作用。

**6. 梯度酒精脱水**

75%酒精10～15 s；85%酒精10～15 s；95%酒精15～30 s；无水乙醇Ⅰ 2 min；无水乙醇

Ⅱ 5 min。

**7. 原位扩增与杂交检测**

（1）直接原位 PCR 扩增：100 μL1×*Taq* 缓冲液加于载玻片，加盖玻片后，95 ℃，5 min 变性。每片 30 μL 扩增混合液［1×*Taq* 缓冲液，终浓度 200 μmol/L dUTP（含生物素或 Dig 标记 dATP），100 pmol/L 引物，5U *Taq* 酶，加去离子水至总量 30 μL］，加盖玻片，用指甲油封边后进行 PCR 扩增。PCR 反应参数根据引物和扩增片段而设定，一般控制在 20～25 个循环。扩增完成后，揭下盖玻片，使用 0.1 mol/L Tris-HCl、pH 7.4，洗 2 次，每次 5 min；冰乙醇 10 min，80%乙醇洗 2 次，每次 5 min；100μL 碱性磷酸酶抗生物素蛋白或抗 Dig-抗生物素蛋白，37 ℃，30 min；水洗 2 次，每次5 min，根据标记物不同而特异性底物显色；终止反应，封片观察。

（2）间接原位 PCR 扩增：原位 PCR 扩增同直接法，但 dNTP 不需标记。PCR 扩增后进行原位杂交。2×SSC 杂交液调节探针浓度至每片 5 ng/ 20 μL，用前探针 95 ℃变性 10 min；滴加探针，95 ℃ 5 min，42 ℃温盒中杂交过夜；揭下盖玻片，4×SSC 洗涤，室温 2 min；2×SSC、0.5×SSC、0.1×SSC，42 ℃洗涤 2 次，每次 10 min；加碱性磷酸酶标记的抗地高辛抗体复合物，37 ℃，2 h；碱性磷酸酶（NBT/BCIP）暗处显色；终止反应，封片观察（图 5-5）。

（3）原位 RT-PCR 扩增：所有试管、玻片等使用前用 0.1%焦碳酸二乙酯（DEPC）预处理。样本制备和蛋白酶消化方法与直接法相同。DNA 酶（780 U/mL）过夜，去除 DNA。反转录反应：以 RNA 为模板，通过反转录合成 cDNA。将逆转录反应液 20～30 μL（含逆转录反应酶，上、下游引物，dNTP）加在组织切片上，覆以盖玻片并用指甲油密封，42 ℃孵育 60 min。反转录结束后，PBS 洗涤 60 min。再按上述 PCR 方法进行扩增。

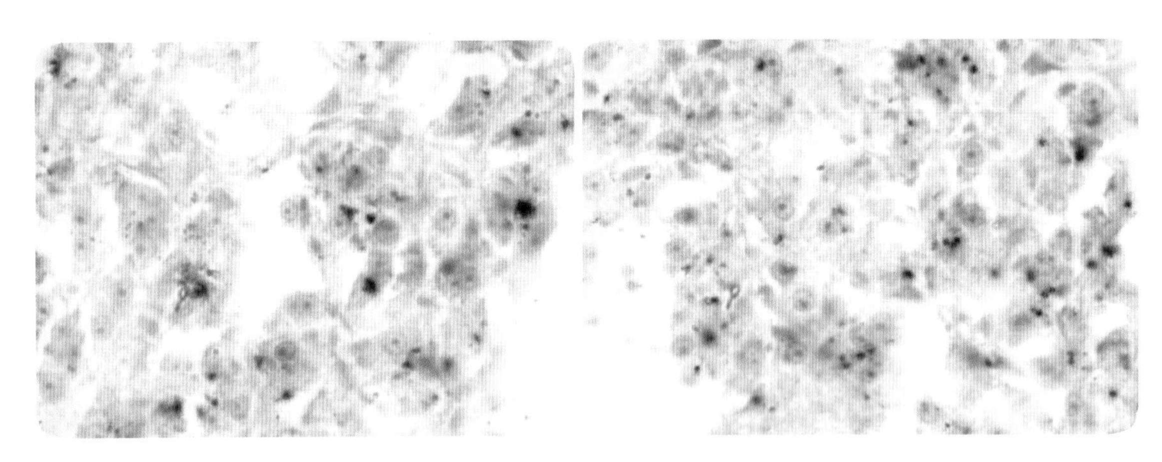

图 5-5　斑点叉尾鮰嗜麦芽寡养单胞菌感染 12 h，间接原位 PCR 法检测可见肝大量阳性信号

# 第三节　基因芯片技术

基因芯片（gene chip）技术是近年来新兴起的一种高新生物技术，该技术可以同时定量或定性地检测成千上万的基因信息，具有无选择性、客观、高通量的特点。随着基因组数据的增多、分子生物学的快速发展，基因芯片技术在疾病诊断、新药开发、基因组研究等生物科学领域应用十分广泛。

## 一、基因芯片的原理

基因芯片是最早期的生物芯片，又称为 DNA 微阵列（DNA microarray）或 DNA 集微芯片（DNA microchip）。其原理是：点制在固相载体上的核苷酸探针与其标记互补的样本核酸杂交，从而实现对目的基因的检测。基因芯片可完成对多个基因的同步检测。

按照固定在载体上的探针类型可将基因芯片分为 cDNA 芯片、寡核酸芯片和 PCR 扩增子探针芯片。cDNA 芯片灵敏性较高，寡核酸芯片特异性较高，PCR 扩增子探针芯片常用于基因表达分析。

基因芯片在动物疫病的诊断方面有其独特的优势：①同时对多个样品进行平行检测；②分析过程中可以根据研究目的选用多色荧光（最多为 4 种）或单色荧光对样品进行标记；③检测所需样本量小，试剂损耗少；④灵敏度高，特异性强；⑤研究的整个过程可完全自动化，使检测结果更为客观、准确。

## 二、基因芯片的应用

在水产动物疾病检测中应用基因芯片技术，国内外均处于开始阶段。刘荭（2004）利用基因芯片技术，实现了在 1 个载体上同时检测两个样品、12 种水生动物病毒的目的。Go nzález 等（2004）构建的 DNA 芯片可同时检测创伤弧菌（*Vibrio vulnificus*）、鳗弧菌（*Vibrio anguillarum*）、副溶血弧菌（*Vibrio parahemolyticus*）等 5 种海水鱼病原菌。Warsen 等（2004）利用细菌 16S rDNA 构建的基因芯片，完成了 15 种鱼类病原菌的检测，特异性高达 100%。Panicker 等（2004）构建了创伤弧菌、霍乱弧菌（*Vibrio cholerae*）、副溶血弧菌的基因芯片，其结果可靠、灵敏度高，能成功检测到 1 g 牡蛎（*Ostrea*）组织匀浆中 1 CFU 的弧菌。日本水产综合研究中心 2005 年宣布已成功开发出利用 DNA 芯片快速诊断鱼类细菌性疾病新技术，适用的病原菌共计 38 种，包括 20 种淡水鱼病原菌和 18 种海水鱼病原菌。

## 三、步骤及方法

基因芯片技术主要为 4 个基本的流程：芯片微阵列建立、靶样品制备、杂交和信号的检测及分析。

### （一）芯片微阵列建立

芯片微阵列建立时需要结合待解决的问题，根据目的不同，设计靶基因扩增效率高的探针，采用原位合成或合成后交联的方式按照一定的种类和顺序固定在固相支持物（硅片、玻片、聚丙烯或尼龙膜）上。

### （二）核酸样品制备和处理

核酸样品制备和处理是基因芯片技术非常重要的环节，方法不当会影响整个技术流程，选择适宜的处理方式获取其中的DNA、RNA等信息分子并加以标记，以减少假阳性和假阴性情况发生。核酸样品的标记与扩增是同时进行的，目前使用的荧光标记素种类繁多，常用的标记方法有随机引物标记法、末端转移标记法、PCR反应荧光标记法。

### （三）杂交

杂交是芯片检测的关键，为使生物分子间反应处于最佳状况，需对芯片进行预杂交以降低杂交背景，减少错配率。标记的靶基因在特定温度优化条件下杂交，从而获取最能反映样品本质的信号。最常用的信号检测方式是激光共聚焦扫描仪扫描，经相关软件获取图像及数据。

### （四）信号检测

杂交反应后的芯片上各个反应点的荧光位置、荧光强弱经过芯片扫描仪和相关软件分析图像，将荧光转换成数据，即可以获得有关生物信息。基因芯片技术发展的最终目标是将从样品制备、杂交反应到信号检测的整个分析过程集成化以获得微型全分析系统（micro total analytical system）或称缩微芯片实验室（laboratory on a chip）。使用缩微芯片实验室，就可以在一个封闭的系统内以很短的时间完成从原始样品到获取所需分析结果的全套操作。

### （五）具体方法

**1. 芯片点制**

每张芯片分为四个区，每区四个重复阵列，杂交检测时用杂交围栏隔开，以便同时进行四个不同样品的杂交反应。每个阵列参数为：每排探针基因和定位基因均为12个样点，各样点中心间距650 $\mu$m，样点直径为220 $\mu$m。

用接触式点样系统SpotArrayTM16 Printing System点制芯片，基片为百傲氨基玻片。将制备的探针基因和定位基因稀释到一定的浓度，加入等量的2×Bio® DNA微阵列点样缓冲液，按芯片设计阵列加入96孔载样板孔内点样。根据实验要求设计阵列，最后一排点定位基因Lamda，其余各排点探针基因。点样环境湿度为55%～65%，温度为25～30 ℃。点制好的芯片静置于点样仪上干燥至少6 h，60 ℃水合处理10 s，紫外交联30 min后，用0.2%SDS洗液洗涤5 min，再以蒸馏水快速洗涤后离心干燥，密封、室温保存备用。

**2. 预杂交**

取制备保存的基因芯片，95～100 ℃双蒸水中变性1～2 min. 其间上下抽提以免在玻片表面形成气泡，立即置于95%乙醇中快速冷却后离心干燥，将芯片置于杂交舱中，于芯片点样区加入预杂交液25 $\mu$L，将盖玻片轻放其上，以免形成气泡，使预杂交液均匀覆盖芯片区，将芯片置于密封的湿盒内于44 ℃下预杂交1 h。

**3. 芯片杂交**

吸除预杂交液，将标记的核酸样品分别于95 ℃变性3 min后，立即置于冰中冷却5 min，再与一定量预冷的杂交缓冲液混匀，取该混合液20～40 μL加到芯片区，把盖玻片轻放其上，将芯片放入杂交舱于一湿盒内避光杂交，于48 ℃下杂交6 h。

**4. 基因芯片的洗涤干燥**

杂交完毕的芯片，各洗涤3 min，芯片离心干燥后用于扫描分析。芯片的洗涤在暗室中完成。杂交完毕后，轻轻移去芯片的盖玻片，将芯片放置在玻片架上，立即用温热的洗液1、洗液2、洗液3分别洗涤3 min，然后再用三蒸水漂洗芯片，离心干燥后扫读分析。

**5. 芯片扫描**

用基因芯片扫描仪ScnaArray® 4000扫描检测。扫描参数为Laserpower 95%、PMGT 75%、分辨率20 μm，扫描结果以16位TIFF和BMP格式保存图像。根据结果判定样品的阴阳性。

# 第四节　组织芯片技术

组织芯片（tissue chip）技术又称为组织微阵列（tissue microarray）技术，由Kononen等于1998年首先建立并报道，一般是将数十至上百个甚至更多小的组织整齐有序地排列在一张载玻片上而制成缩微组织芯片，即组织切片。组织芯片技术是以形态学为基础的分子生物学新技术，可以做常规病理学的H&E染色、各种免疫组织化学染色、组织化学染色、原位杂交、荧光原位杂交、原位PCR和原位RT-PCR等，可在同一张切片上高通量获得组织学、基因和蛋白的表达信息，这项技术的应用范围涵括了整个生命科学中各个基础研究、临床研究、应用研究以及药物开发的相关领域。

## 一、组织芯片类型及原理

组织芯片技术是将数十个甚至上千不同个体组织标本以规则阵列方式排布于同一载体上，进行同一指标的原位组织学研究，是一种高通量、大样本、快速的分子水平分析工具。其制作原理与单个切片相同，只是样本数量增加。根据样本直径（0.2～2.0 mm）不同，在一张45 mm×25 mm的载玻片上可以排列40～2 000个组织标本。一般根据样本数目的多少，将组织芯片分为低密度芯片（<200点）、中密度芯片（200～600点）和高密度芯片（>600点）。常用组织芯片含有组织标本的数目为50～800个。

## 二、组织芯片的应用

组织芯片主要用于各种原位组织技术实验，如常规的形态学观察、特殊染色、免疫组织化学、原位杂交、原位PCR、荧光原位杂交、原位RT-PCR等。既可用于基础研究，也可用于临床研究。可用于分子诊断、预后指标筛选、治疗靶点定位、抗体和药物筛选、基因和蛋白表达分析等。

## 三、步骤及方法

组织芯片的制备目前主要依靠机械化芯片制备仪来完成。制备仪器包括操作平台、特殊的打孔采样装置和一个定位系统。打孔采样装置对供体组织蜡块进行采样，同时也可对受体蜡块进行打孔，其孔径与采样直径相同，两者均可精确定位。制备仪的定位装置可使穿刺针或受体蜡块线性移动，从而制备出孔径、孔距、孔深完全相同的组织微阵列蜡块。通过切片辅助系统将其转移并固定到硅化和胶化的载玻片上即成为组织芯片。

### （一）组织芯片构建

**1.** 将受体蜡块固定于蜡块固定器中，调整位置使得其面积全部在穿孔器活动范围内，压紧蜡块，调整穿孔器机头行程，选择适合的行列排列。

**2.** 以左上或左下为起点，排列组织阵列。

**3.** 使用石蜡针在受体蜡块上穿出石蜡孔，取出推针石蜡芯备用。转动针头转化器，换用组织针。将蜡块载体覆盖于蜡块固定器上，将标记的供体蜡块置于组织针下，穿孔获取组织芯。使用眼科镊和手术刀，调整组织芯长度，并将组织芯安放到受体蜡块中，用载玻片压实并与蜡块表面持平。

**4.** 按照设计依次完成各位点的制作。

**5.** 卸下做好的受体蜡块，放入制备时使用的蜡模中，于 60 ℃烤箱熔化 15～20 min，压实蜡块，使组织芯表面均匀一致；之后继续熔化 30～60 min，排除蜡模内的空气，取出蜡块备用。注意事项：由于受体蜡块需要尽量多的容纳组织芯，因此尽量选择规格大的蜡块，如 20～45 mm。石蜡的纯度需较高，熔点为 58～60 ℃。受体蜡块的处理过程中，尽量使用同一蜡模，以保证切削面平整。

### （二）切片（方法同单独蜡块切片）

组织芯片的切片不要连续切片，每一张都需要用冰块将组织冷冻后切片；若有的组织过干过脆，可使用雾化器或温的湿毛巾擦拭后切片；厚度为 4～5 μm。

### （三）捞片

将切好的蜡片放入 30%的酒精中展开后，再用载玻片捞起放入 42～45 ℃温水中，促使蜡片平坦，并附着于防脱载玻片上。捞片的温度为低于石蜡熔点 15 ℃左右。过高将造成组织散开，过低则易造成蜡片的皱褶。将切片及其周围的水珠擦干后，置于 60 ℃烘箱中烘烤 1 h，备用。制作完成的组织芯片效果图见图 5－6，同一张切片上同时可见多个组织。

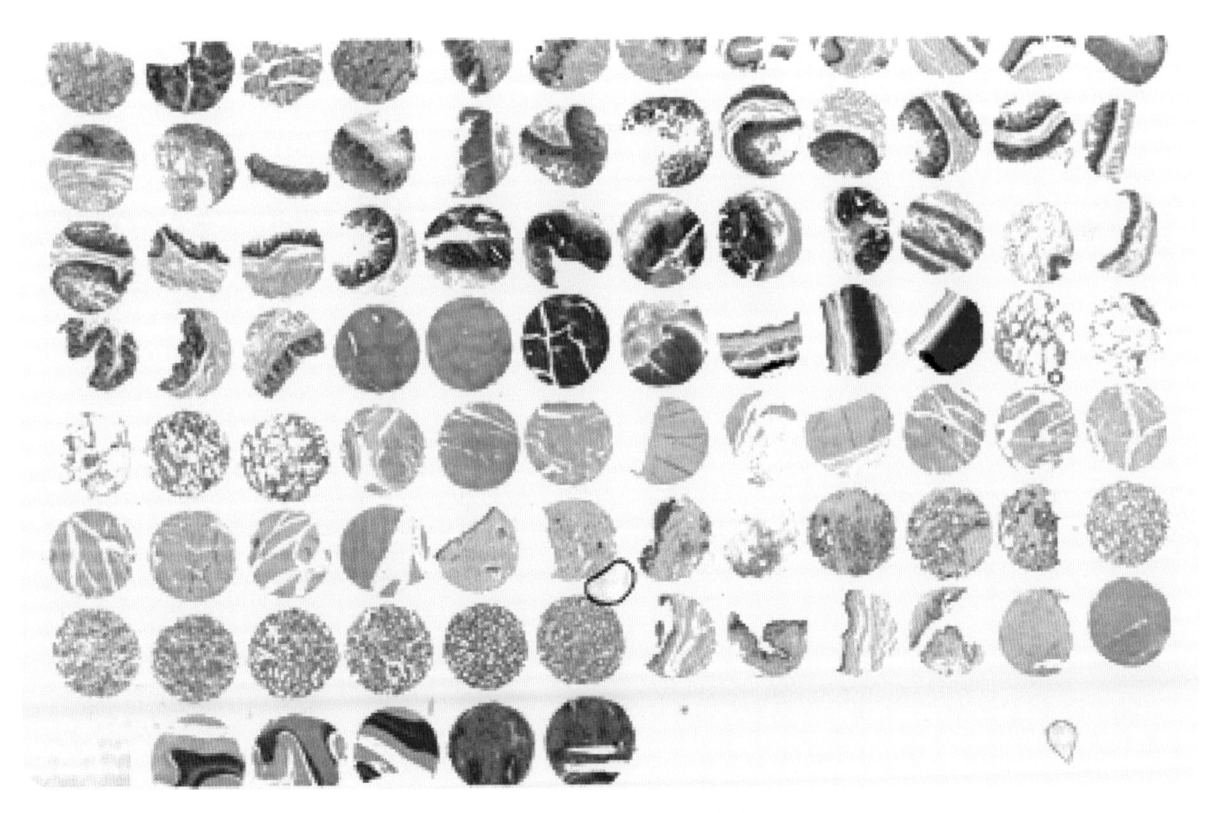

图 5－6 组织芯片效果图

# 第六章 水生动物细胞凋亡检测技术

细胞凋亡（apoptosis）是指细胞在基因调控下自主有序的死亡过程，是程序性细胞死亡（programmed cell death，PCD）的一种。在特定的内源和外源信号诱导下，线粒体、死亡受体或内质网应激等细胞凋亡途径被激活，产生细胞骨架破坏、细胞皱缩、核染色质浓缩和降解等现象，最后细胞膜包裹细胞器和断裂的核染色质形成凋亡小体（apoptotic body）。目前已经证实，病原、有毒物质、氨氮等环境因素胁迫等多种因素都能够引起水生动物细胞的凋亡。凋亡细胞在细胞形态和生理生化特征等方面会表现出一系列有规律的变化。在凋亡过程中，细胞膜内侧的磷脂酰丝氨酸外翻，细胞皱缩，染色体断裂并发生边缘化，细胞膜包裹断裂的染色体和某些细胞器后出泡形成众多凋亡小体。凋亡小体最终会被周围的吞噬细胞消化吞噬。在凋亡过程中，细胞膜保持完好，细胞内容物不发生外流，因此，细胞凋亡不会出现炎症反应。

细胞坏死是由病理性因素导致的细胞死亡，在细胞坏死时，细胞膜破裂，细胞内容物释放到细胞外引起周围组织发生炎症反应，故细胞凋亡的形态学检测过程中要注意与细胞坏死相区别（图 6-1）。细胞凋亡的生物化学变化表现为磷脂酰丝氨酸的外释、DNA 在活化的核酸内切酶的作用下降解为 180～200 bp 或其整数倍的片段、多聚（ADP-核糖）聚合酶等蛋白质的降解。

凋亡检测方法的建立主要是根据形态学和生物化学特征。凋亡细胞的形态学观察主要包括光学显微镜形态学观察和电子显微镜形态学观察。其中，光学显微镜形态学观察是选择不同的染色方法，如 H&E 染色、Giemsa 染色、台盼蓝（trypan blue）染色等对实验材料进行染色，染色后观察凋亡细胞的形态上的改变。凋亡细胞表现

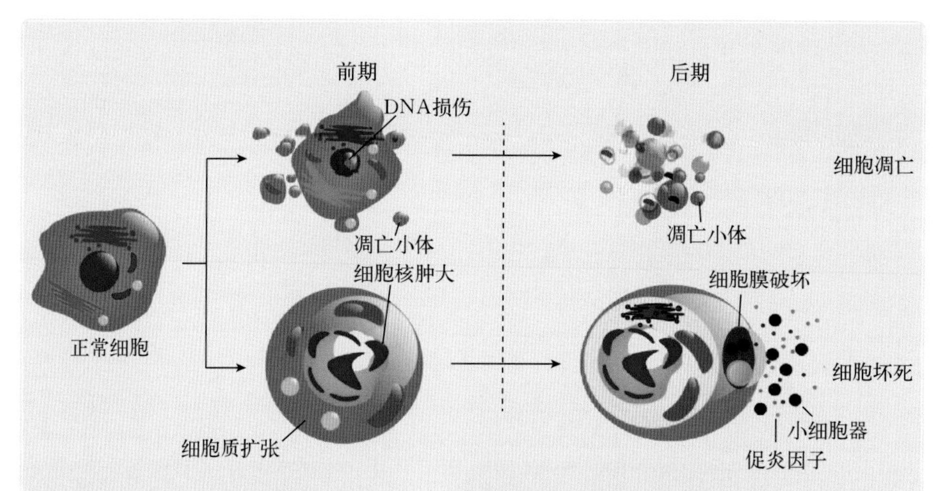


图6-1 细胞凋亡与细胞坏死的形态比较

为体积缩小、染色质浓缩，可见凋亡小体凸起于细胞表面等。根据生物化学特征建立的检测方法有DNA电泳、细胞膜磷脂酰丝氨酸细胞凋亡检测（cell membrane phosphatidylserine apoptosis assay）、凋亡细胞原位末端标记（*in situ* end labeling）等。但是，需要注意的是，在这些检测技术中没有一种是绝对特异的，在实际研究工作中往往需要联合使用多种技术相互佐证，才能得到可靠的结果。

本章将重点介绍检测细胞凋亡的常用的几种方法：①光学显微镜形态学检测法；②电子显微镜形态学检测法；③流式细胞仪（flow cytometer）检测法；④TUNEL检测（TdT－mediated dUTP nick end labeling assay）法；⑤DNA梯状条带（DNA ladder）检测法。

# 第一节 光学显微镜形态学检测

细胞凋亡是一个形态学概念，细胞核形态变化是凋亡细胞最典型的特征，因此形态学不仅是判断凋亡细胞的基本参数，而且也是鉴定凋亡细胞最可靠的依据。形态学观察包括光学显微镜的细胞形态观察和电子显微镜的超微结构观察。通过光镜和电镜的观察，可以区别细胞凋亡和细胞坏死。在普通光学显微镜下通过H&E染色、Giemsa染色和台盼蓝染色观察细胞凋亡，可见凋亡细胞内染色质浓缩、边集和形成的凋亡小体。在荧光显微镜下通过吖啶橙（acridine orange）、荧光探针碘化丙啶（propidium iodide，PI）和Hoechst 33342（Ho）双标记等也可观察和分析细胞凋亡。

细胞凋亡与细胞坏死的形态学变化存在区别。细胞凋亡主要表现为细胞萎缩、固缩，存在核损伤，凋亡的细胞不释放其细胞成分进入周围的间质组织，会被巨噬细胞或邻近的正常细胞迅速吞噬，因此基本上没有炎症反应。细胞坏死主要表现为细胞肿胀，细胞质空泡形成，内质网膨胀，线粒体浓缩、肿胀或破裂，核糖体解体和脱离，细胞质膜破坏，溶酶体肿胀和破裂，以及最终细胞膜的破坏。细胞膜完整性的丧失导致细胞质内容物释放到周围的组织中，发出化学信号，最终导致炎症细胞的出现。

光学显微镜形态学观察方法简单方便、费用低廉、应用范围广，既可以用于培养细胞凋亡的检测，也可以用于组织细胞凋亡的检测。但是形态学检测方法最大的局限性是只能定性、不能有效定量，而且判断时难免存在主观性，因此常作为其他检测方法的基础。此外，不同的凋亡阶段、不同时间点，凋亡细胞也具有不同的形态学特征，给诊断增加了难度。随着细胞凋亡分子机制的深入研究，凋亡细胞的形态学观察方法也得到了进一步的发展。

## 一、苏木精-伊红（H&E）染色观察法

### （一）原理

H&E染色的组织切片，光学显微镜下可见凋亡细胞通常与周围细胞分离，常以单个的形式存在，且细胞体积缩小，细胞质致密、嗜酸性增强，可见凋亡小体。H&E染色方法简单方便，但是这种方法对于研究细胞密集的组织较困难，这种组织观察到的细胞结构不典型，常缺乏特异性的指标，具有主观性强、重复性差的缺点。尤其是在凋亡早期，凋亡细胞的形态学变化不显著，通过普通光学显微镜判断细胞凋亡较为困难。因此，本方法仅适用于细胞凋亡的初步诊断。

### （二）检测方法

**1. 试剂与仪器**

材料：鲤上皮瘤细胞（epithelioma papulosum cyprini，EPC细胞）或其他细胞组织。

试剂：凋亡诱导剂（根据实验自定）、苏木精染液、伊红染液、固定液（4%甲醛或多聚甲醛）、梯度乙醇、二甲苯、中性树胶。

仪器：普通光学显微镜、细胞涂片离心机、细胞培养常规设备和用品。

**2. 方法**

以细胞涂片 H&E 染色为例。

（1）培养细胞，诱导细胞凋亡，消化细胞后制成单细胞悬液。细胞悬液于 4 ℃、500 r/min 离心，去上清，将细胞重悬于 PBS 中，细胞浓度为 $1\times10^6$ 个/mL。取 100 μL 细胞悬液，用细胞涂片离心机（1 000 *g*，1～2 min）制成细胞涂片。4%甲醛（或多聚甲醛）固定 10 min 后染色。

（2）苏木精染液染色 3 min，自来水洗 1 min。

（3）在分化液中分化 30 s（提插数次）后用蒸馏水浸泡 5～15 min。

（4）伊红染液染色 2 min。

（5）依次经 75%乙醇、80%乙醇、95%乙醇、100%乙醇Ⅰ、100%乙醇Ⅱ、二甲苯Ⅰ和二甲苯Ⅱ处理 1 min 以脱水透明。

（6）中性树脂封片。

（7）普通光学显微镜观察。

**3. 结果判定**

细胞核呈蓝色，细胞质红色。凋亡细胞的核染色质固缩、边集，染色较深，或者出现核破裂（图 6-2）。

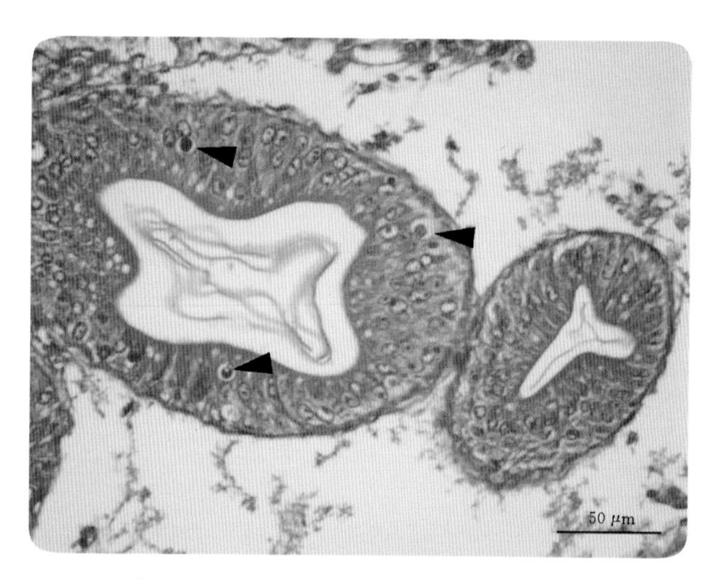


图 6-2 饥饿导致中华绒螯蟹肝胰腺出现凋亡

## 二、吉姆萨（Giemsa）染色观察法

### （一）原理

吉姆萨是一种复合染料，主要成分是天青和伊红，适用于血涂片、体外培养细胞和组织等染色。细胞凋亡时细胞核染色质边集浓缩，染色体 DNA 断裂片段进入凋亡小体，Giemsa 染色可以显示凋亡细胞。

### （二）检测方法

**1. 试剂与仪器**

材料：EPC 细胞或其他细胞、组织。

试剂：凋亡诱导剂（根据实验自定）、Giemsa 染液、固定液（4%甲醛或多聚甲醛）、PBS、细胞消化液（0.02% EDTA）、二甲苯、中性树胶。

仪器：普通光学显微镜、细胞涂片离心机、细胞培养常规设备和用品、组织切片机。

Giemsa 染色液的配制方法：取 Giemsa 染料 0.8 g，加入 50 mL 甲醇，加热至 58 ℃，溶解后，缓慢加入50 mL甘油，充分摇匀，置于 37 ℃温箱中保温 8～12 h。棕色瓶中密封保存，即为 Giemsa 原液，12～24 h 后可用。使用时，1 mL Giemsa 原液与 10 mL PBS 混合，即为 Giemsa 工作液。

**2. 方法**

以细胞涂片 Giemsa 染色为例。

（1）细胞悬液于 4 ℃、500 r/min 离心，去上清，将细胞重悬于 PBS 中，细胞浓度为 $1\times10^{6}$ 个/mL。

（2）取 100 μL 细胞悬液均匀涂布于载玻片上，晾干后用甲醛固定 1 min。

（3）在细胞上滴加两滴 Giemsa 工作液，室温下染色 5 min。

（4）用水轻轻洗去染液，室温下晾干 24 h。

（5）用二甲苯浸泡 3 min，去除杂质，以中性树胶封片。

（6）用普通光学显微镜观察。

**3. 结果判定**

Giemsa 染色后的标本，细胞核呈红紫色，细胞质呈蓝色。在普通光学显微镜下可观察到凋亡细胞的染色质浓缩、成块状、边缘化，染色较深或核破裂，细胞膜皱褶、卷曲，出泡或出芽形成凋亡小体。

## 三、荧光显微镜观察法

体外培养的活细胞经荧光色素处理，可在荧光显微镜下观察到细胞形态改变。常用的荧光色素有吖啶橙（AO）、Hoechst 33258 或 Hoechst 33342（HO）、碘化丙啶（PI）、溴乙锭（EB）。前两种可分别进入活细胞和死细胞，而后两种仅能进入死细胞，不同的荧光素使核着染不同颜色的荧光，正常细胞呈均匀荧光染色，而凋亡细胞呈致密浓染的颗粒状或块状荧光。可采用对正常细胞和凋亡细胞跨膜通透性不同的两种染料同时染色的方法来区分凋亡细胞和坏死细胞，其中最常用的为 AO/EB 和 HO/PI 双重染色。对于正常细胞和凋亡细胞，AO 染色呈强绿色荧光，HO 染色呈强蓝色荧光；对于坏死细胞，EB 染色和 PI 染色呈强红色荧光；从正常细胞、早期凋亡细胞、晚期凋亡细胞到坏死细胞，HO 染色逐渐减弱，PI 染色逐渐增强。

以 Hoechst 33342 染色为例。

### （一）原理

Hoechst 33342 是一种可以穿透细胞膜的蓝色荧光染料，对细胞的毒性较低，对细胞核染色后发出蓝色荧光，可用于检测细胞凋亡。当细胞发生凋亡时，细胞核会发生皱缩或者碎裂，这时用 Hoechst 33342 染色后，能观察到蓝色的碎裂团块或者是染色质皱缩而发生的蓝色高亮。

### （二）检测方法

**1. 试剂及仪器**

试剂：Hoechst 33342 染色液、PBS。

仪器：荧光显微镜。

**2. 操作方法**

（1）固定的细胞或组织

① 对于细胞或组织样品，固定后，适当洗涤去除固定剂，随后如果需要进行免疫荧光染色，则先进行免疫荧光染色，染色完毕后再按后续步骤进行 Hoechst 33342 染色，如果不需要进行其他染色，则直接进行后续的 Hoechst 33342 染色；对于贴壁细胞或组织切片，加入少量 Hoechst 33342 染色液，覆盖样品即可；对于悬浮细胞，至少加入待染色样品 3 倍体积的染色液，混匀。室温下放置 3～5 min。

② 吸除 Hoechst 33342 染色液，用 TBST、PBS 或生理盐水洗涤 2～3 次，每次 3～5 min。

③ 直接在荧光显微镜下观察或封片后在荧光显微镜下观察。细胞发生凋亡时，会看到凋亡细胞的细胞核呈致密浓染或呈碎块状致密浓染。

（2）活细胞或组织

① 加入适当量 Hoechst 33342 染色液，必须充分覆盖住待染色的样品，通常对于 6 孔板一个孔需加入 1 mL 染色液，对于 96 孔板一个孔需加入100 μL染色液。

② 在适宜于细胞培养的温度下培养 20～30 min。弃染色液，用 PBS 或培养液洗涤 2～3 次即可进行荧光检测。

**3. 结果判定**

凋亡细胞的细胞核呈现致密浓染，且呈现高亮的蓝色（图 6－3）。

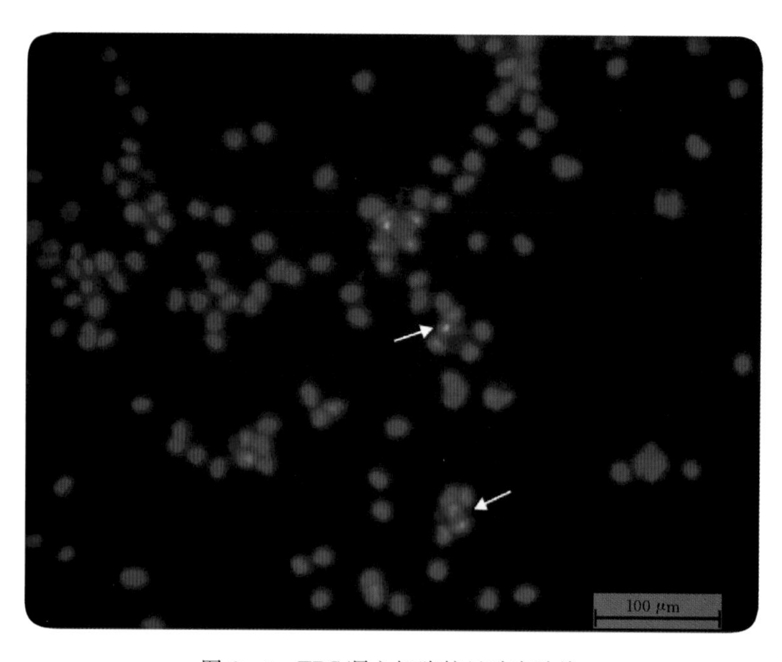


图 6－3　EPC 凋亡细胞核呈致密浓染

# 第二节 电子显微镜形态学检测

细胞凋亡透射电镜观察法是形态学检测方法的一种，是观察细胞凋亡最可靠的方法。但是，电镜检测细胞凋亡也存在只能定性、不能定量，样本制作处理过程复杂，设备价格相对昂贵，对检查者的技术水平要求较高等缺点。另外，由于细胞凋亡发生过程的瞬时性或者细胞凋亡早期的形态特征变化不明显导致电镜观察有一定的局限性。

## 一、原理

细胞凋亡的形态学变化是多阶段的，不同时期的凋亡细胞在透射电镜下形态特征不同。起初，细胞间连接和微绒毛消失，细胞体积缩小，细胞质浓缩，内质网变疏松并与细胞膜融合、形成一个个空泡，核糖体与线粒体等细胞器聚集、轻微肿胀、结构和功能尚无明显改变，细胞核内的染色质逐渐凝聚成新月体形附在核膜周边，细胞核固缩呈均一的致密物，进而断裂成碎块，此时细胞膜仍保持完整；然后，细胞膜及核膜不断出泡、脱落，一个细胞芽形成数个大小不等的有膜包裹的凋亡小体，内含完整的细胞器和核碎片；最后，凋亡小体被巨噬细胞、实质细胞或肿瘤细胞吞噬，并在吞噬体内降解。在细胞凋亡发生的全过程中，细胞膜一直保持完整。电镜可观察到凋亡细胞的细胞核染色质浓缩边移及新月体的形成、凋亡小体出芽、完整凋亡小体的形成等，是细胞凋亡检测的最直观的方法。

## 二、检测方法

### （一）试剂与仪器

**1.** 透射电子显微镜或扫描电子显微镜、离心机、离心涂片机。

**2.** 戊二醛固定液（取25%戊二醛原液10 mL，加入0.2 mol/L PBS 50 mL，再加入蒸馏水40 mL，混匀，4 ℃保存）。

**3.** 锇酸固定液（将1 g锇酸溶于50 mL双蒸水，置于100 mL棕色磨口瓶内，避光，4 ℃保存）。用时再稀释1倍成1%的应用液。

### （二）方法

以细胞样本为例，具体介绍操作步骤。

**1.** 离心收集约$5\times10^6$个细胞，用PBS洗涤两次后，弃上清，加1 mL 2.5%戊二醛悬浮细胞，移入1.5 mL Ep管中，室温下4 000 r/min离心15 min，固定细胞0.5～1 h。

**2.** 在磷酸缓冲液中漂洗1～2 h或更长时间，尽量将戊二醛洗净，用1%锇酸固定液固定0.5～1 h。

**3.** 固定完毕后脱水：50%乙醇10 min→70%乙醇10 min→90%乙醇10 min→90%丙酮10 min→100%丙酮三次，各10 min。

**4.** 丙酮与环氧树脂1∶1包埋2 h，再放入纯包埋剂（环氧树脂包埋全浸透）数小时或过夜。

**5.** 环氧树脂包埋，置于62 ℃烘箱中烘烤2天，进行超薄切片，用醋酸铅铀双染法进行切片染色。

**6.** 在透射电子显微镜下观察细胞形态、细胞质及细胞核的变化，照相并记录实验结果。

### （三）结果判定

在细胞凋亡早期，染色质发生固缩，电子密度增强，核型不规整，核膜表面凹凸不平；细胞体积变小，细胞质浓缩，其内的细胞器保存较好，细胞质内可见空泡增多；细胞膜保存完整，细胞膜表面微绒毛和伪足减少或消失，可见细胞膜芽生出泡现象。细胞凋亡的晚期，细胞核裂解为碎块，产生凋亡小体（图 6－4、图 6－5）。

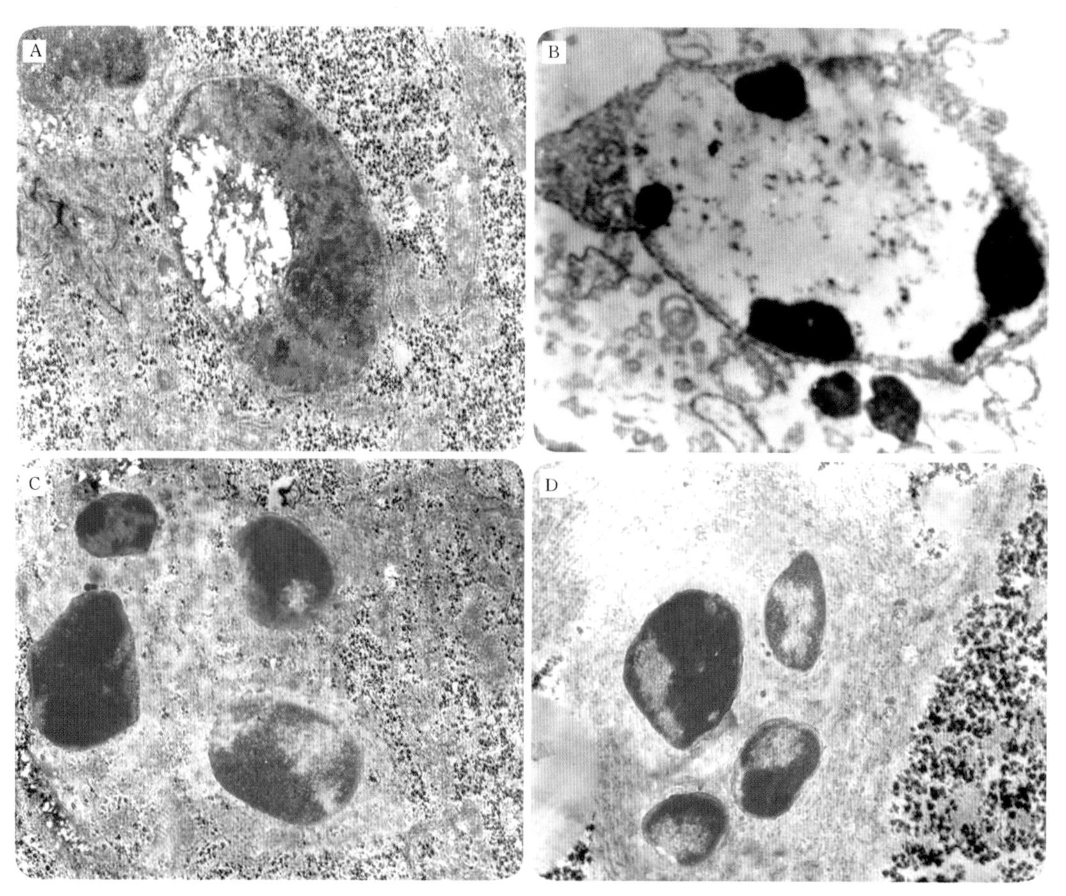


图 6－4　鲤喹乙醇慢性中毒时肝细胞凋亡小体形成

A. 染毒 14 d 肝细胞染色质浓缩、边移，呈半月状　B. 染毒 20 d 染色质浓缩裂解，呈大小不等的小团块，边移于核膜下　C、D. 中毒第 25 d、30 d 时肝细胞凋亡小体形成

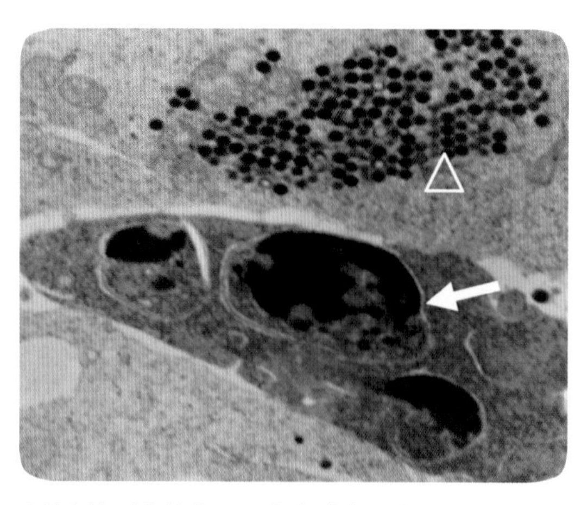

图 6－5　透射电镜下大鲵由于蛙病毒感染引起 EPC 细胞凋亡小体形成

（→ 示凋亡小体，△ 示病毒颗粒）

# 第三节　流式细胞术检测法

流式细胞术（flow cytometry，FCM）分析是当前广泛应用的一种细胞凋亡的检测手段，具有快速灵敏、结果准确客观、重复性好、可同时检测多种指标等优点。应用流式细胞仪可采用多种方法分析细胞凋亡，主要包括以下几类：

（1）细胞形态分析：细胞凋亡早期，细胞体积缩小，形成前相散射（FSC）低、侧相散射（SSC）高的特殊光散射型；细胞凋亡后期，由于染色质浓缩和核碎裂致使 FSC 和 SSC 均减弱。缺点是由于其他原因引起的细胞形态改变也可以出现这种变化，因此特异性较差。

（2）分析细胞膜结构与功能的改变：一种方法是利用细胞膜完整的活细胞对某些阳离子染料如台盼蓝、碘化丙啶等拒染的特点，区分活细胞和凋亡细胞，但对于细胞膜易过性功能障碍，使染色增强而又不如凋亡后期那样增强明显的细胞，需结合其他方法加以判别，也可用 Hoechst 33258 加 PI 对凋亡细胞和坏死细胞染色，再通过流式细胞术加以区别。另一种方法是针对细胞凋亡时出现的细胞膜结构的改变，使用荧光素标记的抗体或配体进行染色后，通过流式细胞仪测定。

（3）细胞器改变的分析：使用绿色荧光染料罗丹明 123（Rh123）作为线粒体探针。细胞凋亡时线粒体膜电位降低，线粒体结合 Rh123 能力下降，使用流式细胞仪测定时可见 Rh123 荧光强度降低。

## 一、原理

### （一）PI 单染色法

碘化丙啶（PI）是一种核酸染料，它不能透过完整的细胞膜，因为细胞膜完整的活细胞对某些阳离子染料如台盼蓝、碘化丙啶等拒染，以此区分活细胞和凋亡细胞。所以 PI 仅能进入死细胞，使核着染不同颜色的荧光，正常细胞呈均匀荧光染色，而凋亡细胞呈致密浓染的颗粒状或块状荧光。对于坏死细胞 PI 染色呈强红色荧光。从正常细胞、早期凋亡细胞、晚期凋亡细胞到坏死细胞 PI 染色逐渐增强。

### （二）Annexin V/PI 双染色法

Annexin V/PI 双染色法是目前区分细胞凋亡和细胞坏死特异性较强的方法。其原理是正常活细胞带负电的磷脂酰丝氨酸（PS）定位于细胞膜的内侧，而在细胞凋亡早期，由于细胞膜失去对称性，磷脂酰丝氨酸由脂膜内侧翻向外侧，成为巨噬细胞清除凋亡细胞的识别标志，Annexin V 是一种分子量为 35～36 kD 的 $Ca^{2+}$ 依赖性磷脂结合蛋白，与磷脂酰丝氨酸有高度亲和力，故可通过细胞膜外侧暴露的磷脂酰丝氨酸与凋亡早期细胞的细胞膜结合。因此 Annexin V 被作为检测细胞早期凋亡的灵敏指标之一。将 Annexin V 进行荧光素（EGFP、FITC）标记，以标记了的 Annexin V 作为荧光探针，利用荧光显微镜或流式细胞仪可检测细胞凋亡的发生。凋亡早期细胞仍保持膜的完整性，碘化丙啶（PI）不能进入细胞内，而凋亡晚期和发生继发坏死的细胞可同时被 Annexin

V-FITC和PI染色。利用流式细胞仪进行双参数分析，即可将凋亡细胞（Annexin $V^+$）与继发性坏死细胞（Annexin$V^+$和$PI^+$）区分开来，并能计算出阳性细胞的百分率。该方法染色时间短，检测速度快，对细胞活性影响不大。

## 二、检测方法

### （一）PI单染色法

**1. 试剂与仪器**

试剂：PBS、PI染液、70%乙醇。

仪器：400目筛网、流式细胞仪。

PI染液配制方法：将PI溶于PBS（pH 7.4）中，终浓度为100 μg/mL，用棕色瓶4 ℃避光保存。

**2. 方法**

（1）收集细胞数目$1\times10^6$～$5\times10^6$个/mL，500～1 000 r/min离心5 min，弃去培养液。

（2）3 mL PBS洗涤1次。

（3）离心去PBS，加入冰预冷的70%乙醇固定，4 ℃，1～2 h。

（4）离心弃去固定液，3 mL PBS重悬5 min。

（5）400目筛网过滤1次，500～1 000 r/min离心5 min，弃去PBS。

（6）用1 mL PI染液染色，4 ℃避光30 min。

（7）流式细胞仪检测

PI用氩离子激发荧光，激光光波波长为488 nm，发射光波波长大于630 nm，产生红色荧光。

（8）结果判断

可分析PI荧光强度的直方图，也可分析前散射光对侧散射光的散点图。在前散射光对侧散射光的散点图或地形图上，凋亡细胞与正常细胞相比，前散射光降低，而侧散射光可高可低，与细胞的类型有关；在分析PI荧光的直方图时，先用门技术排除成双或聚集的细胞以及发微弱荧光的细胞碎片，在PI荧光的直方图上，凋亡细胞在$G_1/G_0$期前出现一亚二倍体峰，如鲤喹乙醇中毒14 d后可见明显凋亡峰（图6-6）。如以$G_1/G_0$期所在位置的荧光强度为1.0，则一个典型的凋亡细胞样本的亚二倍体峰的荧光强度为0.45，可用鸡和鲑红细胞的PI荧光强度作参照标准，两者分别为0.35和0.7，可以确保在两者之间的不是细胞碎片而是完整的细胞。

### （二）Annexin V/PI双染色法

**1. 试剂与仪器**

（1）孵育缓冲液（10 mmol/L HEPES/NaOH、pH 7.4，140 mmol/L NaCl，5 mmol/L $CaCl_2$）。

（2）标记液（将Annexin V-FITC和PI加入孵育缓冲液中，终浓度均为1 μg/mL）。

（3）流式细胞仪。

**2. 方法**

（1）细胞收集

悬浮细胞直接收集到10 mL的离心管中，每样本细胞数为（1～5）$\times10^6$个/mL，500～1 000 r/min离心5 min，弃去培养液。

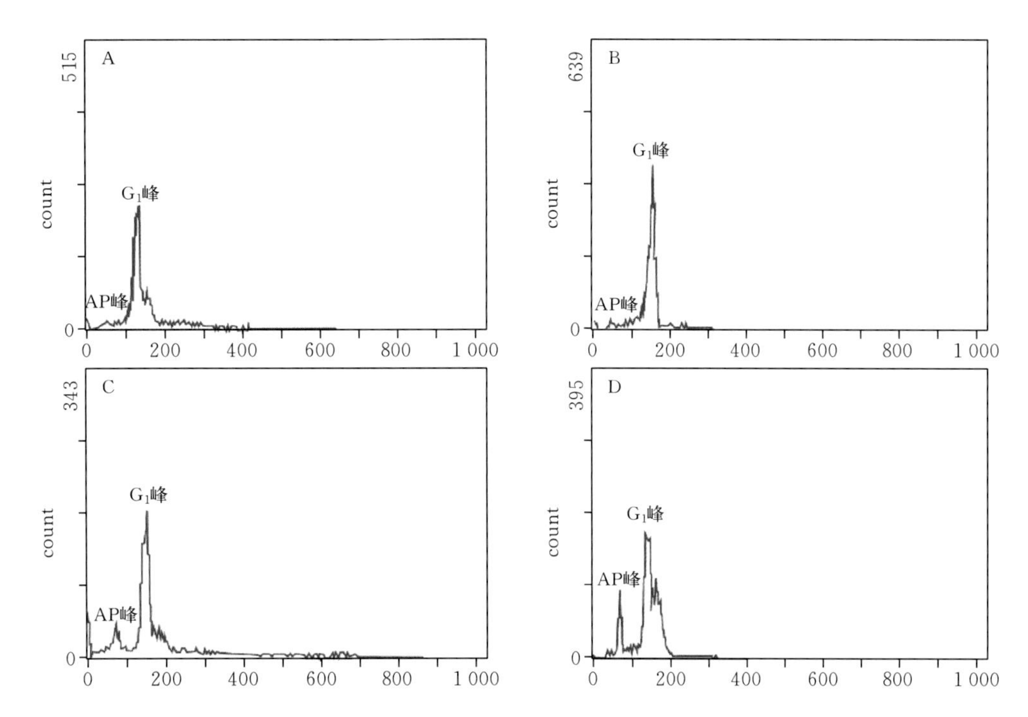


图 6-6　流式细胞仪检测鲤喹乙醇中毒后肝细胞的细胞凋亡变化

A. 对照组　B. 感染第 14 d　C. 感染第 25 d　D. 感染第 30 d

（2）用孵育缓冲液洗涤 1 次，500～1 000 r/min 离心 5 min。

（3）用 100 μL 的标记液重悬细胞，室温下避光孵育 10～15 min。

（4）500～1 000 r/min 离心 5 min 沉淀细胞，孵育缓冲液洗 1 次。

（5）加入荧光（SA - FLOUS）溶液，4 ℃下孵育 20 min，避光并不时振动。

（6）流式细胞仪分析

流式细胞仪激发光波长用 488 nm，用一波长为 515 nm 的通带滤器检测 FITC 荧光，另一波长大于 560 nm 的滤器检测 PI 荧光。

**3. 结果判定**

凋亡细胞对所有用于细胞活性鉴定的染料（如 PI）有抗染性，坏死细胞则不能。细胞膜有损伤的细胞 DNA 可被 PI 着染产生红色荧光，而细胞膜保持完好的细胞则不会有红色荧光产生。因此，在细胞凋亡的早期 PI 不会着染而没有红色荧光信号。正常活细胞染色情况与此相似。在双变量流式细胞仪的散点图（图 6-7）上，左下象限显示活细胞，为（$FITC^-/PI^-$）；右上象限是非活细胞，即坏死细胞，为（$FITC^+/PI^+$）；右下象限为凋亡细胞，显现（$FITC^+/PI^-$）。

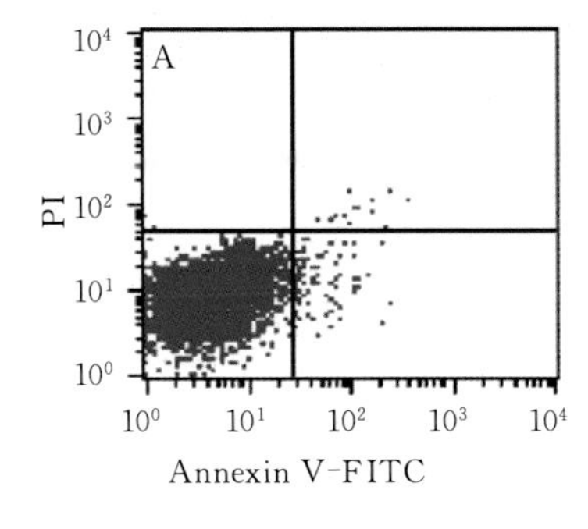


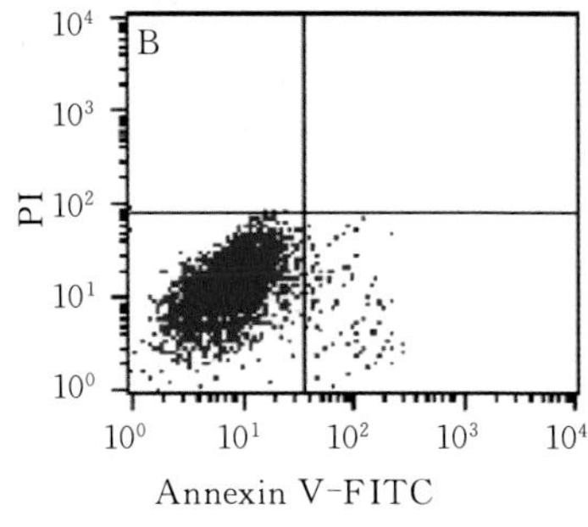


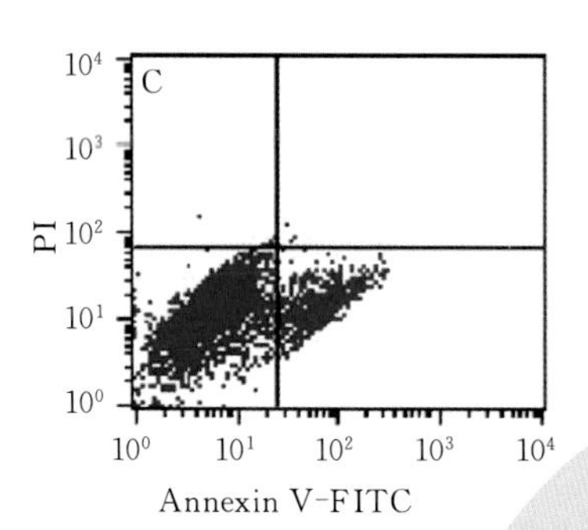

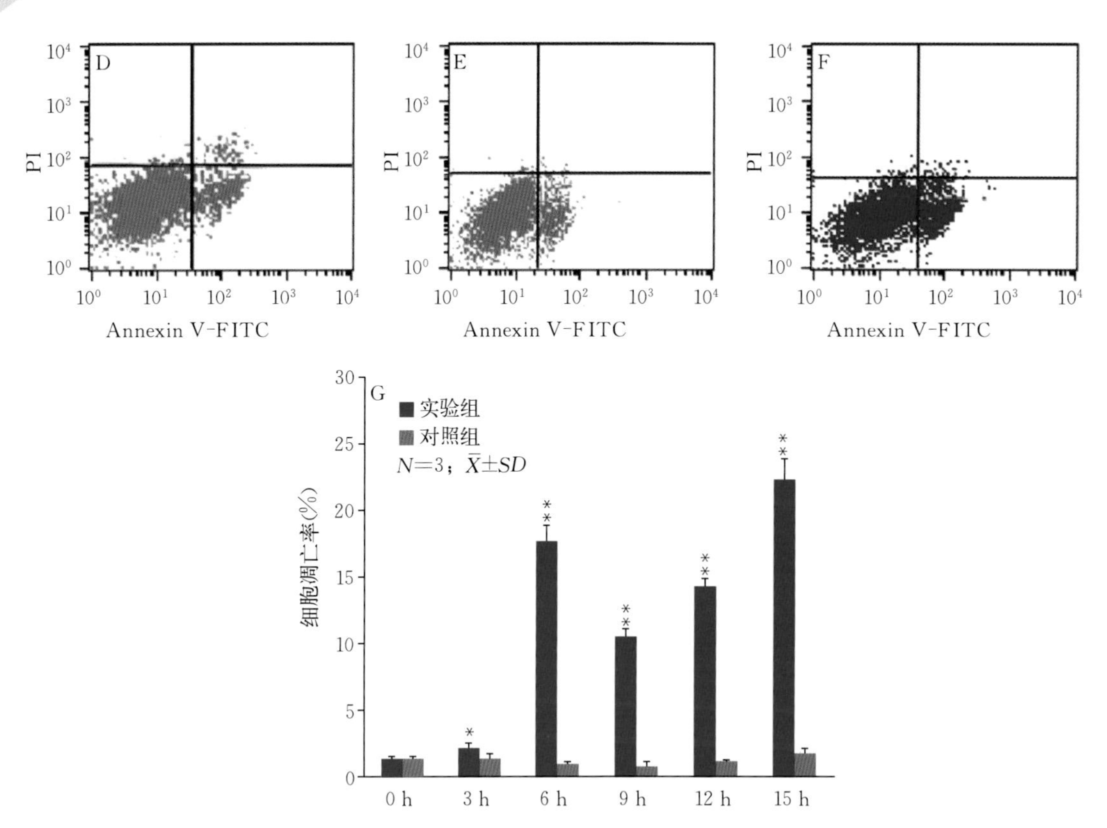


图 6-7　大鲵蛙病毒诱导 EPC 细胞凋亡的流式细胞仪检测结果

A. 感染第 0 h　B. 感染第 3 h　C. 感染第 6 h　D. 感染第 9 h

E. 感染第 12 h　F. 感染第 15 h　G. 细胞凋亡率（*表示差异显著，**表示差异极显著）

# 第四节 TUNEL 检测法

在细胞水平检测DNA裂解的原位标记技术已越来越多地被用于组织切片和培养细胞。细胞凋亡时，由于DNA的裂解，形成单或寡核小体的双链相对分子质量小的片段及在相对分子质量大的DNA上形成单的断裂。此类断裂的核苷酸在3′-OH端可用生物素、地高辛或荧光素标记予以显示。通常采用的酶是DNA聚合酶Ⅰ或末端脱氧核苷酸转移酶（terminal deoxynucleotidyl transferase，TdT），前者使核苷酸结合于缺口，需要模板存在，标记方法通常被称为原位缺口平移（*in situ* nick translation，ISNT），后者使核苷酸在双链的断端延伸，不需要模板的存在，其方法被称为末端标记（end labeling）或TUNEL检测。TUNEL的应用已很广泛，其优点是可用于原位标记，如用于组织病理切片中，并可进行定量分析。

## 一、原理

凋亡的特征是内源性核酸内切酶被激活，细胞自身的染色质或DNA被切割，出现单链或双链缺口，并产生与DNA断点数目相同的3′-OH末端。末端脱氧核苷酸转移酶可以将脱氧核糖核苷酸、荧光素、过氧化物酶、碱性磷酸化酶或生物素形成的衍生物标记到3′-OH末端，从而进行凋亡细胞的检测（图6-8）。

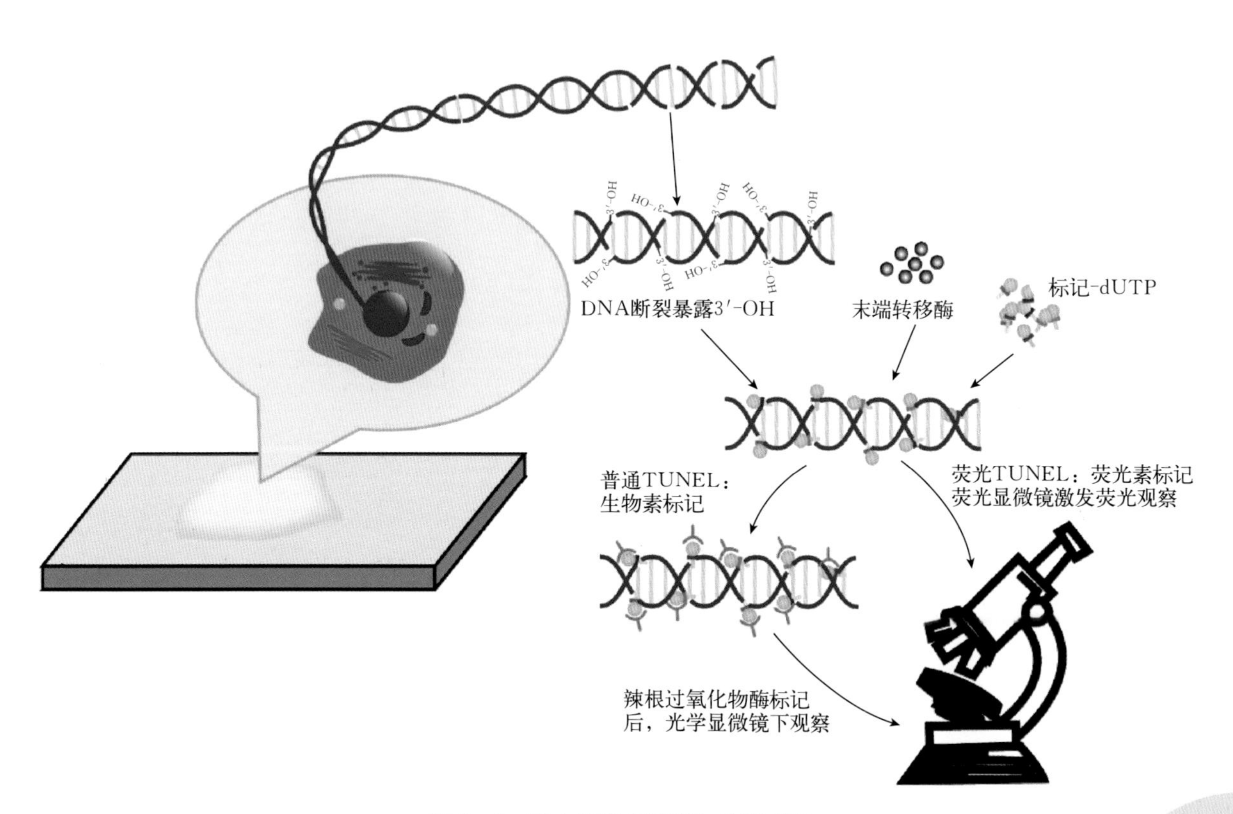


图6-8 凋亡细胞TUNEL检测原理

TUNEL检测属于末端脱氧核苷酸转移酶介导的缺口末端标记技术，是分子生物学和形态学相结合的研究方法，对完整的凋亡细胞核或凋亡小体进行原位染色，能准确地反映细胞水平细胞凋亡最典型的生物化学和形态特征，可用于石蜡包埋组织切片、冰冻组织切片、培养的细胞和从组织中分离细胞的细胞形态测定，并可检测出极少量的凋亡细胞，灵敏度远比一般的形态学方法和DNA条带测定法要高，而且快速、简单，通过阳性细胞计数和流式细胞光度计可进行定性和定量分析，因而在细胞凋亡的研究中被广泛采用。

## 二、检测方法

本节分别介绍两种用荧光显色的标记方法，即生物素（biotin）接合的dUTP（biotin－dUTP）标记法和地高辛（digoxin）接合的dUTP（digoxigining－dUTP）标记法，供研究者们参考，以适合不同的实验目的。

### （一）biotin－dUTP标记法

**1. 试剂与仪器**

（1）5倍浓度的TdT反应缓冲液，含有以下成分：1 mol/L碳酸钾或碳酸钠溶液、125 mmol/L Tris－HCl（4 ℃，pH 6.6）、1.25 mg/mL牛血清白蛋白（BSA）、10 mmol/L氯化钴。

（2）biotin－16－dUTP（Boehringer Mannheim Biochemical，Indianapolis，IN，USA）。

（3）TdT（Boehringer Mannheim Biochemical，Indianapolis，IN，USA）。

（4）含有荧光标记亲和素（avidin－FITC）的柠檬酸盐缓冲液，含有以下成分：4倍浓度SSC（Sigma Chemical，St. Louis，MO，USA）、2.5 μL/mL荧光标记亲和素（DAKO，Carpinteria，CA，USA）、0.1%（V/V）Triton X－100（Sigma Chemical，St. Louis，MO，USA）、10 mg/mL BSA（Sigma Chemical，St. Louis，MO，USA）。

（5）洗涤缓冲液（含0.1% Triton X－100及5 mg/mL BSA的PBS缓冲液）。

（6）荧光显微镜。

**2. 方法**

（1）经过PBS漂洗过的玻片，按50 μL/cm$^2$滴加反应液（见下），使反应液覆盖整个组织面（用塑料盖玻片加以覆盖，以保持组织或细胞均匀接触反应液），将玻片置于湿盒中，37 ℃下孵育30～60 min。

反应液（50 μL）的配制：

| | |
|---|---|
| TdT反应缓冲液 | 10 μL |
| biotin－16－dUTP | 1 μL（1 μg） |
| TdT | 0.2 μL（5U） |
| 双蒸水 | 38.8 μL |

（2）倒去玻片上的反应液，将玻片置入盛有洗涤缓冲液的染色缸中，洗涤15 min，其间每5 min换一次洗涤液。

（3）用吸水纸吸干玻片上组织或细胞周围的液体，滴加100 μL含有荧光标记亲和素的柠檬酸盐缓冲液，以塑料盖玻片覆盖，置湿盒中室温下避光30 min。

（4）倒去作用液，重复（2）步骤。

（5）根据实验需要进行DNA套染，以显示玻片上的全部细胞，并由此进行凋亡细胞计数或组织学定位。需要注意的是，套染的DNA染料浓度应尽量低，以不掩盖凋亡细胞的特异性标记为宜。若采用PI染料，建议染色终浓度为0.5～2 mg/mL（加1 mg/mL的RNA酶）。

（6）荧光显微镜观察：采用蓝色激发光，波长为488 nm。

（7）所有的细胞核均被PI着色，显示出红色荧光，而凋亡细胞被特异性地标记上FITC，显示出黄绿色荧光。

### （二）digoxigining-dUTP标记法

**1. 试剂与仪器**

试剂：DAB显色试剂盒、3%$H_2O_2$、TBS、蛋白酶K、抗体稀释液。

仪器：显微镜。

**2. 方法**

（1）石蜡切片常规脱蜡入水。

（2）新鲜配制3%$H_2O_2$，室温下处理10 min。蒸馏水洗涤3次，每次2 min。

（3）标本片加0.01 mol/L TBS，1∶200新鲜稀释蛋白酶K 37 ℃消化1～15 min，0.01 mol/L TBS洗3次，每次2 min。

（4）标本片加标记缓冲液（labeling buffer）20 μL/片，以保持切片湿润。按每张切片取TdT和DIG-dUTP各1 μL，加入18 μL标记缓冲液中，混匀。甩去切片上多余液体后加标记液20 μL/片。置样品于湿盒中，37 ℃标记2 h。

（5）0.01 mol/L TBS洗3次，每次2 min。

（6）加封闭液50 μL/片，室温下处理30 min，甩掉封闭液，不洗。

（7）用抗体稀释液1∶100稀释生物素化抗地高辛抗体（取1 mL抗体稀释液加生物素化抗地高辛抗体10 μL），混匀后50 μL/片加至标本片上。置样品于湿盒中，37 ℃反应30 min。0.01 mol/L TBS洗3次，每次2 min。

（8）用抗体稀释液1∶100稀释链霉亲和素-过氧化物酶（SABC），即取1 mL抗体稀释液加SABC 10 μL，混匀后50 μL/片加至切片。37 ℃反应30 min。0.01 mol/L TBS洗4次，每次5 min。

（9）DAB显色

取1 mL蒸馏水，分别向DAB试剂盒中加入A、B、C试剂各一滴，混匀后加至标本片上，显色10～30 min。水洗。

（10）苏木精轻度复染。0.01 mol/L TBS洗，蒸馏水洗。脱水，透明，封片。荧光显微镜观察。

（11）阴性对照组在步骤（4）中用0.01 mol/L TBS代替TdT和DIG-dUTP与标记缓冲液混合滴加到组织上，其余步骤不变。

**3. 结果判定**

细胞核中有棕黄色颗粒者为阳性细胞，即凋亡的细胞（图6-9）；阴性对照组中无阳性反应物，细胞核为蓝色。

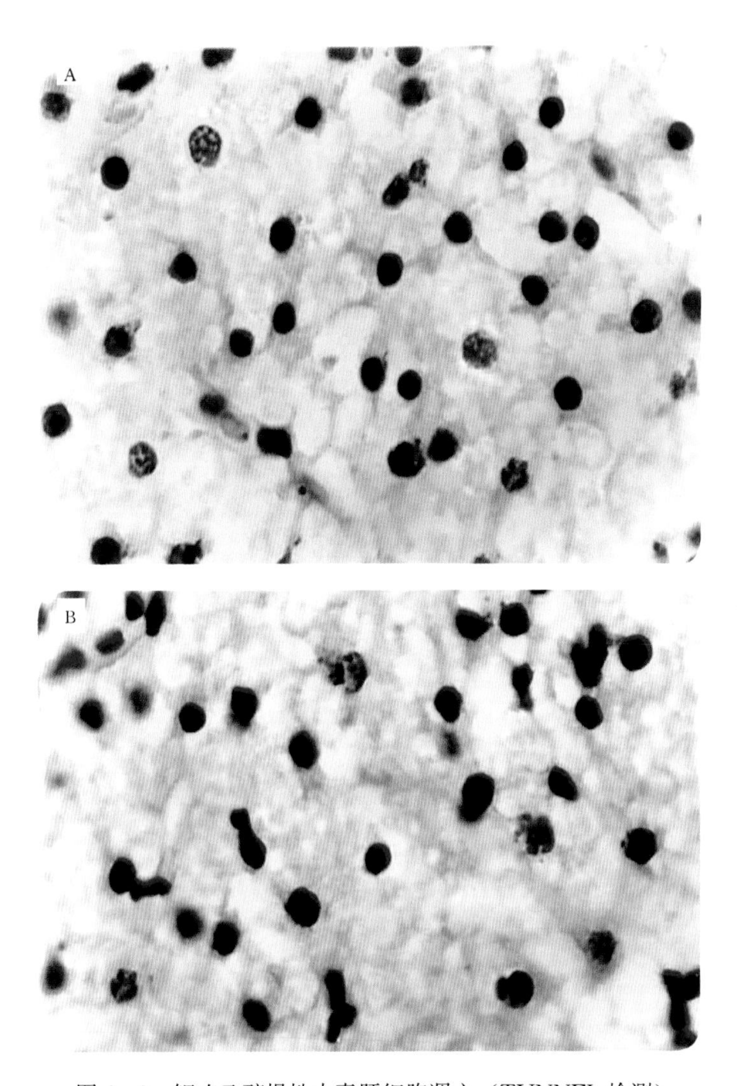

图 6－9　鲤喹乙醇慢性中毒肝细胞凋亡（TUNNEL 检测）
A. 中毒第 14 d　B. 中毒第 25 d

# 第五节 DNA ladder 检测法

细胞凋亡中染色体DNA的非随机降解是渐进的分阶段过程。染色体DNA首先在内源性核酸酶作用下降解为50～300 kb的大片段，然后大约30%的染色质DNA在$Ca^{2+}$和$Mg^{2+}$依赖性的核酸内切酶作用下被打断，形成180～200 bp核小体DNA及其多聚体。这一变化被认为是细胞凋亡的主要生化特征，也是细胞凋亡的最后阶段。

## 一、原理

由于细胞核染色质DNA断裂是细胞凋亡的标志特征，因此可以采用DNA梯状条带（DNA ladder）对细胞凋亡的内切酶裂解产物进行可视化研究。在细胞发生凋亡时，核酸内切酶被激活，染色质DNA在核小体间被切割成50～300 kb长的DNA片段，或180～200 bp整倍数的单或寡核苷酸片段，通过琼脂糖凝胶电泳时表现为特征性的梯状条带。细胞经处理后，采用常规方法分离提纯DNA，进行琼脂糖凝胶电泳和溴化乙啶染色，在凋亡细胞群中可以观察到典型的连续的梯形DNA图谱。如果细胞量很少，还可在分离提纯DNA后，用$^{32}P$ - ATP和末端脱氧核苷酸转移酶标记DNA，然后进行电泳和放射自显影，观察凋亡细胞中DNA ladder的形成。

该方法操作简单，但敏感性不高，灵敏度为$1\times10^{6}$个细胞（即检测水平为1 000 000个细胞），大量凋亡细胞同时存在时才会出现典型结果，且只能被用于细胞群体，不能用于组织的原位检测，故在凋亡细胞数量较少的情况下不推荐使用这种方法。这种方法还有其他缺点，由于DNA断裂发生在细胞凋亡的后期，缺乏DNA梯状结构并不能排除细胞早期凋亡的可能性。此外，DNA在制备过程中也会发生断裂，很难产生核小体，坏死细胞也会产生DNA片段。研究中可采用细胞凋亡DNA ladder检测试剂盒进行检测，其提供了一种简便、快速地提取染色质DNA的方法，并增加了对小片段DNA的回收，从而增强了检测的敏感性。

## 二、检测方法

### （一）试剂与仪器

试剂：PBS缓冲液、消化液、酚：氯仿：异戊醇混合液（25：24：1）、氯仿：异戊醇（24：1）、7.5 mol/L醋酸铵、100%乙醇、70%乙醇、TE缓冲液（pH 8.0）、TBE缓冲液、不含DNA酶的RNA酶、2%凝胶、10 mg/mL溴化乙啶（EB）。

仪器：电泳仪、UV投射仪、DNA分子量标准物（Bio - Rad Lab. Hercules，CA，USA）。

消化液的配制：100 mmol/L NaCl、10 mmol/L Tris - HCl（pH 8.0）、25 mmol/L EDTA（pH 8.0）、0.2 mg/mL蛋白酶K。

TE缓冲液（pH 8.0）的配制：10 mmol/L Tris - HCl、5 mmol/L EDTA。

2%凝胶的配制：取凝胶粉2 g，溶于100 mL 0.5倍的TBE缓冲液中，加热至沸腾，搅拌使其均匀。待凝胶温度降至50 ℃时，倒入模板待其凝固。

### （二）方法

**1.** 培养的悬浮细胞经离心（300 *g*，5 min）去上清液后，用冷（4 ℃）PBS 洗涤 2 次；培养的贴壁细胞用胰蛋白酶消化后收集，同样方法洗涤 2 次，离心并去掉上清，仅留细胞沉积物。

**2.** 向细胞沉积物中加入消化液，混匀后，于 50 ℃孵育 12～16 h。

**3.** 用酚∶氯仿∶异戊醇混合液抽提液 1 次，再用氯仿∶异戊醇混合液抽提 2 次。每次加入抽提液后混匀 5 min，然后离心（3 600*g*，5 min），吸取抽提物。

**4.** 向抽提物中加入醋酸铵，至终浓度为 2.5 mol/L，混匀后，加入 2 倍体积的 100%乙醇，4 ℃下静置 2 h。

**5.** 将抽提物在室温下离心（1 200 *g*，30 min），弃去上清。

**6.** 用 70%乙醇重复步骤 4，洗涤 1 次，弃去上清。

**7.** 真空抽干或空气干燥 DNA 抽提物。

**8.** 将提取的 DNA 用 TE 缓冲液溶解。

**9.** 取 10 μL 溶于 TE 缓冲液的 DNA 抽提物，加入 0.1U 无 DNA 酶的 RNA 酶，于 37 ℃孵育 1 h。

**10.** 吸取样品，在 2%的凝胶孔内加样；并在第一孔内加入 DNA 分子量标准物。

**11.** 将凝胶置于 0.5 倍 TBE 缓冲液的电泳槽内，在4 V/cm电压下电泳 7 h。

**12.** 将电泳后的凝胶置于 0.5 μL/mL 的 EB 水溶液中染色 30 min。

**13.** 用双蒸水洗涤凝胶 1～2 h，其间换水数次。

## 三、结果判定

将凝胶置于 UV 投射仪上观察，出现梯状电泳条带，最小的条带为 180～200 bp，其他的条带为其整倍数大小（图 6－10）。坏死细胞则出现弥散的电泳条带，无清晰可见的条带。正常细胞 DNA 基因条带因分子量大，迁移距离短，故停留在加样孔。

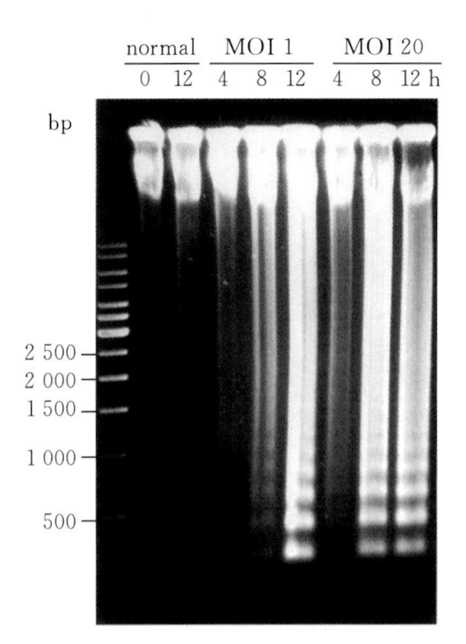


图 6－10　IPNV 感染致奇努克鲑胚胎细胞凋亡（normal：对照组；MOI：IPNV 感染组）

（引自 Hong et al.，1998）

# 第七章　水生动物其他相关病理技术

除了常规病理切片技术、染色技术外，还有一些其他相关病理技术，如大体病理技术、组织病理技术、超微病理摄影技术、病理标本保存技术等。这些技术不仅可以为病理机构或部门的建设提供指导，也能为病理历史资料的沉淀及各环节的标准化提供技术支持。这些技术的优劣不仅影响病理组织切片的质量，也直接关系到病理实验室的管理。

# 第一节 水生动物病理大体标本制作技术

病理大体标本是学习病理学的主要途径之一，也是病理实验教学的重要教学材料。对标本的全面学习，有利于学生直观地理解病理学的大体表现，从而加深对微观病理变化的理解和学习。病理学大体标本主要依靠病理工作人员在日常病理诊断、尸体解剖时发现并收集，将一些具有典型病理变化特点的组织器官经系列处理后补充病理标本库或用于教学。为了重现疾病的病变特点，病理大体标本的制作环节十分关键。

## 一、耗材及器械

器械主要包括各种型号的标本瓶、标本缸、手术刀、手术剪和长刃刀等。试剂主要包括37%～40%甲醛溶液、纯酒精等。标本瓶和标本缸的大小以适合标本大小为宜，太大影响观察，太小则会对标本造成挤压。水生动物病理学发展之初，多用玻璃材质（图7-1），但由于玻璃材质的标本瓶重量较大、易碎且造价高等特点，目前多采用透明度高、重量轻、防摔的有机玻璃材质的标本瓶替代（图7-2）。由于病理标本大小差异较大，既有刚出膜尚带有卵黄囊的仔鱼，也有体型巨大、超过1 m的成鱼；既有肉眼难以辨识的寄生虫、真菌等，也有病变明显的巨大肿瘤。为了更好地表达病变特征，应选择适合样本大小的标本瓶或标本缸存放。其中，对于微小标本，如寄生原虫、水霉等应用载玻片收集固定后保存。

手术刀、手术剪多为常规型号（图7-3）。不同大小、不同质地的组织可选择不同大小、不同锋利程度的手术刀或长刃刀，以得到切面平整、美观度高的标本。所用的固定液通常是10%福尔马林溶液（市售甲醛溶液用水1∶9稀释），既可使组织内的蛋白质和脂类等成分凝固，又防止了组织腐烂（图7-4）。若组织内存在黏液、淀粉和尿酸盐结晶等水溶性成分，应在剖检时将部分脏器切成组织块放入纯酒精中固定，切不可着水。

图7-1 玻璃标本瓶

图7-2 有机玻璃标本瓶

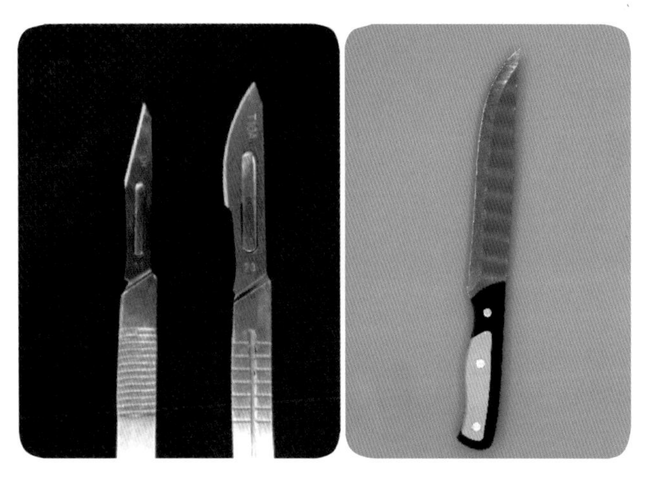

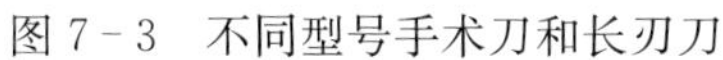
图 7-3 不同型号手术刀和长刃刀

图 7-4 无水乙醇和 40%福尔马林

## 二、取材原则及固定的一般方法

### （一）取材的原则

为更好地保存病变特征，标本应尽量新鲜，取材和固定都宜尽早进行，尽量保持与活体时相似的形态结构和物质成分特征。若长时间暴露在空气中，标本易出现自溶、形状改变、颜色改变等现象，失去标本保存的价值。在固定前应移除多余组织，保留完整器官，呈现的病变切面应典型且平整，尽最大努力展示标本的病理美感。针对不同大小的标本应采取不同的取材和固定策略，以便更清晰地还原标本原貌。

### （二）固定的一般方法

固定标本的容器宜宽大，容器口不宜过小，容器大小应尽量与标本大小相符。常用 10%福尔马林溶液作为水产标本固定液。配制方法：将市售甲醛溶液和水以 1∶9 的比例混匀后使用。如果是淡水鱼类可直接使用自来水，若是海水鱼类则使用海水。固定液的量应充分，与标本的比例应保持在 9∶1 以上，固定 24 h 后可换液 1 次，根据组织大小每隔 24 h 持续换液 2～3 次。固定时间应根据标本的种类和大小、固定液的性质、温度而适当调整。一般组织通常固定时间为 2～7 d。骨及骨肿瘤标本因其密度较大，固定时间一般为 2～3 周，较大的标本则需 4～5 周。固定液浓度不能过高或过低，浓度过高易使标本表层迅速硬化，阻碍固定液向标本内部渗透，导致内部组织固定不良，浓度过低又起不到固定作用，造成组织自溶、病变特征消失等后果。

## 三、制作方法

### （一）小规格标本的取材固定

当标本规格较小不能顺利取出器官，或取出器官太小不便于观察也不能塑造病理美感时，则可将标本整体固定保存。如鱼卵、携带卵黄囊的鱼苗、全长 10 cm 以下的幼鱼等均可整体留样保存。若需要呈现内脏病变，可用剪刀剪掉一侧腹部肌肉，暴露病变部位。

**1. 仔鱼、稚鱼的取材及固定**

由于仔稚鱼规格较小，全长通常小于 10 cm，想要展示不同内脏器官的病变较为困难，常常用于展示大型寄生虫，以及明显的腹部膨大、体表溃疡、水霉感染、烂鳃烂鳍等肉眼可见的病变。若需要展示体表可见的病理表现，如腹部膨大、体表溃疡、肤霉病、烂尾烂鳍、水蛭感染、锚头鳋感染等，可直接将病鱼麻醉后置于10%福尔马林固定液中固定。若要展示鳃部疾病，如细菌性烂鳃、鳃霉导致的鳃部病变等，则需要将病鱼麻醉后用眼科剪剪掉鳃盖、暴露鳃组织，直接置于10%福尔马林固定液中固定。对于此类标本，标本瓶的选择宜小，以适合标本大小为宜。

**2. 原虫、蠕虫、甲壳动物的取材及固定**

为了展示原虫、蠕虫、甲壳动物类寄生虫的虫体形态，也可对虫体进行标本的单独取材并固定保存。由于不同种类寄生虫的虫体大小差异较大，故取材及保存方法也存在一定的区别。

对于原虫类寄生虫，由于个体较小，通常只有在显微镜下才能清楚地辨别其形态，且由于不同原虫在寄主体内或体表的寄生部位不同，故在样本取材时有所差异。如寄生在血液的原虫可从尾静脉或心脏采血后利用血液涂片的方法采集，感染皮肤、肌肉、鳃、肠道、肝、肾等组织器官的原虫则可以触片方式采集。涂片和触片需先在空气中自然晾干，后经不同固定液固定并染色后制备成玻片标本，若需要长期保存，则可用二甲苯逐级透明后用环氧树脂胶封片烘干保存。常用的固定液有用于固定鞭毛虫的何氏液，用于固定黏孢子虫孢子或孢囊的4%～5%福尔马林，用于固定纤毛虫、变形虫的肖氏液，用于固定组织的葡翁氏液，用于固定球虫卵囊的2.5%戊二醛等。

蠕虫类寄生虫虽然比原虫更大，但不同蠕虫的个体差异较大，应根据不同的蠕虫种类选择合适的取材方法。如三代虫和指环虫个体较小，只有在显微镜下才能清晰地观察到其形态，故在取材时可参考原虫的取材方法。绦虫和棘头虫在取材时应注意保证其虫体的完整性，尤其应保留绦虫的头节和棘头虫的吻部，虫体采集后用清水清洗，之后用70%乙醇、巴氏液或10%福尔马林等固定24 h。大型的绦虫可将其头节和成熟的节片分别固定。线虫常用70%乙醇固定，可将固定液加热至70 ℃左右，将虫体放入后使其变直，冷却后再移入70%乙醇或5%～10%甘油乙醇中保存。线虫不需要染色，一般用甘油透明后观察，观察后的虫体仍然置于5%～10%甘油乙醇中保存。棘头虫固定前需在清水中清洗24 h，待吻部污物充分渗出后置于葡翁氏液、70%乙醇或Davidson's AFA固定液中固定。蛭类固定前应先麻醉，使其自然舒展，常用葡翁氏液或福尔马林固定。

甲壳动物类寄生虫如锚头鳋、中华鳋取材时应小心操作，将其埋在组织内的附肢或头部分离出来，在固定前应充分清洗，可用5%福尔马林固定后制作玻片标本。对于大型寄生虫如线虫、绦虫、棘头虫、锚头鳋、中华鳋等寄生虫，若想展示寄生虫在鱼体上的寄生情况，也可根据鱼体大小直接制作鱼类寄生虫病病理标本（图7-5）。

图7-5　寄生虫固定标本

A. 鱼怪固定标本　B. 草鱼肠道绦虫固定标本

### （二）大规格标本的取材固定

全长超过10 cm的大规格标本既可整体留样，也可将脏器单独留样取材，且由于大多数人工养殖的水生动物规格远不及人类和陆生家养动物，故多数病鱼均可采取整体固定的方式保存。整体固定应先暴露病变部位，如内脏病变应先打开腹腔，尽量暴露病变器官甚至移除其余非病变器官，以利于观察。若器官单独固定应根据不同器官的性质做不同的处理。

**1. 病鱼整体取材固定**

由于大部分水生动物个体大小适宜，相比于人类和陆生动物更适合整体固定，为了体现病变部位与机体整体的关系，可以进行整体固定。在固定前应评估病变部位的展示程度，若被其他组织遮挡，可将其他组织摘除后暴露病变器官（图7－6）。如鲤春病毒病发生时，在鲤的鳔上常常可见出血斑，但侧面剪开腹壁后发现大部分鳔被肠道和肝胰腺遮挡。为了突出显示鳔的出血病变，可将整个肝胰腺和肠道摘除，便于鳔充分暴露，更好地显示其病变。当病变发生在器官组织内部时，应用手术刀切一剖面，以更好地暴露内部病变。如草鱼出血病发生时，体壁肌肉可表现为明显的出血，此时可直接剥离体表皮肤暴露肌肉，也可用手术刀沿体纵轴方向切一整齐的剖面，显示肌肉内部出血情况。

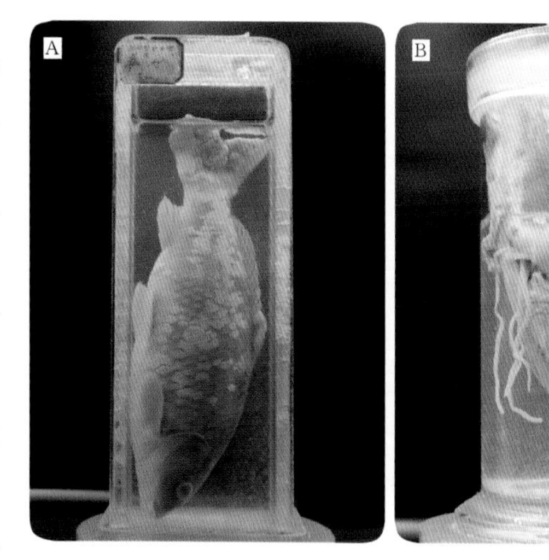


图7－6 病鱼固定标本

A. 鲤痘疮病固定标本 B. 草鱼绦虫固定标本

**2. 不同器官单独取材固定**

对于大型鱼类，其脏器较大且病变明显的，可以摘下病变器官单独取材固定。在实际操作过程中应根据器官大小、质地、病变位置等调整取材和固定方案。

（1）实质性器官

实质性器官，如肝，器官体积较大、质地较硬，若直接做器官整体固定，则固定液不易穿透，从而导致组织固定不良。固定前常用刀片沿器官长轴平整切成1～2 cm厚的薄片，将欲展示的切面向上放在固定容器中。若想展示肿瘤、脓肿或肉芽肿等病变，可用手术刀从病变中心切开，保留部分器官组织后再固定，这种方法便于观察病灶切面变化及病变在原器官中的位置和表现。由于大多数鱼类的脾和肾较小，故可直接固定。如鲈诺卡氏菌病发生后，肝胰腺、脾、肾上会出现多个大小不等的肉芽肿结节，此时既可剪开腹壁暴露肝胰腺、脾和肾，与鱼体一起整体固定，也可摘下肝胰腺、脾和肾，将多个相同的器官用透明的细尼龙丝线捆在透明的有机玻璃上，再放入盛有10%福尔马林的标本瓶或标本缸中。若想观察脏器内肉芽肿的情况或肉芽肿中心的情况，则可用手术刀从较大的肉芽肿中间剖开，使脏器露出一个剖面后再放入固定液中。对于鲤科鱼类的肝胰腺，如草鱼、鲤等，由于无法单独完整分离，故不采用器官单独取材固定的方式。

（2）空腔器官

鱼类的空腔器官主要包括胃肠道和胆囊。由于胃肠道较长，固定液不易进入，在固定时可用注射器将固定液注入胃肠腔内，再将消化道整体放入固定器中。若想展示黏膜面的情况，则需先剖开肠壁，清水轻轻冲洗掉胃肠腔内容物后，用透明的尼龙细线将其固定在带孔的有机玻璃板上。如鱼类细菌性肠炎发生时，肠道扩张，肠壁变薄，肠腔内积聚大量淡黄色或红色黏液，此时不必剖开肠道，可将整段肠道两端捆扎后再用透明尼龙细丝线固定在有机玻璃板上。当肠炎型草鱼出血病发生时，为了展示肠道黏膜面严重出血，可将肠道剖开，冲洗掉肠腔内容物，再用尼龙细丝线将整个黏膜面固定展示。当肠道内有大量寄生虫等异物时，如严重的绦虫病、线虫病发生时，则不必剪下消化道单独展示，可剖开部分肠段，半拔出寄生虫虫体以便观察，然后将带有虫体的胃肠道连同鱼体一起整体固定，呈现鱼体病原携带的病理状态。

（3）脑

鱼的脑位于脑室内，外由颅骨和皮肤肌肉包裹，固定液很难直接渗透入脑室固定，故在实际操作中，应尽量剥离头顶部皮肤肌肉和骨骼，暴露脑组织，以利于固定液的进入。由于鱼类的脑组织都较小，一般不单独取出后固定展示，常常连同鱼体整体固定，不仅能展示脑部病变，也有利于脑室病变的观察。

（4）鳃

大多数鱼的鳃组织存在于鳃腔中，少数鱼也有外鳃的存在。鳃也是鱼类最容易出现病变的器官之一，故鳃的大体标本的制备十分重要。若仅想展示鳃丝病理变化或异物，可直接剪掉鳃盖，暴露鳃组织后固定；若还想展示鳃弓病变，则需剪下全鳃，单独固定。如鳃黏孢子虫病发生时，鳃弓上可见大量巨大孢囊，此时可用眼科剪剪下鳃弓两端与鱼体的连接处，将多片带虫的病鳃用透明尼龙丝线固定在有机玻璃展示板上，置于10%福尔马林固定液中。

（5）心脏

鱼类的心脏存在于围心腔中，和脑一样体积较小，多与鱼体一起整体固定。但在固定前必须打开围心腔，暴露心脏，不仅有利于固定液的进入，而且可同时观察到心脏和围心腔的病变情况。若需要观察心脏内部病变，可将心脏剖开后再固定。

## 四、封固和标签

标本采集固定结束后即可进行封固保存，注意固定液不能太满，距瓶口或缸口应保留2～3 cm的距离。之后，在封固后的标本瓶上贴上标签，标明标本来源、器官名称、病变名称、日期及编号等必要项目。封固前可对固定的标本造型或位置固定后再封缸保存。包括直接装置和造型后装置。

直接装置：选择与标本大小相符的标本瓶/缸，将固定完成的样本直接放入后，盖上瓶盖或粘上缸盖，确保无渗漏即可。水产标本由于常常整体取材固定，故多采用直接装置即可封固。

造型后装置：对于摘取下的器官标本，特别是同一个标本瓶/缸中有多个器官存在时可经造型后再装置封固，过大、过重的标本易造成支架折断而不宜采用此方法。常用的方法有支架固定和有机玻璃板固定。支架固定是将玻璃棒制成合适的支架，用尼龙线将标本固定在支架上，连同支架一起放入标本瓶/缸中，以其不摆动为准。有机玻璃板固定是选择一块大小与标本适合的有机玻璃板，在适当位置打孔，再用尼龙线将标本固定在上面，最后一起放入标本瓶/缸中，常用于展示单面病变，如肠黏膜面出血、多个鳃瓣寄生虫孢囊等。

# 第二节 病理学摄影技术

病理学摄影是病理教学资料、档案资料收集及病理科学研究过程中的必要环节，涉及大体病理摄影、组织病理摄影和超微病理摄影等技术。优秀的病理学图像不但可清楚地反映病变组织的病理形态、色彩及其他病理特征，而且可表达病变机体的病理学“美感”，给人以深刻的印象，更容易辨明疾病特点。优秀的病理摄影照片若用于学术研究，也往往能达到更好的学术效果。在水生动物疾病病理摄影中，一方面需要体现目标组织的病变特点，另一方面更要体现感染性疾病的病原特征，抓住病原入侵的病理学依据，为病理诊断提供切实可靠、令人信服的证据。本部分对大体病理摄影技术、组织病理摄影技术和超微病理摄影技术进行了概述。

## 一、大体病理摄影技术

大体病理摄影是对水生动物大体病理变化的记录，与组织病理变化和超微病理变化结果相互印证，有利于病理学家下定病理结论。随着照相机的更新换代，大体病理摄影已经变得更加智能化、简便化，也不再需要使用胶卷和照片冲洗设备，对摄影者在照相过程中滤色镜的使用、曝光程度等专业要求也降低了一些，大大减轻了病理学家的摄影负担。随着数码照相机、单反相机的问世，大体病理摄影技术变得更为简便，拍摄数量也不再受到胶卷数量的限制，拍摄失败可无限次反复重拍修正，大大推动了大体病理摄影的发展。

大体病理摄影以最真实地反映病变特征为终极目标，应注意光线、相机质量等给拍摄带来的干扰，做到病变特征表达突出、色彩明亮真实、主题表达明确。另外，由于水生动物标本大小差异较大，拍摄距离等还应根据标本的大小进行适当调节，不仅可以单个标本成像，也可以多个典型标本共同成像，或正常与对照同时成像等。

如要表现鱼卵或卵黄囊鱼苗的病变情况，由于拍摄对象太小，使用数码相机拍摄时应特别注意焦距调整，防止照片模糊不清。其中，拍摄鱼卵时不宜直接使用数码相机拍摄，由于鱼卵过小，无法聚焦，病变部位病理变化也无法准确表达，故应该借助解剖镜进行放大后摄影，且拍摄过程中应注意尽量调暗背景并提高对比度，让拍摄目标更清晰、主题明确、视觉冲击力强（图7-7、图7-8、图7-9）。

图7-7 鲑卵黄囊鱼苗鳃出血
（引自《鲑鳟疾病彩色图谱》第二版，2018）

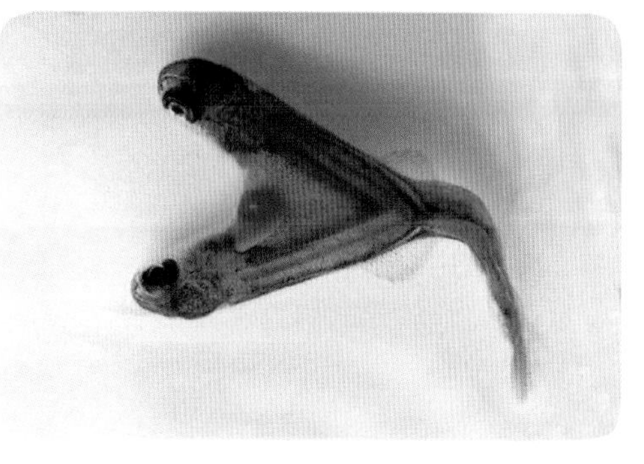

图7-8 鲑卵黄囊鱼苗发育畸形
（引自《鲑鳟疾病彩色图谱》第二版，2018）

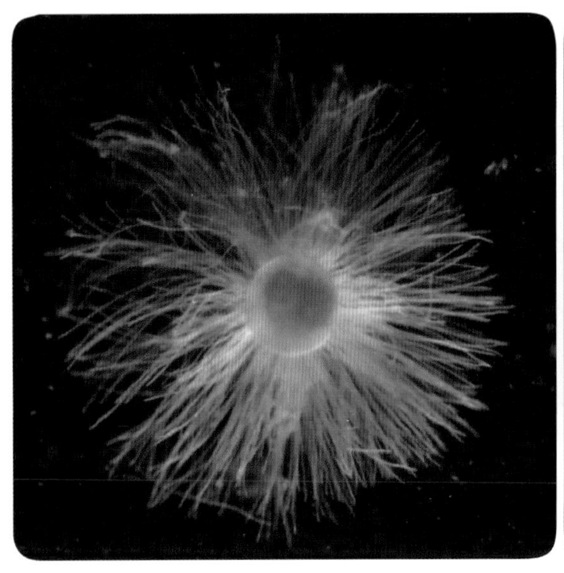

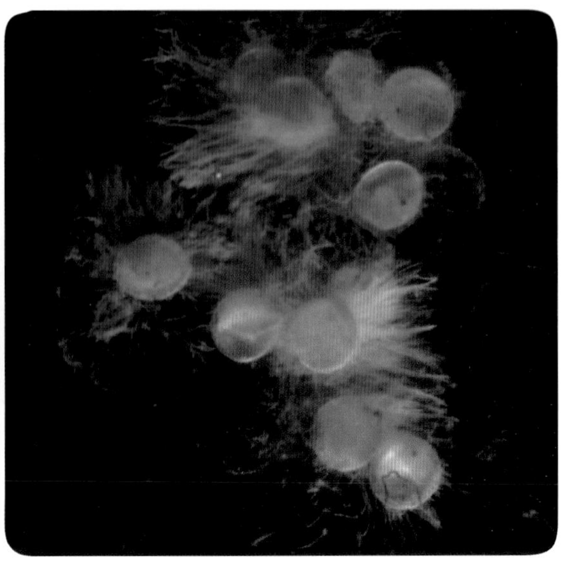

图 7－9 鲤卵感染水霉后呈现明显“太阳籽”样表现

相对而言，拍摄个体较大的水生动物更易操作，更易表达出病理学家的想法，也更易得到效果好的照片。若有条件，除了对病变部位单独拍摄外，还应与正常对照及不同发病程度的其他个体对比拍摄，以有利于读者迅速获取病变信息，也让照片更生动，表达的病理信息更明确。如鲤硒缺乏时可引起明显的肌肉萎缩症，以背部肌肉萎缩最为典型，表现为明显的“瘦背病”。为了表达出这一病理变化特征，可将发病鱼与正常鱼置于同一视野下拍摄，以突出“瘦背病”的异常表现。此外，为了让读者更清楚地了解肌肉的萎缩程度，可将整条鱼横切，掏空内脏后保留体壁肌肉骨架，并与正常对照对比拍摄，既可突出病变程度，又能增加照片的美感，提升拍摄效果（图 7－10）。

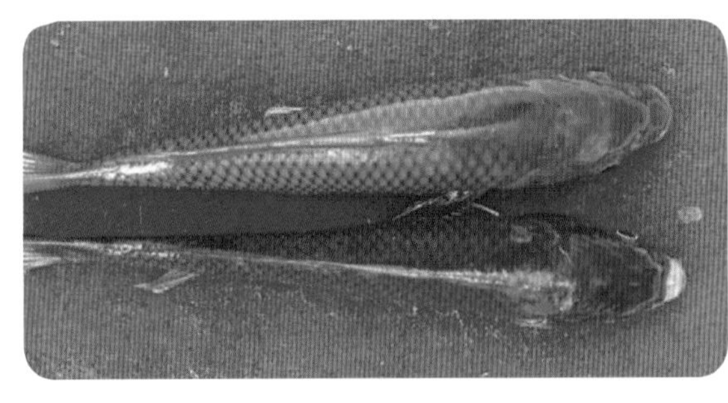

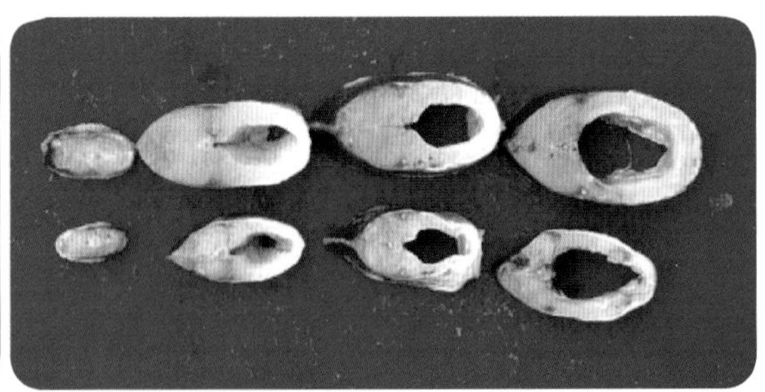

图 7－10 图片背景整洁、对焦准确、图像清晰、主题表达突出

（上：正常对照；下：硒缺乏的鲤背部肌肉萎缩）

除了主题表达突出、对焦准确以外，在拍摄过程中还应特别注意背景干净、整洁，特忌背景杂乱无序，干扰病理主题的表达（图 7－11）。此外，还要注意照片整体光线应柔和、均匀、明亮，不应出现曝光过度或部分区域明显反光、阴影等（图 7－12、图 7－13）。

图 7-11 图片背景杂乱，主题表达欠突出（示草鱼维氏气单胞菌病）

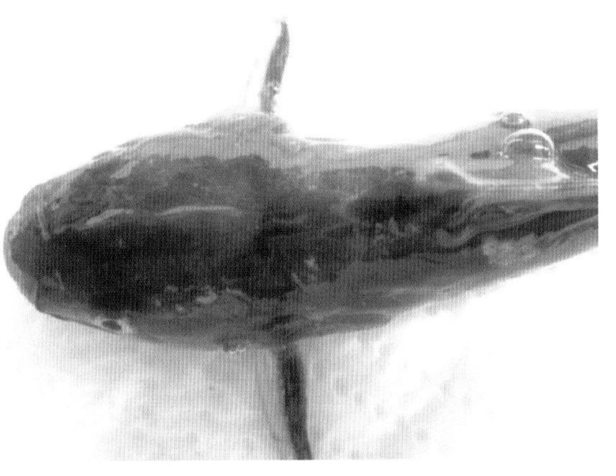

图 7-12 图片曝光过度，对焦不准，图像模糊（示黄颡鱼爱德华氏菌病）

图 7-13 照片主题表达突出，对比清晰，但鳃丝部分区域严重反光，降低了照片质量（示草鱼烂鳃病）

## 二、组织病理摄影技术

组织病理摄影是获取组织病理变化非常重要的一环，是形成病理诊断报告、研究报告及病理教学等的必备手段。该技术利用数码显微摄影系统，将光学显微镜与照相装置相连，最后将拍摄后的照片输出存储于计算机上，可同时供多人观看或作为资料保存供日后科研教学使用。组织病理摄影以清楚体现病变部位在组织中的大小、范围及病理变化主要特征为目标，得到的组织病理图片应病理特征表达清楚、色彩明亮鲜艳、无色差。

### （一）光学显微镜的结构及使用

**1. 光学显微镜的结构**

光学显微镜（optical microscope）是利用光学原理，把人眼所不能分辨的微小物体放大成像，以供人们提取微细结构信息的光学仪器（图 7-14）。光学显微镜由两个重要的部分组成：光学系统和机械装置。

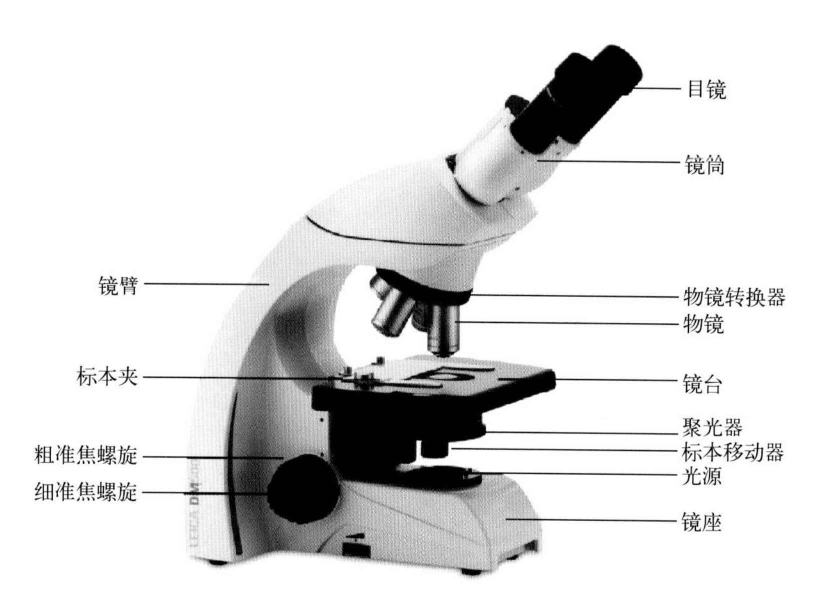


图 7－14　光学显微镜的构造

（1）光学系统

显微镜的光学系统主要包括物镜、目镜、反光镜和聚光器四个部件。此外，广义的说法还包括光源、滤光器、盖玻片和载玻片等。

物镜：是决定显微镜性能的最重要部件，安装在物镜转换器上，接近被观察的物体，故叫作物镜或接物镜。物镜的放大倍数与其长度成正比，物镜越长，放大倍数越大。

目镜：因为目镜靠近观察者的眼睛，因此也叫接目镜，安装在镜筒的上端。通常目镜由上下两组透镜组成，上面的透镜叫作接目透镜，下面的透镜叫作会聚透镜或场镜。目镜的长度越短，放大倍数越大（因目镜的放大倍数与目镜的焦距成反比）。

聚光器：也叫集光器。位于标本下方的聚光器支架上。它主要由聚光镜和可变光阑组成。其中，聚光镜可分为明视场聚光镜（普通显微镜配置）和暗视场聚光镜。聚光镜的作用相当于凸透镜，起会聚光线的作用，以增强标本的照明。

可变光阑也叫光圈，位于聚光镜的下方，由十几张金属薄片组成，中心部分形成圆孔。其作用是调节光强度和使聚光镜的数值孔径与物镜的数值孔径相适应。可变光阑开得越大，数值孔径越大（观察完毕后，应将光圈调至最大）。在可变光阑下面，还有一个圆形的滤光片托架。

反光镜：是一个可以随意转动的双面镜，一面为平面，一面为凹面，其作用是将从任何方向射来的光线经通光孔反射上来。反光镜装在聚光器下面，可以在水平与垂直两个方向上任意旋转。平面镜反射光线的能力较弱，是在光线较强时使用；凹面镜反射光线的能力较强，是在光线较弱时使用。观察完毕后，应将反光镜垂直放置。

照明光源：显微镜的照明可以用天然光源（如自然光线）或人工光源（如显微镜灯、日光灯）。

滤光器：安装在光源和聚光器之间。作用是让所选择的某一波段的光线通过，而吸收掉其他的光线，即为了改变光线的光谱成分或削弱光的强度。分为两大类：滤光片和液体滤光器。

盖玻片和载玻片：盖玻片和载玻片的表面应相当平坦、无气泡、无划痕。最好选用无色、透明度好的，使用前应洗净。

（2）机械装置

显微镜的机械装置是显微镜的又一重要组成部分。其作用是固定与调节光学镜头，固定与移动标本等。主要由镜座、镜臂、载物台、镜筒、物镜转换器与调焦装置组成。

镜座和镜臂：镜座支撑整个显微镜，装有反光镜，有的还装有照明光源。镜臂支撑镜筒和载物台，分固定、可倾斜两种。

载物台（又称工作台、镜台）：载物台的作用是安放载玻片，有圆形和方形两种，中心有一个通光孔，通光孔后方左右两侧各有一个安装压片夹用的小孔，分为固定式与移动式。有的载物台的纵横坐标上都装有游标尺，一般读数为 0.1 mm，游标尺可用来测定标本的大小，也可用来对被检部分做标记。

镜筒：镜筒上端放置目镜，下端连接物镜转换器。分为固定式和可调节式两种。机械筒长（从目镜管上缘到物镜转换器螺旋口下端的距离称为镜筒长度或机械筒长）不能变更的叫作固定式镜筒，能变更的叫作可调节式镜筒，新式显微镜大多采用固定式镜筒，国产显微镜也大多采用固定式镜筒。

安装目镜的镜筒，有单筒和双筒两种。单筒又可分为直立式和倾斜式两种，双筒则都是倾斜式的。其中双筒显微镜，两眼可同时观察以减轻眼睛的疲劳。双筒之间的距离可以调节，而且其中有一个目镜有屈光度调节（即视力调节）装置，便于两眼视力不同的观察者使用。

物镜转换器：物镜转换器固定在镜筒下端，有 3～4 个物镜螺旋口，物镜应按放大倍数高低顺序排列。旋转物镜转换器时，应用手指捏住旋转碟旋转，不要用手指推动物镜，因时间长容易使光轴歪斜，使成像质量变坏。

调焦装置：显微镜上装有粗准焦螺旋和细准焦螺旋。有的显微镜粗准焦螺旋与细准焦螺旋装在同一轴上，大螺旋为粗准焦螺旋，小螺旋为细准焦螺旋；有的则分开安置，位于镜臂的上端较大的一对螺旋为粗准焦螺旋，其下方较小的一对螺旋为细准焦螺旋。粗准焦螺旋转动一周，镜筒上升或下降 10 mm，细准焦螺旋转动一周，镜筒升降值为 0.1 mm，细准焦螺旋调焦范围不小于 1.8 mm。

**2. 光学显微镜的使用**

由于每个人的视力调节能力不同及可能存在近视度数的差异，在开始正式观察组织切片之前，不同的使用者应先将显微镜调整到适合自己视力的最佳范围，以便能找到显微镜下最细微的组织病理学变化。

（1）目镜距离调节

显微镜的目镜多为双筒目镜，但也有少数单筒目镜，这里重点介绍双筒目镜的使用。由于每个人的瞳距不同，故在观察第一步应先调节目镜的距离。先将组织切片置于载物台上，将目镜镜筒距离拉到最大，双眼向目镜靠近到适宜距离，然后将目镜镜筒距离慢慢向中间拉近，直到眼下的两个视野合并成一个视野则调节完成。若不能一次找到目镜的最佳位置，则应重复以上动作直至变成一个视野。

（2）聚光调节

将物镜旋转至 4 倍镜头，观察视野中明视野与暗视野的位置与对比度，调节聚光镜的位置和高矮，将明视野调至中央并使明暗视野的交界边缘清晰锐利。

（3）双眼焦距调节

大部分人双眼视力存在一定的差异，为了保证最佳的观察效果，需要对双眼焦距分别进行调节。首先睁开对准固定式镜筒的一边眼睛，闭上另外一只眼睛，调节粗细准焦旋钮，直到视野内组织变得清晰；之后两眼交替，闭上固定式镜筒一边的眼睛，睁开调节式镜筒一边的眼睛，轻轻旋动调节式镜筒，直到视野变得清晰。

（4）组织病理观察

当以上步骤完成后，显微镜已经调整至适合观察者的最佳状态，此时可根据需要在不同的放大倍数下观察。注意观察寄生虫时可适当调暗视野，增加对比度，而观察细菌或细胞细微病理变化时应滴加香柏油使用油镜进行观察。

### （二）组织病理摄影技术

若组织病变范围较广，呈弥漫性表现，则组织病理摄影时应先拍摄低倍视野下的病变范围及表现，再逐渐放大进入中高倍视野，拍摄病变区域具体部位的病理变化，以明确病理损伤的主要细胞、浸润的炎症细胞类型及增生的主要细胞种类等。如鲈诺卡氏菌病发生后，在全身多个脏器可出现明显的增生，并可见不同程度的肉芽肿样变，为了体现该病在器官中的病变范围及危害程度，可先拍摄低倍视野的病理表现，之后逐渐放大，对肉芽肿进行重点拍摄（图 7－15）。

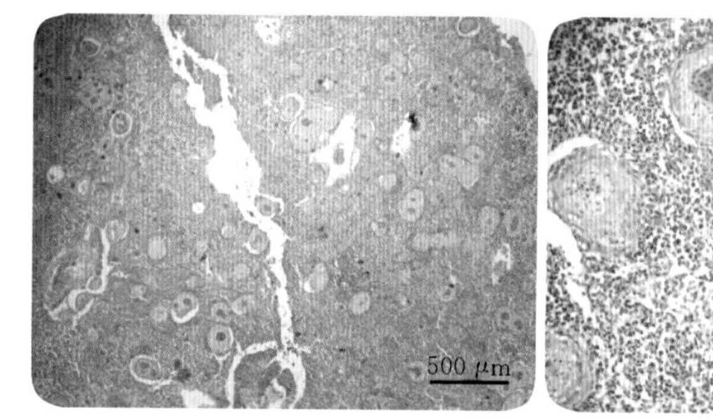

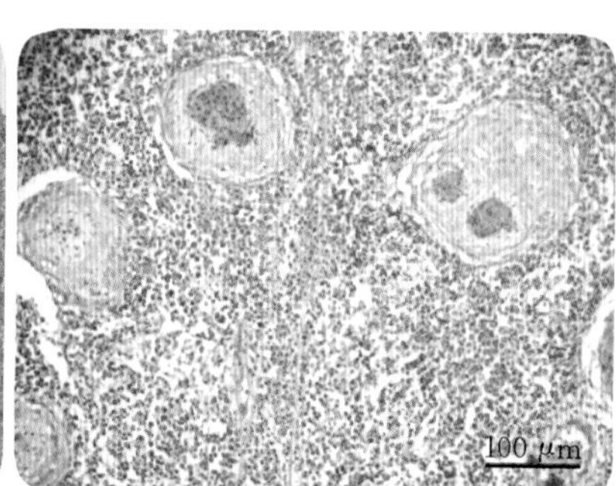

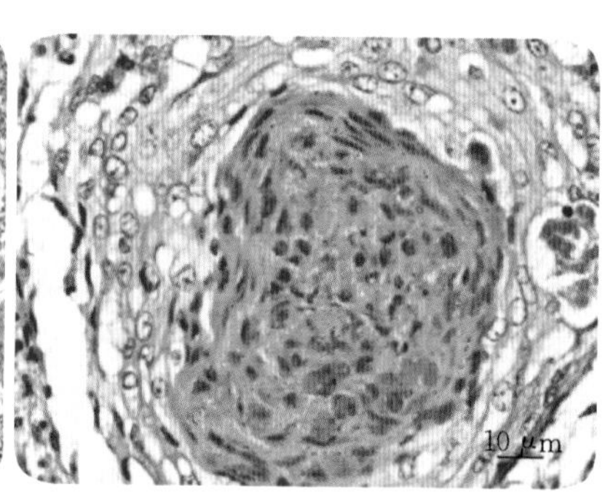


图 7－15　鲈诺卡氏菌病头肾大范围弥漫性肉芽肿增生（左），可见明显肉芽肿形成（中），肉芽肿中间为包裹的坏死细胞，边缘为上皮样细胞（右）

由于水生动物疾病多以感染性疾病为主，故在拍摄过程中应使用油镜，以追踪致病病原微生物，找到发病病因，从而进行准确的病理诊断。常常需要在炎症、出血、坏死、增生等病理变化表现明显的区域进行高倍油镜观察拍摄，以找到病原微生物的入侵部位，感染的细胞类型，是胞内入侵还是胞外入侵等。通常只有细菌、真菌等体型较大的微生物以及寄生虫才容易在光学显微镜下发现（图 7－16、图 7－17）；而胞内菌、胞内寄生虫等虽然也可以通过光学显微镜观察，但由于个体太小，往往需要有经验的病理学家才能辨别；病毒由于太小，如果分散排列，则在胞内不能形成明显的胞内包涵体，不能通过光学显微镜鉴别，但有些病毒在大量繁殖时由于病毒颗粒排列整齐，数量较大，在光镜下往往呈现典型的胞内包涵体，可做鉴别诊断（图 7－18）。如锦鲤疱疹病毒病发生时，鳃小片上可见大量巨大细胞，肿大的细胞核内可见粉红色包涵体（图 7－19）。

此外，对于特殊染色的切片，如 Diff quick 染色、Gram 染色、Giemsa 染色、油红 O 染色、马氏染色、银染等，以及一些分子病理学检测如原位杂交、原位 PCR 检测的切片，染色完成后应尽快照相并保存，防止时间过久颜色消退。

组织病理摄影常见的摄影失败包括图片模糊、对焦不准、存在背景偏色、呈现的病变部位不典型、表达主题欠清晰等（图 7－20）。

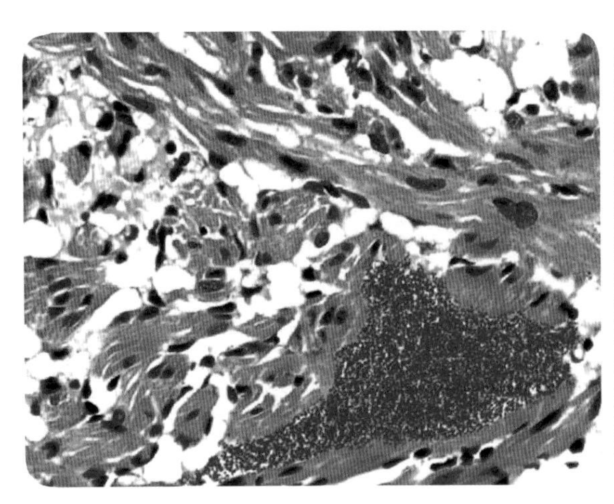

图 7-16　虹鳟疖病，可见心肌海绵层中的细菌团块
（引自《鲑鳟疾病彩色图谱》第二版，2018）

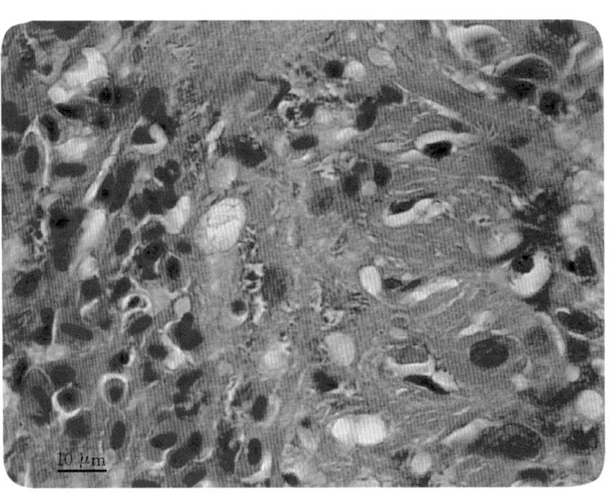


图 7-17　大西洋鲑暴发冷水性弧菌病后心肌海绵层可见杀鲑弧菌（*Vibrio salmonicida*）弥漫性浸润
（引自《鲑鳟疾病彩色图谱》第二版，2018）

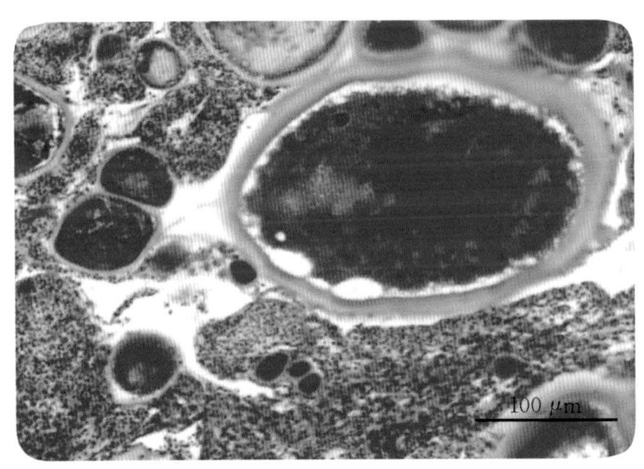


图 7-18　淋巴囊肿病增生的结节中可见大量巨大细胞，胞质内可见巨大蓝色包涵体

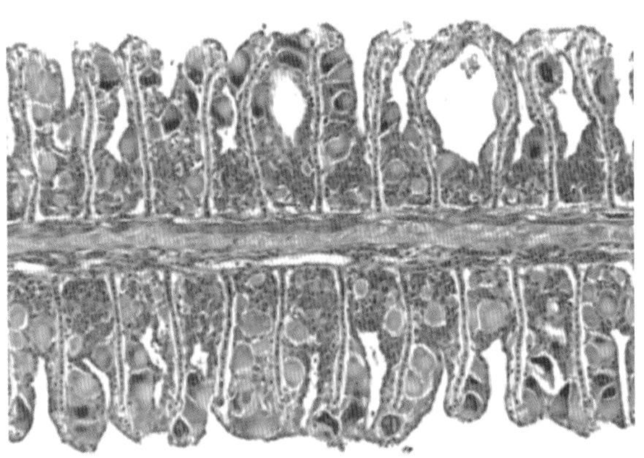

图 7-19　锦鲤疱疹病毒感染后鳃小片上出现大量巨大细胞，其细胞核内可见粉红色包涵体
（David Groman）

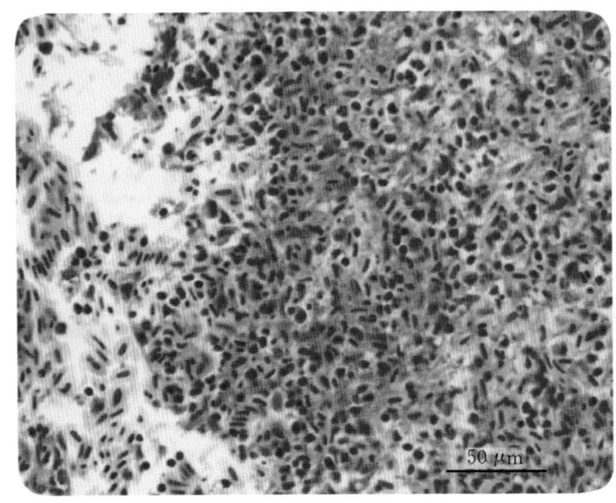


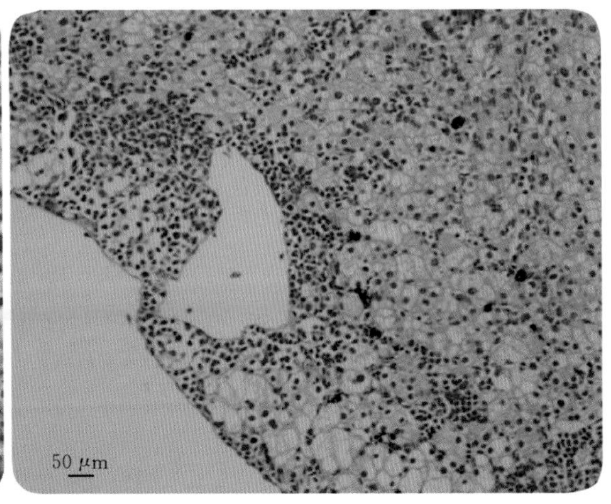


图 7-20　组织病理摄影失败示例
A. 图片背景明显偏蓝　B. 色彩欠鲜艳，亮度不够

## 三、超微病理摄影技术

超微病理摄影采用电子显微镜观察和拍摄。早期的电子显微镜需要使用胶卷拍摄并冲洗后才能获得照片，且分辨率较低。随着电子显微镜的升级换代，目前已与数码相机结合，照片的获得再也不需要胶片，与大体和组织病理摄影一样，照片可存储在电脑硬盘中，照相过程中可以多次摄影反复纠错，且分辨率更高，使超微病理摄影更方便、快捷。

与大体病理和组织病理检测技术相比，超微病理检测技术耗时较长，相对烦琐，故在科研和临床上的使用频率稍低，常常在需要观察细胞的超微病理损伤或需要找到一些胞内微生物如病毒、细菌、胞内寄生虫等时才使用。由于超微病理放大倍数往往较大，很难全面体现组织病变位置和范围，故超微病理摄影主要以表达单个或多个细胞的病理变化为主，且更多的是表达细胞内细胞器的病理变化。超微病理摄影时应主题突出、显示清晰、大小适中。

如当鲤浮肿病毒（carp edema virus，CEV）感染鲤后，会导致各组织器官出现不同程度的病变，其中鳃、肾病变最为明显。主要表现为鳃小片上皮细胞大量增生，伴随脱落和坏死出现，使得相邻的鳃小片发生粘连，炎性细胞浸润；肾小管上皮细胞肿胀变性，可见炎性细胞浸润和多灶性坏死。其他组织病变常见为肝细胞肿胀、脾髓萎缩、皮肤结缔组织水肿和肌肉纤维混浊肿胀（图 7－21）。电镜观察到的细胞变化包括线粒体损伤和变性，尤其是肝细胞、肾小管上皮细胞和心肌细胞。由于鳃是病毒复制的主要器官，通常能在患病鱼的鳃中观察到病毒颗粒，也有研究报道在肾中观察到 CEV 病毒颗粒。

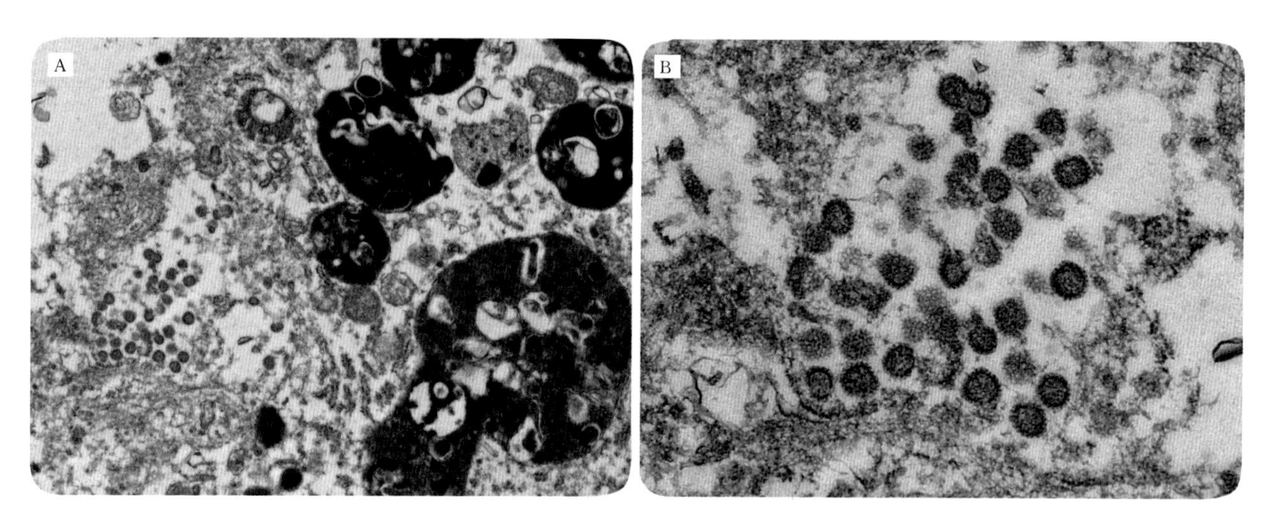


图 7－21 图片清晰，表达主题清楚，对比度明显（示鲤水肿病脾）

A. 脾实质细胞内能观察到大量次级溶酶体 B. 脾实质细胞内可见大量聚集的病毒粒子

常见的超微病理摄影失败包括由于染色失败导致的各细胞器电子密度较低、对比度差；焦距未调节准确导致的图像模糊不清、主题表达不明确以及构图层次感差等。如在拍摄草鱼红肌组织的超微结构时，为了突出草鱼红肌组织线粒体密集这一特点，在构图时将肌原纤维及线粒体拉入同一视野，图片有良好的层次感，但由于拍摄时焦距调节失败及受到电子显微镜分辨率的影响，导致照片对比度差、模糊不清，拍摄失败（图 7－22）。

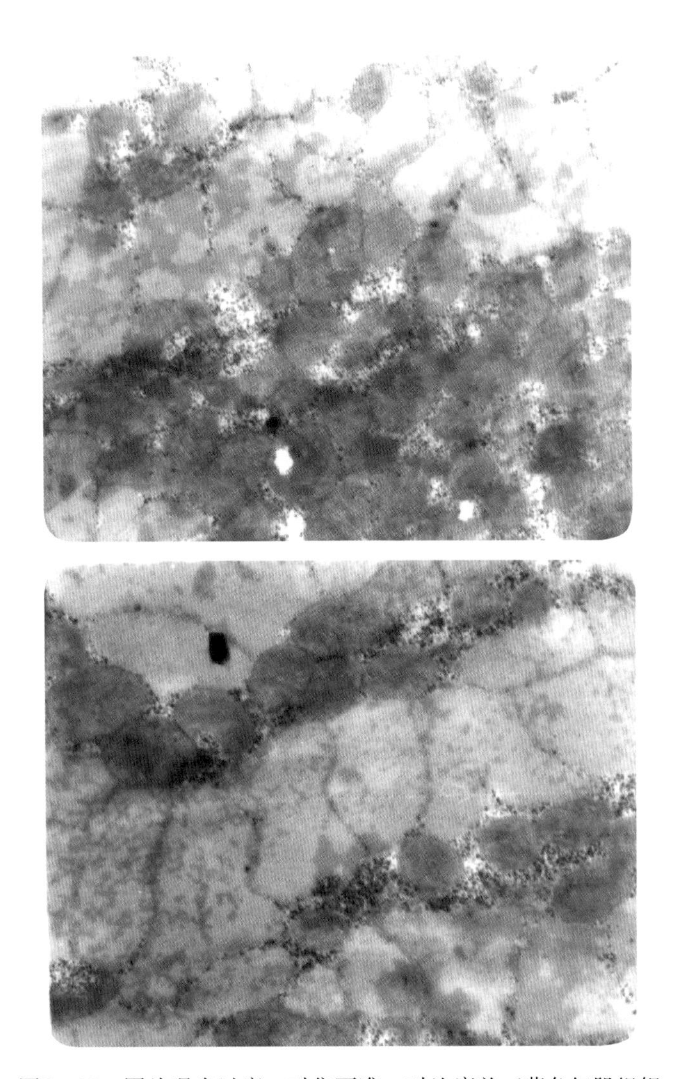

图7－22　图片曝光过度，对焦不准，对比度差（草鱼红肌组织，可见大量密集分布的线粒体）

# 第三节　病理档案管理

病理档案管理是病理学的重要内容，完整、良好的病理档案管理不仅对病理从业者诊断水平的提高有重要意义，而且在病理教学、科研工作中具有非常重要的作用。常包括大体标本档案管理、组织切片档案管理、蜡块及文档档案管理。

## 一、大体标本档案管理

由于大体标本档案所占场地较大，故多选择特殊或典型的大体标本存档。将制作好的标本装瓶、编号后贴上标签，整齐陈列在标本橱内，以用于教学、科研。注意同一套材料的编号应与文档档案、切片档案和蜡块档案相一致。

### （一）陈列场所

标本存储场所应为室内通风良好、防潮隔尘、避免阳光直射的房间或通道，温度以 15～20 ℃为宜，墙面、地面平整，符合普通实验室建设标准，各转角处最好为圆角，便于清扫。若条件允许还可在天花板或标本架上多安置照明灯，使光线明亮均匀，便于观察。陈列场所内还可设定展示说明牌，以对展示的标本进行详细说明，方便观察者对比学习。此外，应设置抽风系统，保持室内空气流通，保证科研人员的安全。

### （二）陈列柜

为了承托标本的重量，陈列柜应具有良好的承重能力，宜采用木质或金属框架，目前多采用铝合金材质，承重力好，也便于清洁。除底部框架外，其余各面可为中空或玻璃，方便观察。为了防止标本掉落，陈列柜一般不挪动。摆放时应以全开放通道方式摆放，四面任何一面都不要靠墙。通道应宽敞，方便运送标本的小型推车进出。

### （三）标本的摆放

水产病理标本的摆放可以按不同疾病类型摆放，方便学生系统学习。可分为病毒性疾病、细菌性疾病、寄生虫性疾病、真菌性疾病和其他因素导致的疾病等不同类别，每一种类别中又可再进一步细分。且在摆放时应将较重的大型标本放在陈列柜的下层，以降低标本掉落的风险，保障人员安全。

## 二、组织切片档案管理

组织切片存档需要的空间较小，可以根据样本量进行存档规划。如样本量太多，可按天或按月分别装箱保存；若样本量小，则可按年装箱保存。每张切片应有明确的编号，且应与其他档案材料如文档和蜡块档案编号一致，所有的切片应按编号顺序或时间顺序存档，置于切片柜中（图 7-23、图 7-24、图 7-25）。

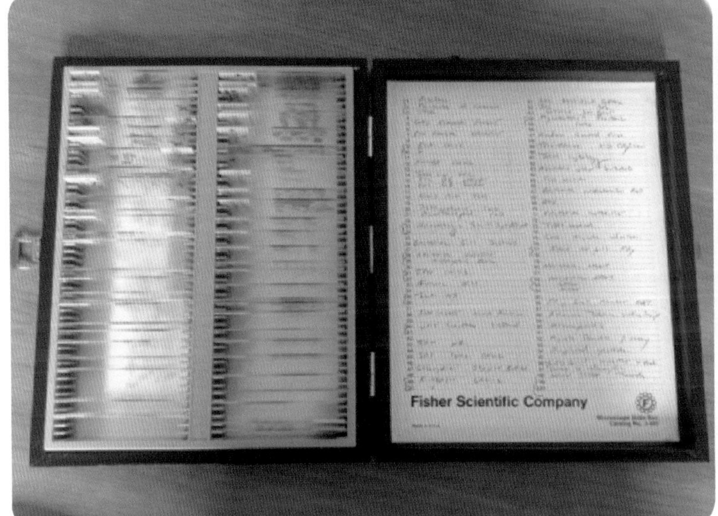


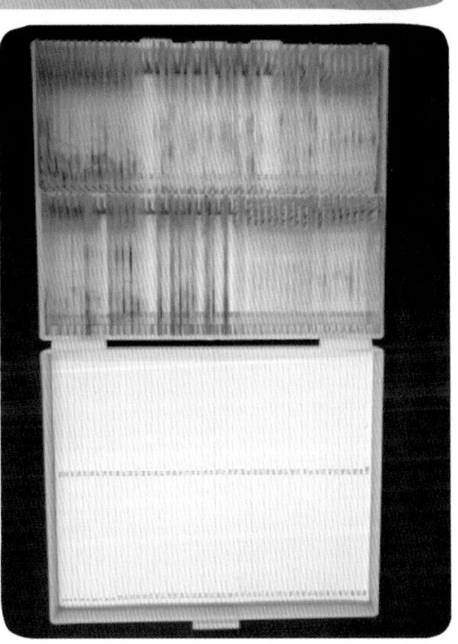

图 7 - 23　组织切片切片盒保存

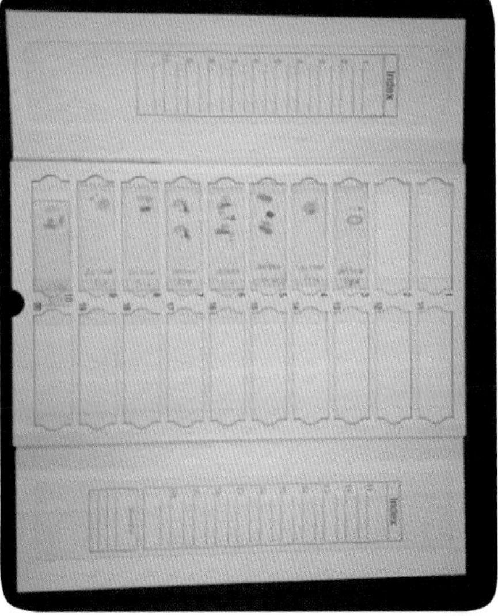


图 7 - 24　组织切片存放板保存

图 7-25　保存组织切片的陈列柜

## 三、蜡块及文档档案管理

与组织切片存档类似，蜡块和对应的文档资料可根据实际数量的多少分别进行存档规划。可以按月，也可按年存档。每个蜡块上应用不易褪色的标记笔写上编号信息，编号应与其他档案材料保持一致（图 7-26）。

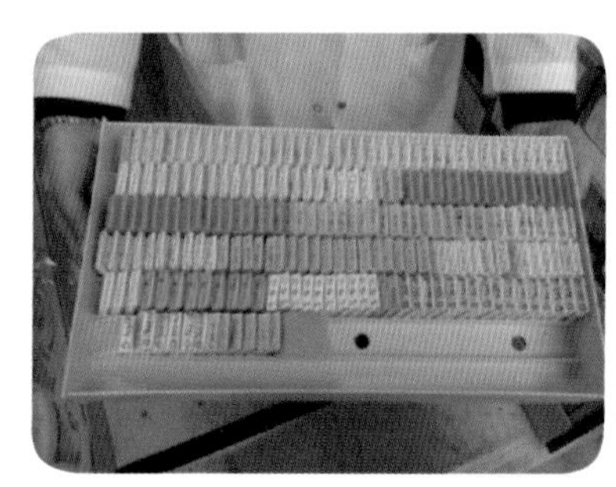

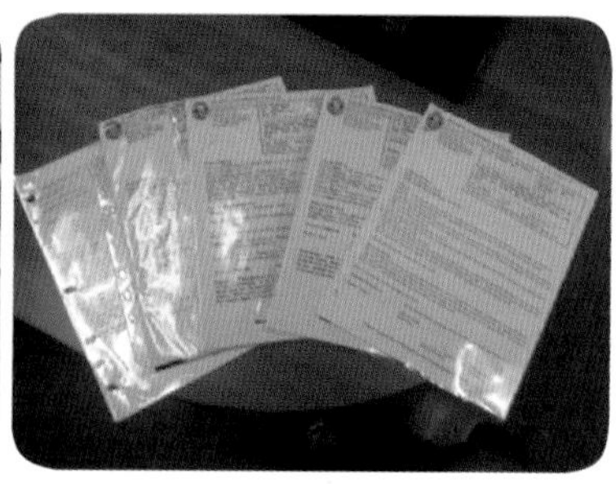

图 7-26　蜡块及文档存档管理

# 第八章　病理实验室的建设与管理

“病理为医之本”，病理学作为临床医学的基础，推动着临床医学的发展。病理实验室的科学、合理建设有利于提高病理诊断水平，有助于正确、快速地诊断疾病。全国各高校水产养殖、水产医学实验室，各水生生物研究所病害室，各水产养殖企业、药物企业、贸易企业，以及进出口检验检疫机构等，都应设立水生生物病理室，以应对各种暴发性水生动物疾病或常规水产疾病的诊断、鱼苗鱼种检疫以及水产病害的科学研究。病理室的设置可根据各单位的实际情况进行调整，但应满足保护病理实验室工作者的身体健康、病理切片制作、病理观察、档案保存等基本条件的设置。特别是在病理实验过程中所用到的各种化学试剂如福尔马林、甲苯、二甲苯、脱水试剂、染色试剂等，大部分具有较强的挥发性和刺激性，其中苯类物质如果长期吸入可能导致人体内白细胞数量锐减。为了规避这些问题，保护实验人员的身体健康，就必须对病理实验室进行科学的规划和建设。

由于病理研究的特殊性，为了保护实验人员的身体健康，每间实验室必须配备抽风系统，将室内空气抽到室外或经过特殊滤过系统处理，降低室内有害气体含量。且组织修块室由于需要对固定好的组织材料进行脱水前修块，处置过程中会有大量福尔马林气体挥发出来，故必须在操作台上设置桌面抽风系统或直接在通风橱内操作。

## 第一节　水生动物病理实验室建立的相关标准

鉴于水生动物病理研究的特殊性，结合实验研究操作的便利需求及国家政策规范管理的要求，各实验单位应将规范建造水生动物病理实验室作为开展研究的第一步。

### 一、国家相关政策的要求

世界卫生组织（World Health Organization，WHO）早在1983年就生物安全这一重要国际性问题出版了《实验室生物安全手册》（*Laboratory Biosafety Manual*）第1版。该手册倡导各国接受和执行生物安全的基本概念，并鼓励针对本国实验室如何安全处理致病微生物制定操作规范。自1983年以来，已经有很多国家利用该手册指导本国病原生物实验室的生物安全工作。

病理实验室应严格执行《危险化学品安全管理条例》《使用有毒物品作业场所劳动保护条例》《病原微生物实验室安全管理条例》《实验室生物安全通用要求》《微生物和生物医学实验室生物安全通准则》和《中华人民共和国职业病防治法》等规定，做好危险化学品和生物安全管理。此外，病理实验室应严格按照《医疗废物管理条例》和《医疗卫生机构医疗废弃物管理办法》相关规定妥善处理实验废物，制定生物安全事故和与危险品、危险设施等相关的意外事故的预防措施和应急预案。

从研究目的上来说，水生动物病理实验室属于生物安全实验室的一种。根据住房和城乡建设部《关于印发〈2010年工程建设标准规范制订、修订计划〉的通知》（建标〔2010〕43号）的要求，由中国建筑科学研究院和江苏双楼建设集团有限公司会同有关单位，在原国家标准《生物安全实验室建筑技术规范》（GB 50346—2004）的基础上修订而成了《生物安全实验室建筑技术规范》（GB 50346—2011）。水生动物病理实验室的建设也应符合该规范的相关要求。

生物安全实验室的建造总则有以下几点：

**1.** 为使生物安全实验室在设计、施工和验收方面满足生物安全防护实验室的通用安全标准，应切实遵循物理隔离的建筑技术原则。

**2.** 生物安全实验室的建设应以生物安全为核心，确保实验人员的安全和实验室周围环境的安全，同时保护实验对象不被污染，在建筑上应以实用、经济为原则。

**3.** 生物安全实验室所用设备和材料必须有合格证、检验单位的检验报告，并在有效期之内。属于新开发的产品、工艺，应有鉴定证书或试验证明材料。

**4.** 生物安全实验室的设计、施工、检测中采用的技术文件、合同文件对工程质量的要求不得低于GB 50346—2011的规定。

### 二、规范建造的需要

实验室规划包括实验室建筑规划和实验室工艺规划两个方面。实验室建筑规划包括建筑外观、风格、高度、园区布局等。实验室建设之前，调查实验室需求的过程实际上就是确定整个实验室

3～5年规划的过程，因此需要进行大量前期调研工作。正确的实验室建设流程是首先进行实验室的工艺设计，然后在满足实验室工艺要求的前提下，进行实验室的土建设计。实验室的电力线路、交通通道等若设计不科学、不规范，没有与实际情况相结合的话，会给后续实验过程中的操作带来不便，导致实验事倍功半。

本章资料提供方成都蜀渝净化工程有限公司进行了广泛、深入的调查研究，认真总结多年来生物安全实验室建设的实践经验，积极采纳科研成果，参照有关国际和国内的技术标准，并在广泛征求意见的基础上，通过反复讨论、修改和完善实验室的建造规范，规划适用于微生物学、生物医学、动物实验、基因重组以及生物制品等的新建、改建、扩建的生物安全实验室。

近年来，因使用非规范标准建造实验室所发生的安全事故层出不穷，主要包括：①化学品、生物制品原本具有的毒性、易燃性、感染性，因存储位置和方式的不妥导致的事故；②专门建筑的改建实验室、与其他用房共处的连体实验室、非专业隔离系统的普通空间实验室，都会因为这些建筑不能满足实验室实验的基本或极限要求导致事故；③实验准备、实验流程、实验室管理等制度不够完善，尤其是实验人员不严格执行，都会带来实验事故。据调查研究结果显示，所有实验室事故中，爆炸、感染、火灾是最常见、最易发生的安全事故（图8-1、图8-2）。为了最大限度避免这些事故的出现，水生动物病理实验室的建设也应符合相关规范的要求。

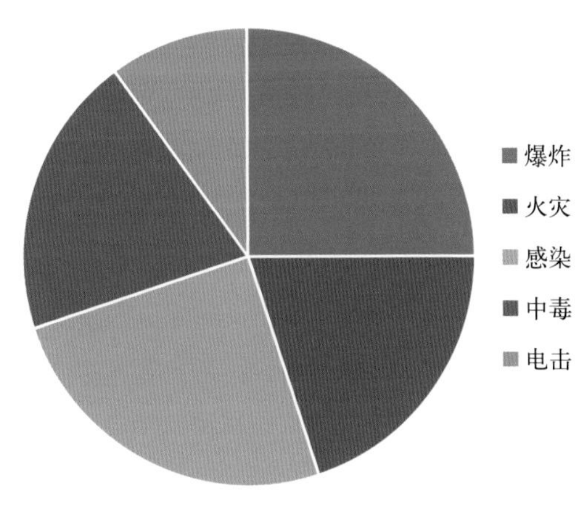


图8-1 实验室事故类型概况

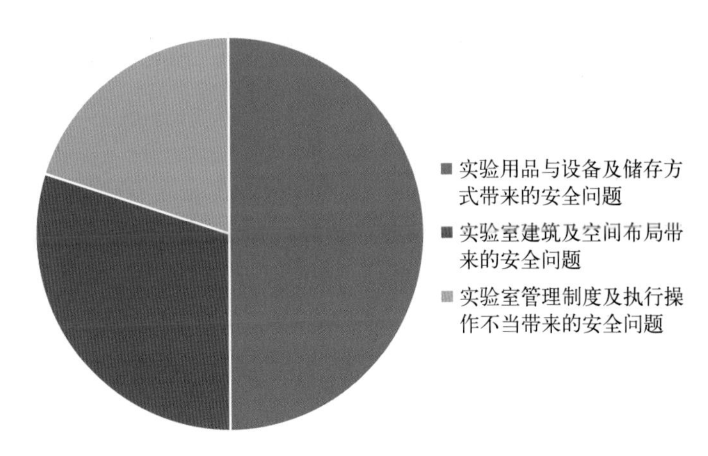


图8-2 实验室安全事故原因分析

# 第二节 病理实验室的规划

水生动物病理实验室的建造是一个是有行业特性的集成工程。病理实验室作为科研、计量、监测等科学研究与实验的场所，其水平与国家科技与经济的发达程度息息相关，直接影响国家科技的进步和国民经济的发展。病理实验室应由主实验室、其他实验室和辅助用房组成，其设置可根据各单位的实际情况进行调整，但应满足保护病理实验室工作者的身体健康、病理切片制作、病理观察、档案保存等基本条件的设置。本节内容参照国家标准《生物安全实验室建筑技术规范》(GB 50346—2011) 内容介绍病理实验室的整体规划和布局要求。

## 一、主要功能区划分

根据水生动物的主要特点及我国实验室的建设标准，水生动物病理室主要功能区主要分为清洁区、半污染区、污染区，至少应包括标本取材室（污染区）、实验室（半污染区）、资料办公室（清洁区）。污染区和半污染区之间应设缓冲间。半污染区和清洁区之间也应设缓冲间。

根据实际可使用面积可再进行分室分区。实验室可再分为组织修块室、脱水室（区）、包埋室（区）、切片室（区）、染色制片室（区）、阅片室、标本存储室、蜡块切片档案室；资料办公室可再分为文档资料室、办公室等。其中，若确实受到实验室面积的限制，脱水室、包埋室、切片室、染色制片室等可放在一个大实验室内，分成不同的功能区，但面积最好不低于 60 $m^2$。

水生动物与陆生动物相比，采样时渗水明显，故可单独设立一间标本取材室。标本取材室以墙面、地面及操作台面可以用水冲洗、消毒为建设原则。另可设立 1～2 间实验室辅助用房，如设立男女更衣卫生间各一间、药品仓库室一间等。常见病理实验室设计结构图见图 8-3。

## 二、实验室的分级

依据实验室所处理对象的生物危险程度，把生物安全实验室分为四级，其中一级对生物安全隔离的要求最低，四级最高。水生动物目前尚无“人-鱼”共患病的相关报道，故对生物安全的要求不如人类医学或部分兽医学实验室高，可满足一级生物安全即可，但有条件的单位也可按照二级生物安全的标准建设。生物安全实验室的分级见表 8-1。

## 三、各级别功能间的技术指标

生物安全实验室一般实施两级屏障。一级屏障通过生物安全柜、负压隔离器、正压防护服、手套、眼罩等实现；二级屏障通过实验室的建筑、空调净化和电气控制系统来实现。三级、四级生物安全实验室应实施两级屏障。

生物安全主实验室二级屏障的主要技术指标见表 8-2，三级和四级生物安全实验室辅助用房的主要技术指标见表 8-3。此两表中的噪声不包括生物安全柜、动物隔离器的噪声，如果包括上述设备的噪声，则最大不应超过 68 dB（A）。

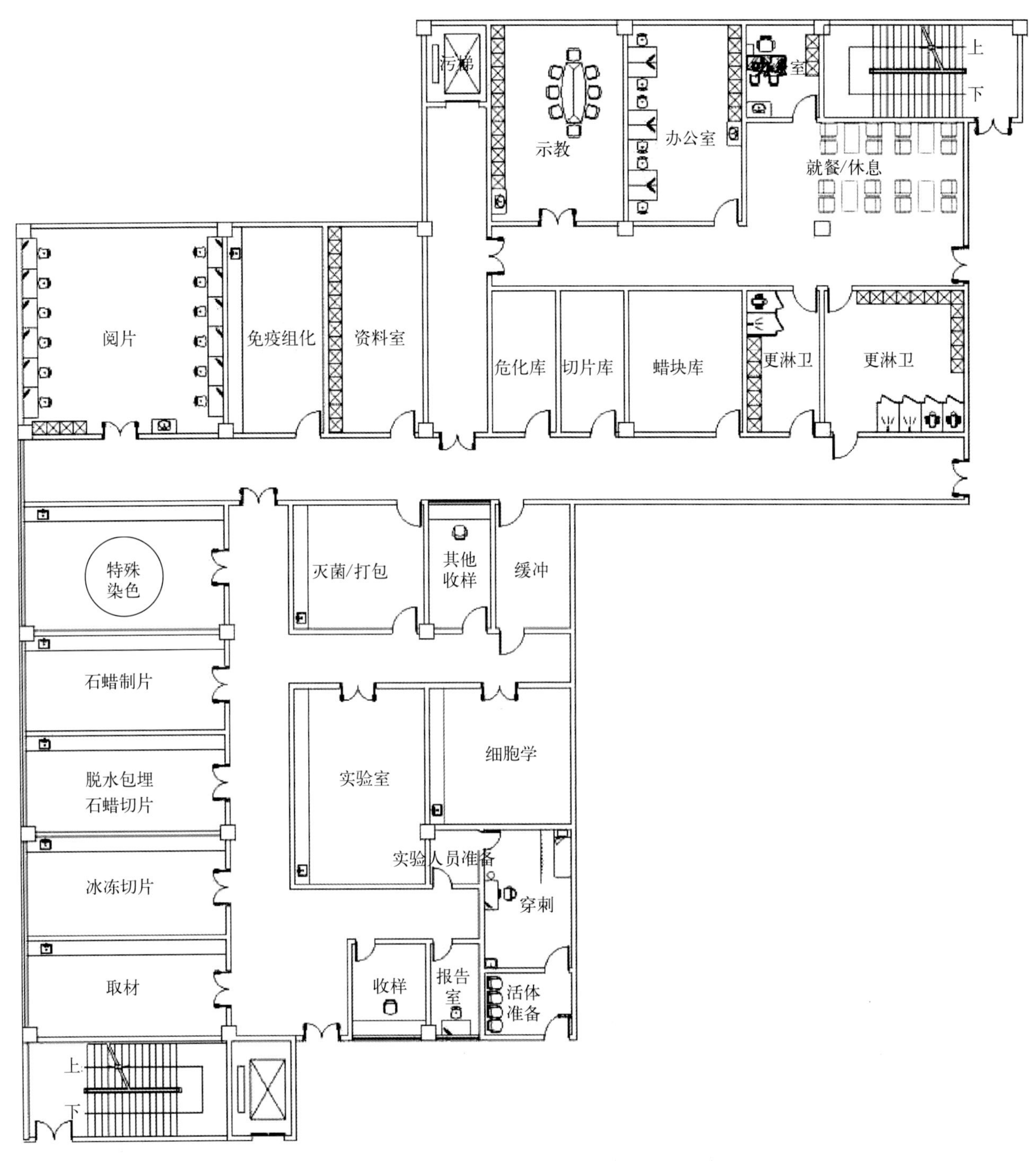


图 8-3　成都蜀渝净化工程有限公司以实验流程为原则规划的四川某病理实验室结构图
（各单位可根据自己的实际需要进行适当调整）

**表 8-1　生物安全实验室的分级**

| 实验室分级 | 处理对象 |
| --- | --- |
| 一级（P1） | 对人体、动植物或环境危害较低，不具有对健康成人、动植物致病的致病因子 |
| 二级（P2） | 对人体、动植物或环境具有中等危害或具有潜在危险的致病因子，对健康成人、动物和环境不会造成严重危害。有有效的预防和治疗措施 |

（续）

| 实验室分级 | 处理对象 |
|---|---|
| 三级（P3） | 对人体、动植物或环境具有高度危险性，主要通过气溶胶使人传染上严重的甚至是致命疾病，或对动植物和环境具有高度危害的致病因子。通常有预防治疗措施 |
| 四级（P4） | 对人体、动植物或环境具有高度危险性，通过气溶胶途径传播或传播途径不明，或有未知的、危险的致病因子。没有预防治疗措施 |

**表 8-2　生物安全主实验室二级屏障的主要技术指标**

| 实验室级别 | 相对于大气的最小负压 | 与室外方向上相邻相通房间的最小负压差（Pa） | 洁净度级别 | 换气次数（次/h） | 温度（℃） | 相对湿度（%） | 噪声［dB(A)］ | 最低照度（lx） | 围护结构严密性（包括主实验室及相邻缓冲间） |
|---|---|---|---|---|---|---|---|---|---|
| 一级 | / | / | / | 可开窗 | 18～28 | ≤70 | ≤60 | 200 | / |
| 二级 | / | / | / | 可开窗 | 18～27 | 30～70 | ≤60 | 300 | / |
| 三级 | −30 | −10 | 8 | 12 | 18～27 | 30～70 | ≤60 | 300 | 所有缝隙应无可见泄露 |
| 四级 | −60 | −25 | 7～8 | 15 或 12 | 18～25 | 30～70 | ≤60 | 300 | 房间相对负压值达到−500 Pa，经 20 min 自然衰减后，其相对负压值不应高于−250 Pa |

说明：

① 表中“/”表示不作硬性要求。

② 三级和四级生物安全实验室解剖间相对于大气的最小负压应比主实验室低 10 Pa。

③ 动物生物安全实验室的参数应符合国家标准《实验动物设施建筑技术规范》（GB 50447）的有关要求。

**表 8-3　三级和四级生物安全实验室辅助用房的主要技术指标**

| 房间名称 | 洁净度级别 | 换气次数（次/h） | 与由室内向外方向上相邻相通房间的最小压差（Pa） | 温度（℃） | 相对湿度（%） | 噪声［dB(A)］ | 最低照度（lx） |
|---|---|---|---|---|---|---|---|
| 主实验室的缓冲室 | 7 或 8 | 15 或 12 | −10 | 18～27 | 30～70 | ≤60 | 200 |
| 隔离走廊 | 7 或 8 | 15 或 12 | −10 | 18～27 | 30～70 | ≤60 | 200 |
| 准备间 | 7 或 8 | 15 或 12 | −10 | 18～27 | 30～70 | ≤60 | 200 |
| 防护服更换间 | 8 | 10 | −10 | 18～26 | / | ≤60 | 200 |
| 防护区的淋浴间 | / | 10 | −10 | 18～26 | / | ≤60 | 150 |
| 非防护区的淋浴间 | / | / | / | 18～26 | / | ≤60 | 75 |
| 化学淋浴室 | / | 4 | −10 | 18～28 | / | ≤60 | 150 |
| 动物尸体处理设备间和防护区污水处理设备间 | / | 4 | −10 | 18～28 | / | / | 200 |
| 清洁衣物更换间 | / | / | / | 18～26 | / | ≤60 | 150 |

说明：表中“/”表示不作硬性要求。

## 四、建筑、结构和装修

目前暂未有公认的水生动物“人-鱼”共患病，因此水生动物的病理实验室均为 P1～P2 级实验室。为了达到更高要求的建设标准，以下按 P2 级实验室的建筑结构和装修要求叙述。

**1. 建筑要求**

二级生物安全实验室应根据实验对象和工艺要求划分污染区、半污染区和清洁区。在半污染区设供紧急撤离使用的安全门。污染区和半污染区之间、半污染区和清洁区之间若设有传递窗，传递窗双门应互锁，不能同时处于开启状态，传递窗内应设消毒装置。病理实验室的平面位置应符合表 8－4 的规定。

表 8－4 病理实验室的平面位置

| 实验室级别 | 建筑物 | 位置 |
| --- | --- | --- |
| 一级 | 可共用建筑物，实验室有可控制进出的门 | 无要求 |
| 二级 | 可共用建筑物，但应自成一区，宜设在其一端或一侧，与建筑物其他部分可相通，但应设可自动关闭的门 | 无要求 |

**2. 结构要求**

生物安全实验室应符合现行国家标准《建筑结构可靠度设计统一标准》（GB 50068）的有关规定。一级和二级生物安全实验室的结构安全等级不宜低于二级，抗震设计应符合国家标准《建筑抗震设防分类标准》（GB 50223）的有关规定，二级生物安全实验室应按乙类建筑设防。

**3. 建筑装饰**

生物安全实验室均应采用无缝的防滑耐腐蚀地面，踢脚板应与墙面齐平，并与地面为一整体。再者，生物安全实验室墙面、顶棚的材料应易于清洗消毒、耐擦洗、不起尘、不开裂、光滑防水、耐消毒剂的侵蚀。此外，二级实验室围护结构表面的所有缝隙应密封，可设带纱窗的外窗，外窗应采用双层密闭窗，均应有防昆虫防鼠措施和防动物外逃的措施。最后，生物安全实验室的设计应充分考虑生物安全柜等设备的尺寸和要求，必要时应留有足够的搬运孔洞以及设置局部隔离、防震、排热、排湿设施的可能。

## 五、配电、照明及自控

实验室的配电、照明、自控从根本上决定了实验室是否能正常运行，因此这一部分不可轻视。

**1. 配电**

（1）生物安全实验室必须保证用电的可靠性。应在该实验室的清洁区内设有一个独立专用配电箱，且备用电源应在不引起任何事故的情况下自动投入运行。

（2）如果生物安全实验室设置不间断电源，则不间断电源应能保证实验室主要设备 30 min 的电力供应。主要设备至少应包括生物安全柜排风机、实验室空调通风系统的排风机、事故照明、动物缸具、漏电自动报警监测系统等。

（3）结合水生动物的生长、研究环境，电源插座应采用防水型插座，并根据需要考虑预留。

（4）生物安全实验室应设有接地系统，其接地电阻不宜大于 1 Ω。配电管线应采用金属管敷设，穿过墙和楼板的电线管应加套管，套管内用不收缩、不燃烧材料密封。进入实验室内的电线管穿线后，管口应采用无腐蚀、不起尘和不燃材料封闭。

**2. 照明**

实验室内应设置应急照明，入口应有实验室工作状态的文字或灯光讯号显示。

**3. 自动控制**

（1）二级生物安全实验室的自控系统必须保证各个区域的压差要求。送风和排风系统必须可以连锁，保证压力梯度的稳定。

（2）应设排风系统正常运转的标志，当排风系统运转不正常时应能报警。备用排风机组应能自动投入运行，同时应发出报警信号，立即进行维修。

（3）空调通风系统开机顺序是：先启动排风系统，再启动送风系统。关机顺序与开机顺序相反。排风系统和送风系统启动的时间间隔不应太大，应采取措施防止实验室内负压值过低。

（4）自控系统应视需要设置或预留接口，所有空气过滤器应设置压差报警和监控装置。

（5）当门使用电动连锁装置时，断电时门必须处于可打开状态。在紧急状态时所有门必须处于可打开状态。

## 六、通信及消防安全

**1. 通信**

二级及以上生物安全实验室内与实验室外应有内部电话或对讲机装置，通信系统应视需要设置或预留接口。

**2. 安全和消防**

（1）安全要求

在二级及以上生物安全实验室的入口，须明确标示出操作所接触的病原体的名称、危险程度、预防措施及责任者姓名。同时应标示出国际通用生物学危险符号。

各级生物安全实验室均应配备实验台。实验台应采用整体台面，光滑、不透水、耐腐蚀、耐热和易于清洗。生物安全实验室中各种台、架、设备之间应保持一定距离，其侧面至少留有 80 mm，后面至少留有 40 mm 间距以方便清洗，当必须贴地靠墙放置时，必须用密封胶将地墙的边缝密封。生物安全柜的侧面和后面离墙至少应有 300 mm 距离。

此外，传递窗内应有物理消毒措施。

（2）消防要求

二级及以上生物安全实验室应设在耐火等级不低于二级的建筑物内。生物安全实验室的隔墙和顶棚应采用耐火极限不低于 1.00 h 的材料。可设置自动喷水灭火系统，但应根据需要设置其他灭火设施，如手提灭火器等。

## 七、台柜家具及配套

生物安全柜有利于水生动物实验的标本、提取物、试剂等物品存放，应安装在负压万级洁净区域，常见的有实验台、通风柜、高柜、紧急冲淋器等相关配套实验家具。台柜均可按照实际场地或需求进行定制生产。

**1. 常见的台柜及配套**

（1）实验台系列

实验台是医院、学校、化工厂、科研院所等单位进行实验检测及存放仪器所使用的操作台。按照材质分为：全钢实验台、钢木实验台、PP实验台、铝木实验台（已基本淘汰）。因水生动物生长环境的特殊性，实验台的制作材料也有特殊要求，需经防潮、化学防锈处理，且耐酸碱腐蚀等，以确保水生动物实验研究中使用的试剂不会对实验家具造成损害。

全钢结构实验台：全钢结构实验家具承重性能好，美观大方，使用寿命长。以优质钢板为基材，全自动压模成型，表面经过环氧树脂粉末静电喷涂。

钢木结构实验台：钢木结构实验家具以优质钢板制成方管C型支架，表面以环氧树脂粉末静电喷涂，配以实验室专用台面和优质三聚氰胺板柜体，美观大方，承重性能好（图8-4）。

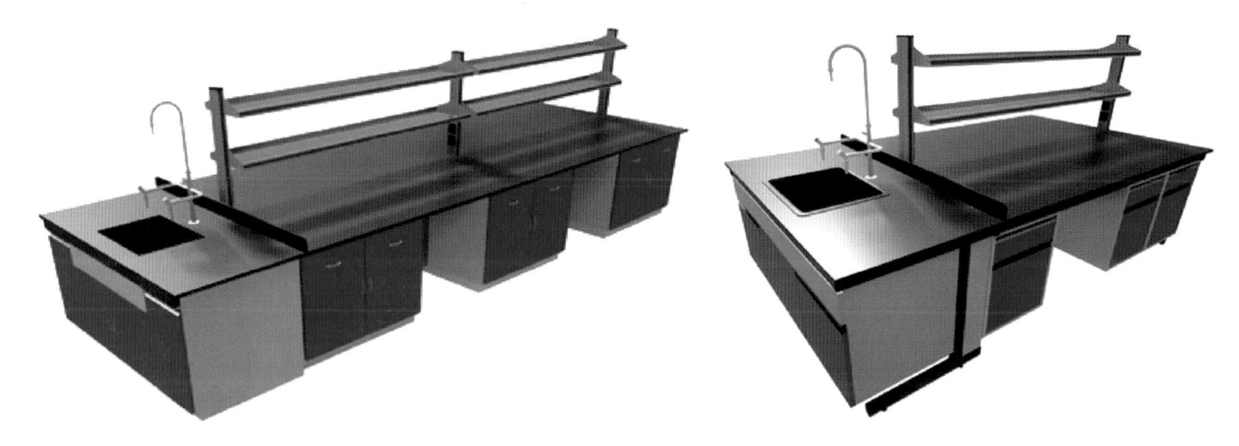

图8-4 钢木结构实验台

（2）通风柜系列

通风柜是实验室装备中最重要的设施之一，它是一种有效的局部通风方式（图8-5）。通风系统可以使实验室的工作者远离有毒气体、有害气体、化学试剂等的侵害，在保障实验室环境的安全性和整体功能方面起至关重要的作用。水生动物病理科学研究和日常诊断中，常常用到大量挥发性的物质如福尔马林、二甲苯等，这些物质不仅严重危害呼吸道黏膜，也可致癌，若没有良好的通风设备，会对工作人员身体健康造成极大的危害。故在水生动物病理实验室建设过程中，通风柜必不可少。

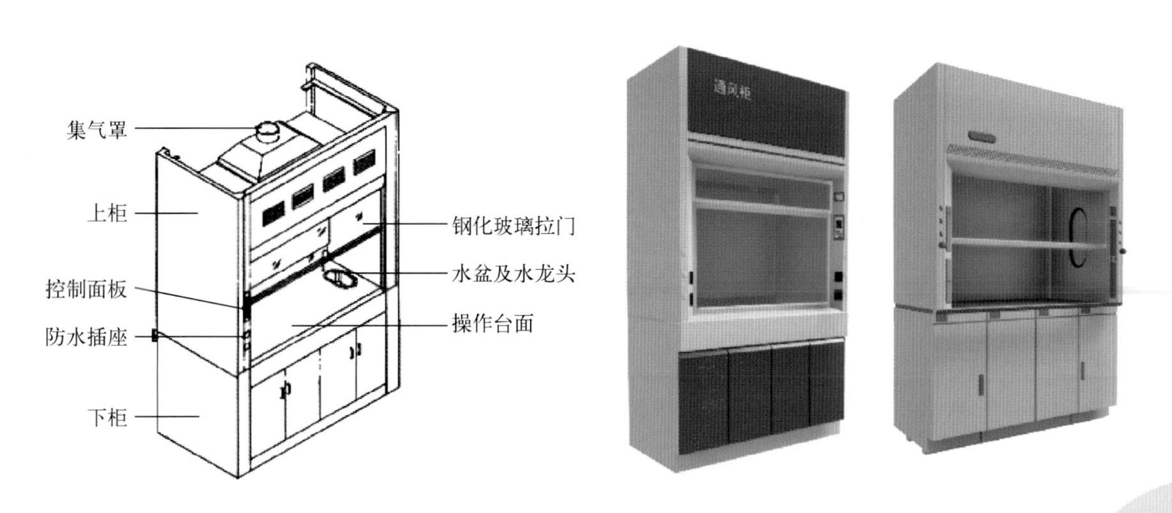


图8-5 全钢通风柜

(3) 高柜系列

实验室的一般储物、特殊储物等都有相对应的特殊性和排他性，因此，图 8－6 中几种实验室家具也是经常使用的。

图 8－6　实验室常用高柜

**2. 实验室设备配件**

(1) 洗眼器、紧急冲淋器

水生动物病理实验室里不可避免使用到各类试剂、药物，所产生的刺激性气体也十分常见，洗眼器和紧急冲淋器是必须配备的装置（图 8－7）。

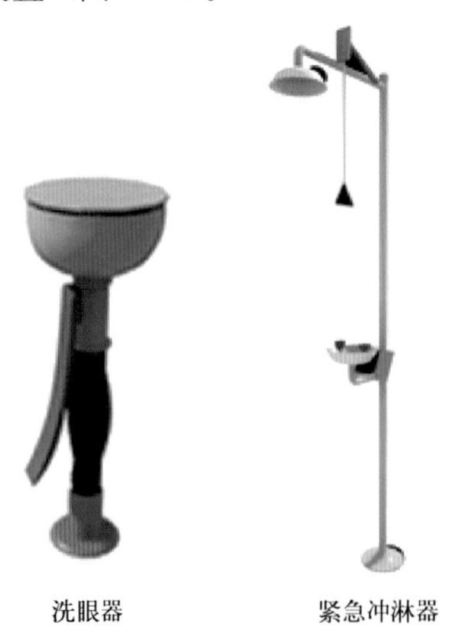


图 8－7　洗眼器和紧急冲淋器

（2）净化设备

生物安全柜：一般简称 BSC，是生物实验室常见的重要设备（图 8－8）。异于实验室内的通风柜，其主要是借由柜体内的高效滤网过滤进排气并在柜体内产生向下气流的方式来避免感染性生物材料污染环境、感染实验操作人员，或者是实验操作材料间的交叉污染。生物安全柜是负压系统，能有效保护工作人员。

超净工作台：又称净化工作台，是为了适应现代化工业、光电产业、生物制药以及科研试验等领域对局部工作区域洁净度的需求而设计的。超净工作台是一种提供局部无尘无菌工作环境的单向流型空气净化设备（图 8－9）。适用于开展水生动物的医学科学实验、无菌室实验、无菌微生物检验等需要局部洁净无菌工作环境的科研和生产部门。超净工作台与生物安全柜不同，超净工作台只能保护在工作台内操作的试剂等不受污染，并不保护工作人员，而生物安全柜是负压系统，能有效保护工作人员。

传递窗：传递窗是一种洁净室的辅助设备，主要用于洁净区与洁净区之间、洁净区与非洁净区之间小件物品的传递，以减少洁净室的开门次数，可对洁净室的污染降到最低（图 8－10）。

图 8－8　生物安全柜

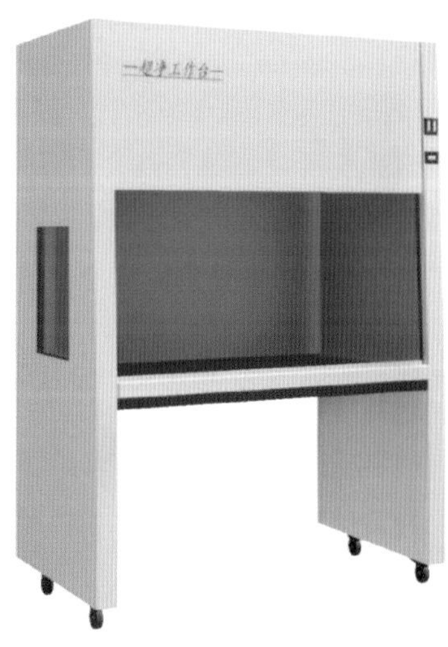

图 8－9　超净工作台

图 8－10　传递窗

# 第三节　病理实验室的基本安全要求

## 一、通排风系统

病原微生物实验室区域为P2负压实验室，洁净度按万级设计，应根据《实验室生物安全通用要求》(GB 19489—2008)、《生物安全实验室建筑技术规范》(GB 50346—2011)、《微生物和生物医学实验室安全通用准则》(WS 233—2002)、《PCR实验室管理制度》等相关规范要求，合理组织空气流，合理设计各实验室的空气压差，减少交叉感染的可能性。

因为水生动物疾病“人-鱼”共患感染可能性小，所以水生动物病理实验室通风净化的主要目的就是隔绝病理实验过程中所用到的各种化学试剂对实验室人员的侵害，同时也为了保证实验人员在实验过程中的舒适度。

### (一) 空调、通风与净化

由于病理研究的特殊性，每间实验室必须配备抽风系统，将室内空气抽到室外或经过特殊滤过系统处理，降低室内有害刺激气体含量。且组织修块室由于需要对固定好的组织材料进行脱水前修块，处置过程中会有大量福尔马林气体挥发出来，故必须在操作台上设立桌面抽风系统或直接在通风橱内操作。

**1.** 生物安全实验室空调净化系统的设计应充分考虑生物安全柜、离心机、$CO_2$培养箱、摇床、冰箱、高压灭菌锅、真空泵、紧急冲洗池等专用设备的冷、热、湿和污染负荷。

**2.** 生物安全实验室送、排风系统的设计应考虑所用生物安全柜、负压水生动物隔离器等设备的使用条件。生物安全实验室选用生物安全柜应遵循表8-5的原则。负压水生动物隔离器不得向室内排风。

**表8-5　生物实验室生物安全柜选用原则**

| 级别 | 选用原则 |
| --- | --- |
| 一级 | 一般无须使用生物安全柜，或使用Ⅰ级生物安全柜 |
| 二级 | 当可能产生微生物气溶胶或出现溅出的操作时，可使用Ⅰ级生物安全柜；当处理感染性材料时，应使用部分或全部排风的Ⅱ级生物安全柜。若涉及处理化学致癌剂、放射性物质和挥发性溶媒，则只能使用Ⅱ-B级全排风生物安全柜 |

### (二) 送风系统

不论是全新风空气净化系统还是循环风空气净化系统，应设置粗、中、高三级空气过滤。一、二级生物安全实验室如设净化空调系统，第二级中效过滤器宜设置在空调箱的正压段。送风系统新风口的设置应符合下列要求：

一是应采用防雨性能良好的新风口，或在新风口处采取有效的防雨措施；

二是新风口应高于室外地面2.5 m，并位于排风口的上风侧宽敞位置，同时应尽可能远离污染源。

### (三) 排风系统

排风系统的设置应符合以下规定：

**1.** 排风必须与送风连锁，排风先于送风开启，后于送风关闭。

**2.** 生物安全实验室房间的排风管道可以兼作生物安全柜的排风管道。

**3.** 排风系统应能保证生物安全柜内相对于其所在房间为负压。

**4.** 生物安全实验室不得利用安全柜或其他负压隔离装置作为房间排风口。

**5.** 生物安全柜与排风系统连接应符合表 8－6 的规定。

**表 8－6　不同级别、种类生物安全柜与排风系统的连接方式**

| 生物安全柜分级 | | 工作口进风速度（m/s） | 循环风比例（%） | 排风比例（%） | 与排风系统的连接方式 |
|---|---|---|---|---|---|
| Ⅰ级 | | 0.38 | 0 | 100 | 密闭连接 |
| Ⅱ级 | A1 | 0.38～0.50 | 70 | 30 | 可排到房间或套管连接 |
| | A2 | 0.50 | 70 | 30 | 可排到房间或套管连接或紧密连接 |
| | B1 | 0.50 | 30 | 70 | 密闭连接 |
| | B2 | 0.50 | 0 | 100 | 密闭连接 |
| Ⅲ级 | | / | 0 | 100 | 密闭连接 |

说明：

① 所有被污染的管道必须是负压，或者被负压管道或负压空间包围。

② 对于Ⅲ级生物安全柜，没有工作口进风速度的要求，但当生物安全柜上的手套脱落或破裂时，孔口处的最小进风速度应以生物安全柜的标准为准。

### （四）气流组织

**1.** 生物安全主实验室内各种设备的位置应有利于气流由“清洁”空间向“污染”空间流动，最大限度减少室内回流与涡流。

**2.** 送风口以下 0.5 m 处气流速度不应大于 0.4 m/s。

**3.** 气流方向应保证由清洁区流向污染区，由低污染区流向高污染区，位于清洁区外侧的外缓冲室对邻室的气流流向和压力梯度宜按图 8－11 的形式。

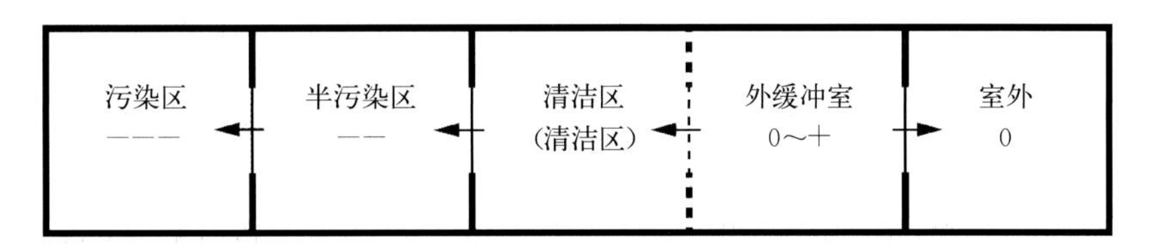


图 8－11　气流方向示意图（－－－－－表示负压由小到大，0 表示同大气压，＋表示微正压）

## 二、给排水系统

为了方便实验人员对水生动物的研究，根据水生动物潮湿的特殊生长环境，实验用水及附属管道的设置应科学规范，有利于使用、管理及后续维护。相对应地，实验室的排水管道也应采用防生锈、不起尘的材质。具体根据以下要点进行规划：

### （一）给水

实验室系统的给水管路应涂上区别于一般水管的黄色等醒目的颜色，并挂上“禁止入口”标志牌。一级和二级生物安全实验室均应设洗手池，二级生物安全实验室的洗手池龙头应用脚踏式或感应式，应设冲眼或紧急冲洗给水装置。室内给水管材应采用不锈钢管、铜管或无毒塑料管。

### （二）排水

灭菌槽宜设于地下空间，便于检查维护。最少应设两个槽，互相切换使用。灭菌槽应密封，其本体和部件必须用不锈钢或其他合适材料制作。清洁区排水可直接排到室外管网。特种排水管应采用不锈钢或聚丙烯管材、管件。所有排水管道穿过的地方应用不收缩、不燃烧、不起尘材料密封。

## 三、集中供气系统

水生动物病理实验室内的空气供给直接影响实验人员的健康安全及实验过程中的舒适度，因此，实验室的气体供应就有专门的气瓶设置及安装装置。

### （一）气体供应

生物安全实验室应单独设置惰性气体和易挥发气体两个气瓶室，专用气体宜由高压气瓶供给，气瓶应设在清洁区，通过专用高压不锈钢管道输送到各个用气点，配备自动汇流排自动切换装置24 h不间断供气，并安装泄漏报警装置以声光形式报警。所有供气管路应安装防回流装置，出口应根据工艺要求设置过滤器。真空系统应采用小型真空泵，不宜用公共管网。所有真空管线排气应配备可更换的高效气体过滤器，便于更换。

### （二）通道设置

病理实验室区域应根据《实验室生物安全通用要求》（GB 19489—2008）、《生物安全实验室建筑技术规范》（GB 50346—2011）、《微生物和生物医学实验室安全通用准则》（WS 233—2002）、《病原微生物实验室生物安全管理条例》（国务院令第424号）等相关规范要求，合理组织人流、物流、污物流、空气流。

人流：人员进入路线见图8－12，退出路线见图8－13。

物流：物品进、出路线见图8－14。

气流：实验区域整体气流路线见图8－15，主实验室气流路线见图8－16。

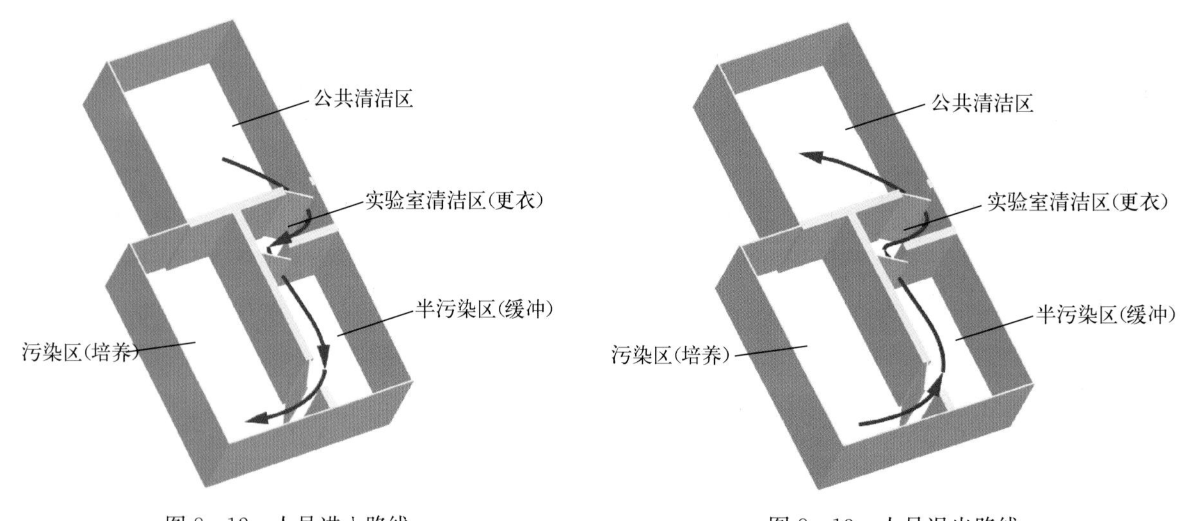


图8－12　人员进入路线　　　图8－13　人员退出路线

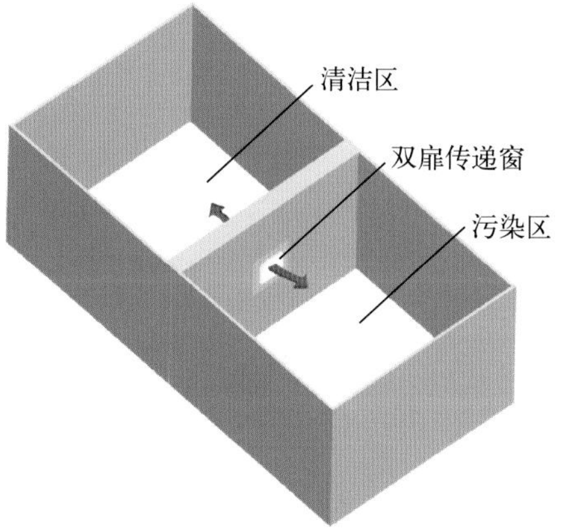

图 8-14　物品进、出路线

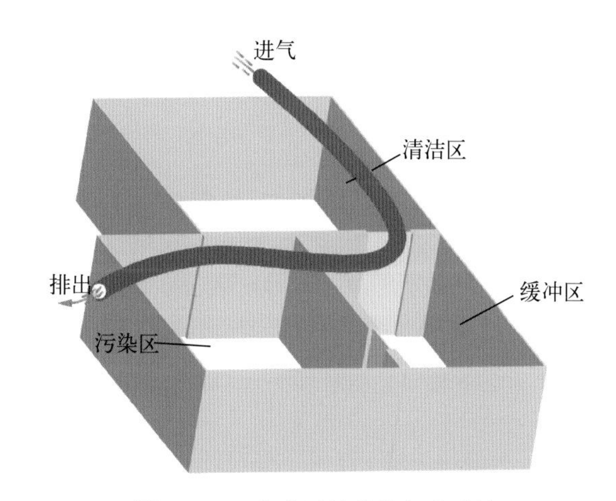


图 8-15　实验区域整体气流路线

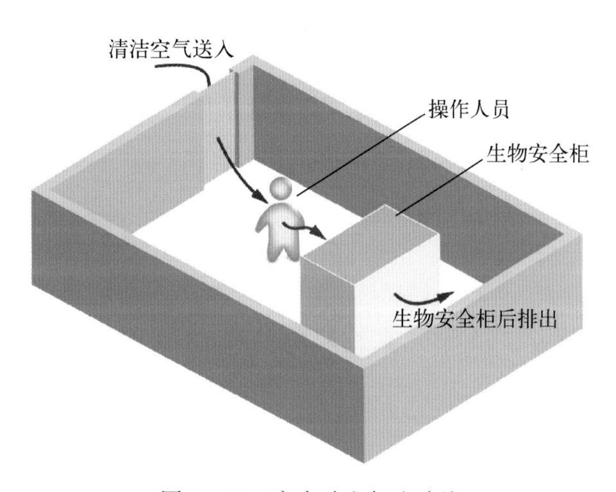


图 8-16　主实验室气流路线

## 四、应遵守的规范及标准依据

建造实验室应严格按照国家标准、国际标准，结合现场实际情况进行设计施工，保证实验室的安全和洁净程度。

其中，实验室及微生物安全规范应遵守的规范及标准如下：

《水生动物病原微生物实验室保存规范》（SC/T 7019—2015）、《实验室　生物安全通用要求》（GB 19489—2008）、《生物安全实验室建筑技术规范》（GB 50346—2011）、《微生物和生物医学实验室安全通用准则》（WS 233—2002）、《病原微生物实验室生物安全管理条例》（国务院令第 424 号）、《科学实验建筑设计规范》（JGJ 91—2019）、《生物安全柜医药行业标准》（YY 0569—2005）、《医学实验室-安全要求》（ISO 15190：2020）。

此外，其他实验室建筑及室内用电相关管理规范应参照相应建筑及用电标准执行。

## 第四节 基本仪器设备配置

以往的病理学切片制片、染色、封片等操作通常都是借助人工手动完成。由于步骤烦琐，需要耗费大量的人力成本和时间成本；另外，制片过程中存在多种有毒化学试剂的暴露，严重威胁着工作人员的身体健康。随着科技的发展，国内外陆续出现了病理学研究过程中的各种自动化实验仪器，实验操作涵盖制片中的浸蜡、包埋、切片、染色、封片、烘片等各方面，大大节约了时间和人力成本。同时，仪器的使用也降低了对工作人员的危害，并且一次处理量大大增加，不仅提高了效率，缩短了单次处理时间，而且提升了处理能力，可满足大规模科研、诊断等需要。

水生动物病理学实验诊断与研究中常用的仪器设备主要包括取材类、脱水类、包埋类、切片类、漂烘类、染色类、阅片类。其中，取材类常包括取材台面、通风柜、冷藏柜等（前文已述）；脱水类主要包括组织脱水浸蜡机；包埋类主要包括包埋机；漂烘类主要包括漂片仪、烘片仪；染色类主要包括组织染色机、免疫组化染色机等；阅片类主要包括病理图文分析系统、显微镜等。本节将介绍病理室所需主要仪器。

### 一、组织脱水浸蜡机

组织脱水、浸蜡是石蜡切片中最主要的环节，此环节的正确操作不仅可以尽可能保留组织性状，维持组织形态，而且也可为后期染色液的进入打下基础。在全自动组织脱水浸蜡机研发成功之前，大多数实验室的组织脱水浸蜡工作都需要根据步骤人工操作，但由于步骤烦琐，往往耗费大量的人力成本和时间成本。工作人员必须手动操作每个步骤，而且整个脱水、浸蜡时间很长，常常需要2～3 d的时间才能完成整个过程。对于生产上已经处于暴发性死亡的疾病，无法在短时间内快速给出诊断结果，会严重耽误疾病治疗。另外，化学药品也更容易暴露挥发于空气中，威胁工作人员的健康。

图 8－17 半封闭式组织脱水机（徕卡，TP1020）

通常，半封闭式组织脱水机采用旋转升降式脱水，微电脑控制每一步脱水步骤和时间，保证精确的脱水流程，同时配备液晶显示屏，操作简单方便（图 8－17）。样本放入组织篮后，仪器按程序将组织篮放入特定的试剂处理缸中处理，使组织篮中的标本完全浸在试剂中并发生反应。在设定的时间达到后，仪器自动将组织篮放入下一种试剂缸中，通过浸泡不同的试剂和不同浓度梯度的试剂，将生物组织的细胞内和细胞间的水分萃取出来，达到脱水目的，最后将脱水后的组织浸入石蜡中一并取出备用。该型组织脱水机解决了组织脱水的自动化问题，降低了实验人员的工作量。

全自动封闭式组织脱水机在半封闭式的基础上不仅所有试剂盒做到全封闭，而且增加了加温、增压和真空功能，不仅降低了实验人员的工作量，而且缩短了脱水浸蜡时间，大多数样品可在一天之内完成，做到了与疾病抢时间。如徕卡 ASP200 S、ASP300 S、HistoCore PEARL、ASP6025 S 和 Peloris Ⅱ等型号的全自动封闭式组织脱水机都具备以上功能（图 8-18、图 8-19）。

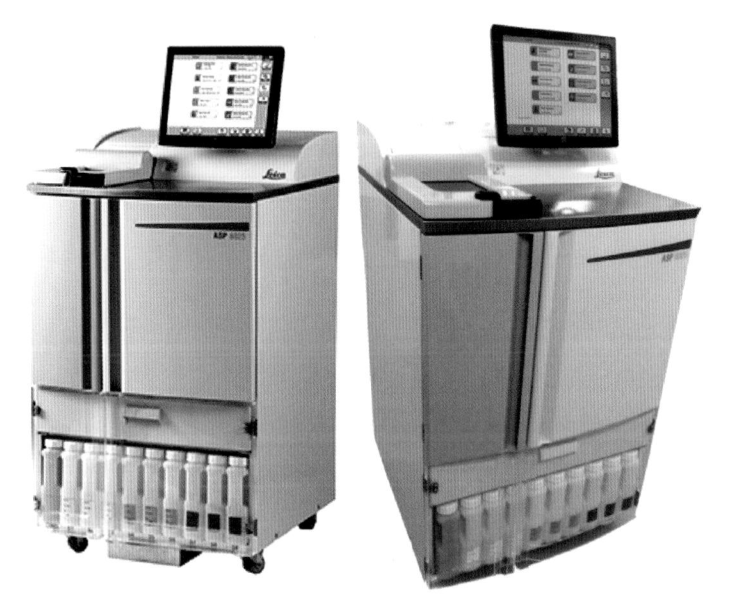

图 8-18 全自动封闭式组织脱水机（徕卡，ASP6025 S）

图 8-19 全自动封闭式组织脱水机（徕卡，Peloris Ⅱ）

## 二、组织包埋机

在组织包埋机上市前，人们常常使用分格的铁框进行人工手动包埋。但人工手动包埋对技术人员的技能要求较高，技术娴熟的人员才能准确完成包埋工作，稍有不慎就易出现组织包埋深度深浅不一的情况。人工包埋受室温影响极其严重，特别是在冬季室温较低的情况下，倒入铁框内的石蜡迅速凝固，严重影响组织块的后续植入；而在夏季室温较高时石蜡不易凝固，铁框稍有移动便会改变组织块的位置，影响后续读片观察。环境温度对包埋的影响也直接降低了蜡块制作效率，耽误了整个诊断流程。

针对人工包埋过程中存在的问题，人们设计了自动组织包埋机。组织包埋机可分为两部分，即加热包埋模块和冷台，实验人员可以根据自己的需求灵活掌握样品在不同模块中的停留时间，大大降低了环境温度对包埋的影响。如徕卡 Arcadia H 型自动组织包埋机，包括两个独立的组件：Arcadia H 加热包埋模块和 Arcadia C 冷台，工作人员只需将包埋盒放置于开关控制阀下方，手推控制滴蜡，灌注包埋模具，之后放置在冷台上石蜡便可迅速凝固，缩短制块时间（图 8-20）。独立模块设计可以使实验人员灵活按照最适合实

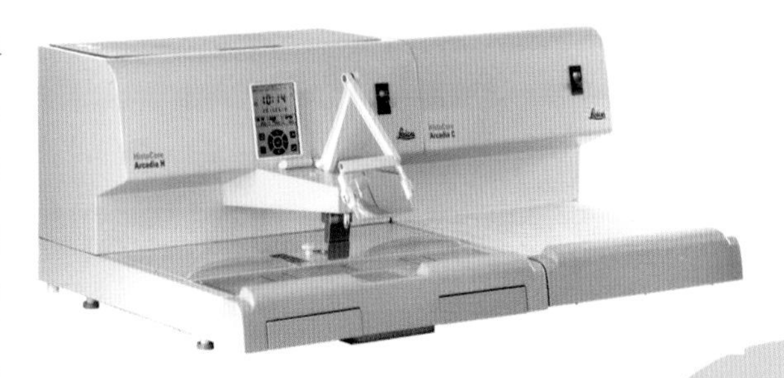

图 8-20 组织包埋机（徕卡，Arcadia H）

验室或个人喜好的方式来安排包埋工作流程。且托盘易于打开，可高效地拿取包埋盒和模具，轻松地完成批量处理。此外，Arcadia H 采用了金属框架和硅涂层腕垫，易于清洁。特制刮刀设计坚固，有助于实验人员定期利用刀片刮除并清洁所有凹槽和裂痕。

### 三、切片机

目前常用的有石蜡切片机和冰冻切片机。石蜡切片机多采用轮转式切片机，由刀架、废屑槽、定向头、控制面板、手轮、样本托盘和紧急暂停旋钮等组成（图 8－21），不同型号的石蜡切片机通常可满足2～60 μm厚度的组织切片要求。切片机上的样品卡槽根据蜡块磨具的不同而不同。早期没有一次性包埋盒时，常用分格的铁框作为包埋盒，将制作好的蜡块粘贴在木头垫料上，为了适应不同大小的木头垫料，切片机上的样品卡槽为可调节宽度的钳状卡槽。而随着规格一致的一次性包埋盒的推广和普及，目前的切片机卡槽均为宽度可伸缩的正方形卡槽。

手动式切片机切片过程中用到的刀片最早采用的是可人工磨刀、反复使用的铁刀。虽然节约成本，但每次使用前均需反复磨刀才能切出符合要求的切片，浪费了大量人力，延长了制片时间，故现如今很少再见到使用磨刀式刀片。为了节省人力成本，缩短制片时间，目前各实验室多采用一次性刀片，极大提高了制片效率，目前已在各高校、科研院所及公司等推广普及。

到目前为止，多家公司还推出了全自动轮转式切片机。在普通切片机的基础上，设计出可连续自动切片、更符合人体力学、更易清洁、耐腐蚀的切片机。如徕卡 RM2265 型全自动轮转式半薄切片机，可以进行全自动切片，也可以进行手动切片，还可进行半薄切片（图 8－22），不仅可用于普通水生动物石蜡材料切片，还可切一些硬、半软材料，部分工业原料，质控行业和材料分析需要的材料切片等。

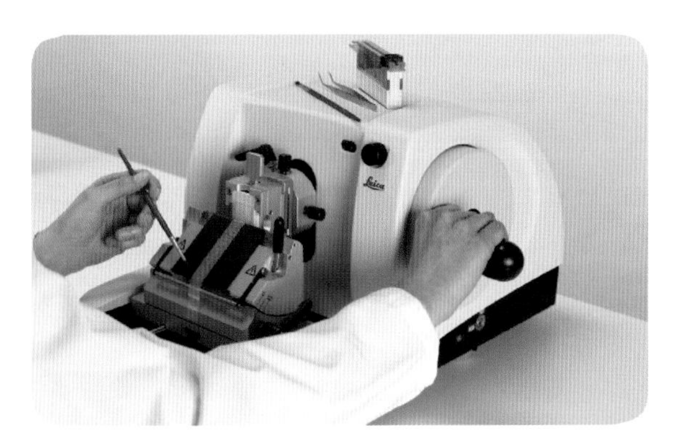

图 8－21　手动轮转式切片机（徕卡，RM2125 RTS）

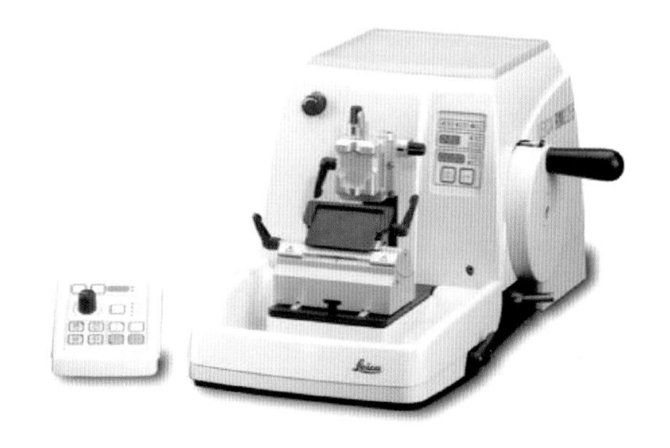

图 8－22　全自动轮转式半薄切片机（徕卡，RM2265）

相比于人类临床医学，水生动物临床诊断过程中需要在极短时间内（如 30 min 内）得到病理诊断结果的迫切性不高，故冰冻切片机的需求常不如人医临床旺盛。但往往在一些病理机制研究中也需要用到冰冻切片。如判断鱼类是否出现严重的脂肪肝需要对肝冰冻切片，并进行油红 O 染色；或其他一些特殊染色如马氏染色、银染等等，均需要在冰冻切片的基础上才能进行染色。冰冻切片机均含有主动制冷速冻架和强大的制冷系统，保证了样品在短时间内快速冷冻用于切片。常用的冰冻切片机有徕卡 CM1950、CM3050 S 冰冻切片机等（图 8－23、图 8－24）。

图 8 - 23 冰冻切片机（徕卡，CM1950/CM1950 UV）

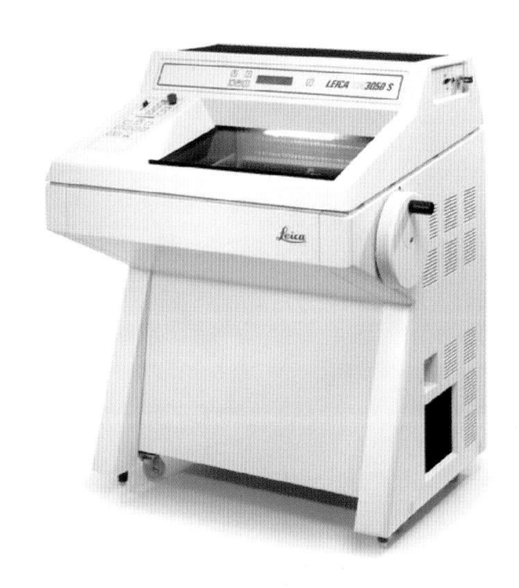

图 8 - 24 冰冻切片机（徕卡，CM3050 S）

## 四、全自动染色机与封片机

染色与封片是组织切片制作中的主要步骤，也是耗时最多的步骤之一。染色需要经历脱蜡、梯度酒精复水、苏木精着色、蓝化、伊红着色、梯度脱水、透明等过程，人工染色需要对每个步骤进行人工干预，将切片从一个染色缸人工转移到下一个染色缸。同时，人工封片也需要在每一片的组织上滴上树脂胶，盖上盖玻片烘干后才能观察。由于整个过程均需要人工全程参与，且封片后烘干过程至少 2～3 d，故人工染色及封片大大降低了切片制作效率。

全自动多功能染色机为常规和特殊染色提供稳定、高品质的染色效果，并且能同时运行单个或多个染色方案。同时，与封片机连接后，就形成了一个整合了高度灵活性和操作安全性的多功能染色-封片工作站点，从而形成全自动的无人化操作系统（图 8 - 25、图 8 - 26）。全自动封片机制备的玻片光学性能出众，适于长期保存，且使用的封固剂为不含二甲苯的封固剂，操作者可以选择湿性或干性封片，从而获得高度稳定和可靠的封片质量，且封片后不需要烘干即可立即阅片观察，大大节约了制片时间。

图 8 - 25 全自动染色机（徕卡，ST5020）

图 8 - 26 自动盖片机（徕卡，CV5030）

## 五、生物显微镜成像系统

切片制作完成后，需要进行阅片观察、分析，记录病变部位的病变特征、病变范围、主要攻击器官、微生物分布情况等。生物显微镜成像系统在光学生物显微镜的基础上增加高精摄像头，利用专业软件将光电信号转换后投射在电脑显示屏上，将切片上原有的生物信息放大，不仅可以观察切片上原有的病理信息，而且可以对病理表现等进行拍照成像，是病理研究十分重要的最终环节。常见的生物显微成像系统由体视显微镜系统、适配镜系统、摄像系统、图像采集、A/D 转化及计算机系统组成（图 8－27）。实物经体视显微镜成像后，经适配镜通过高清晰彩色 CCD 即时显微图像送到计算机图像分析系统，如配有专门的体视图像分析软件，可对图像进行分析处理。

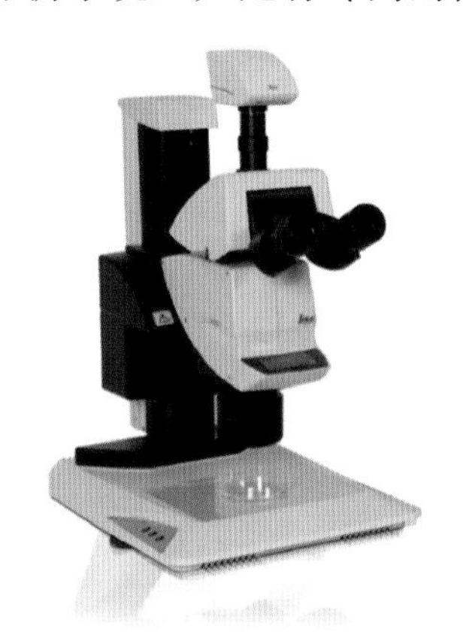

图 8－27　显微成像系统（徕卡，DMC4500）

## 六、其他病理仪器及耗材

除以上水生动物病理室必备仪器外，在病理诊断和研究过程中还常用到展片机、烘片机、数字扫描仪等病理仪器（图 8－28）。此外，还需使用到包埋盒、包埋模具、一次性切片刀、石蜡等病理耗材（图 8－29、图 8－30、图 8－31）。

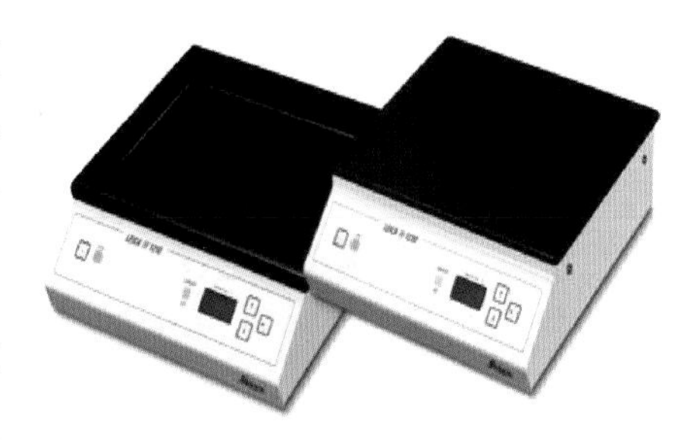

图 8－28　展片机（右，徕卡，HI1210）及烘片机（左，徕卡，HI1220）

在石蜡切片后，需要展开切下的蜡带，让组织在显微镜下展现为无重叠的 1～2 层细胞。常规的展片方法多为恒温水浴锅展片法，利用水的温度和张力缓慢溶解石蜡并舒展组织。但这种方法展片相对较慢，对技术人员的经验要求较高。现阶段可选择摊片机展片，将切下的石蜡薄片直接放在玻片上，置于已加热的展片机展片台上，利用温度溶解石蜡，大大缩短了展片过程（图 8－28）。

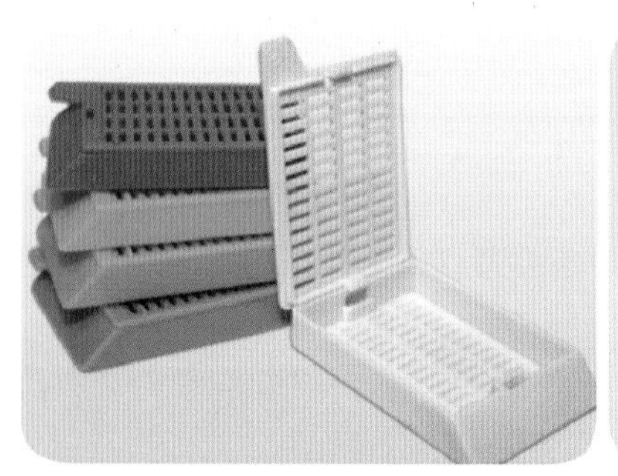
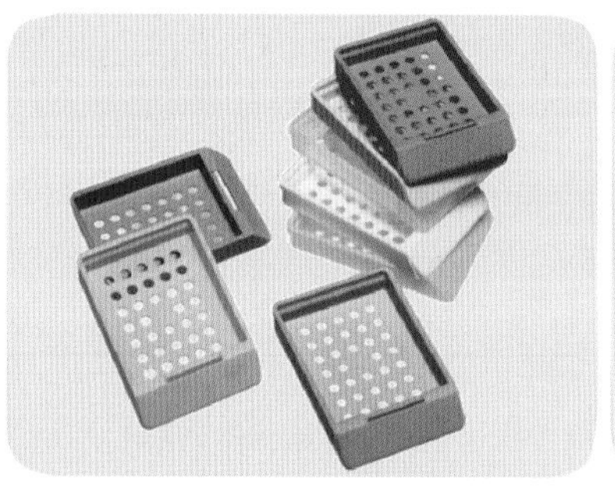

图 8－29　一次性包埋盒（徕卡）

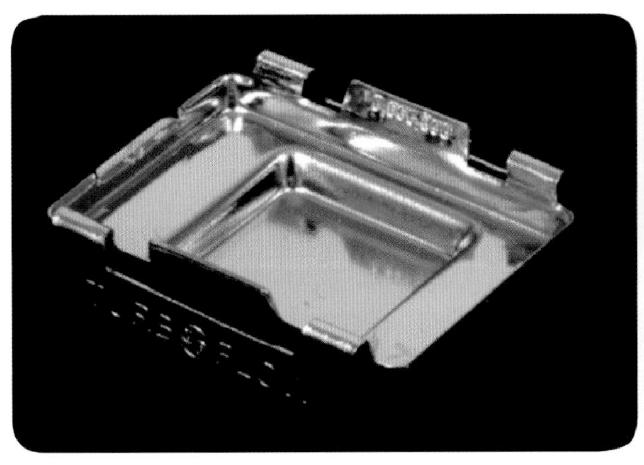

图 8－30　包埋模具（徕卡）

此外，若在切片时使用的是水浴锅恒温展片方式，则在染色前需要烘干切片上所有的水分，防止干扰脱蜡过程。之前受到条件限制，多使用水浴恒温箱或烘箱烘干水分，但烘干时间也较长，有的甚至需要过夜才能完成烘干过程。目前可以使用烘片机快速烘干，整个烘干过程仅 20 min 以内，大大节省了制片时间（图 8－28）。

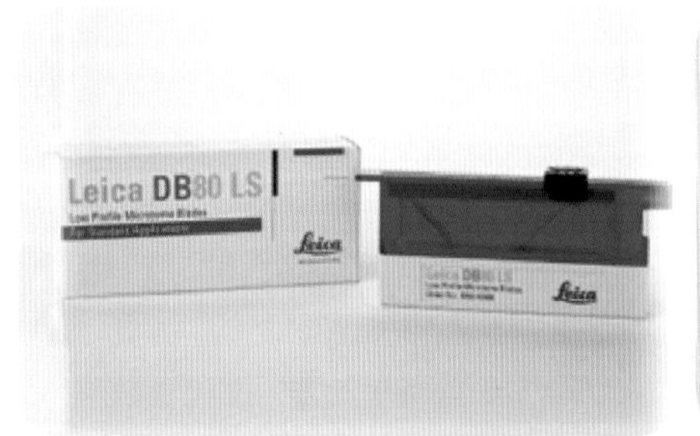

图 8－31　不同类型切片刀（徕卡）

# 主要参考文献


柏美玲，宋昱，林群凡，等，2012. 实验动物肝组织石蜡切片制作中易发问题探讨［J］. 中国现代药物应用，06（20）：121－122.

蔡玉勇，任伟成，王崇明，等，2010. 原位杂交技术及其在水产养殖动物病毒性疾病诊断中的应用［J］. 中国动物检疫，27（3）：71－73.

曹建萌，卢迈新，叶星，等，2014. 尼罗罗非鱼整胚原位杂交技术的建立和初步应用［J］. 水产学报，38（11）：1847－1854.

曹跃华，杨敏，陈隆文，2009. 细胞病理学诊断图谱及实验技术［M］. 北京：北京科学技术出版社.

陈丽荣，罗月球，2005. 分子病理学技术在外科病理诊断中的应用现状［C］//浙江省医学会病理学分会.2005 年浙江省病理学术年会论文汇编. 杭州：浙江省科学技术协会：2.

陈晓艳，何建国，2008. 原位杂交技术在斜带石斑鱼神经坏死病毒检测中的应用［J］. 海洋科学（06）：1－4.

程旭辉，杨欣，2006. 浅析病理切片制片技术及切片机发展现状和技术展望［J］. 医疗装备，19（12）：1－3.

董在杰，缪为民，袁新华，等，2006. 尼罗罗非鱼六个性别相关标记的 FISH 分析［J］. 中国水产科学.13（4）：525－529.

杜文越，2002. 冰冻切片技术在病理诊断中的应用（附 557 例效果分析）［J］. 河北医学，8（11）：1022－1024.

耿波，梁利群，孙效文，等，2005. 应用荧光原位杂交技术检测大麻哈鱼生长激素基因在超级鲤染色体上的插入位点［J］. 农业生物技术学报，13（1）：127－128.

耿毅，汪开毓，2005. 斑点叉尾鮰疑似疱疹病毒感染的病理形态学观察［J］. 中国兽医学报，25（6）：636－639.

耿毅，汪开毓，陈德芳，等，2010. 断奶仔猪多系统衰竭综合征淋巴结与脾损伤的病理学观察［J］. 中国兽医科学，40（05）：506－511.

关海红，1996. 鱼类组织切片技术的改进［J］. 水产学杂志（1）：65－67.

侯春春，徐水，2009. 浅析影响石蜡切片质量的关键因素［J］. 中国农学通报，25（23）：94－98.

侯巧燕，何雯，张美艳，等，2008. 不同组织的快速冰冻切片技术探讨［J］. 广西医学，30（10）：1559－1560.

黄锦炉，2012. 罗非鱼无乳链球菌病病原学、病理学及 *cpsE* 基因的原核表达研究［D］. 成都：四川农业大学.

黄小丽，2007. 斑点叉尾鮰源嗜麦芽寡养单胞菌胞外蛋白酶的性质及该菌检测方法的建立研究［D］. 成都：四川农业大学.

可小丽，曾祖聪，刘志刚，等，2015. 罗非鱼无乳链球菌的 DIG－*cfb* 原位杂交检测方法的建立［J］. 中国农学通报，31（35）：66－72.

李海燕，黄文芳，2000. 鳜细菌性烂鳃病的组织及细胞超微结构观察［J］. 华南师范大学学报（自然科学版），1：109－112.

李晓恬，2016. 罗非鱼补体 C3 的克隆及无乳链球菌 C5a 肽酶免疫前后的组织表达分析［D］. 上海：上海海洋大学.

连爱琼，2016. 快速冰冻切片技术在病理诊断中的应用分析［J］. 医学理论与实践，29（16）：2251－2252.

梁英杰，凌启波，张威，2011. 临床病理学技术［M］. 北京：人民卫生出版社.

林秀秀，叶元土，吴萍，等，2016. 异育银鲫造血器官坏死症病鱼体内鲤疱疹病毒Ⅱ型的电镜观察与超微病理学特征［J］. 水产学杂志，29（1）：17－23.

凌启波，1989. 实用病理特殊染色和组化技术［M］. 广州：广东高等教育出版社.

刘冰，石洪波，1993. 儿种提高透射电镜切片质量的方法［J］. 电子显微学报（1）：108－108.

刘丹，耿毅，汪开毓，等，2017. 大鲵蛙病毒感染大鲵的动态病理损伤及病原的组织分布［J］. 中国水产科学，24（01）：146－156.

刘增辉，2000. 病理染色技术［M］. 北京：人民卫生出版社.

苗常鸿，2012. 扯根菜提取物对草鱼脂肪肝的药理作用研究［D］. 成都：四川农业大学.

汪开毓，耿毅，叶仕根，等，2003. 鲤慢性喹乙醇中毒的病理学和组织残留［J］. 水产学报，27（1）：75－82.

汪开毓，何敏，李正军，2007. 病理学技术在水生动物疾病学上的应用进展［J］. 淡水渔业，37（5）：67－71.

王伯沄，王文勇，闫庆国，等，2013. 我国病理技术学的发展［J］. 诊断病理学杂志，20（1）：1－3.

翁银标，敖平星，高洪，2005. 电子显微镜在病理学中的应用［J］. 动物医学进展，26（3）：112－113.

吴斌，孙铭英，肇慧君，2011. 应用原位杂交技术检测感染斑马鱼体内的传染性造血器官坏死病毒［J］. 中国科技信息，7：217－218.

武忠弼，2003. 超微病理诊断学［M］. 上海：上海科学技术出版社.

许燕，汤烨，闫雯，等，2017. 病理人工智能的现状和展望［J］. 中华病理学杂志. 46（9）：593－595.

杨举伦，王丽，潘鑫艳，等，2014. 分子病理诊断的现状与思考［J］. 诊断病理学杂志，21（06）：341－346.

杨秀静，滕孝静，2014. 冰冻切片技术经验探讨［J］. 临床和实验医学杂志，23：2002－2004.

杨月红，袁静萍，登虎，等，2015. 三种类型的苏木精在 HE 染色中的效果比较［J］. 临床与实验病理学志，3：345－346.

姚卓凤，2015. 鲫感染鲤疱疹病毒Ⅱ的组织病理学研究［D］. 武汉：华中农业大学.

于晶，2017. 不同粘附剂、固定液及防冰晶法对冰冻切片质量的影响［D］. 延吉：延边大学.

张磊，顾晶晶，谢敏娟，等，2013. 基于定位技术的脑组织超薄电镜切片制作方法［J］. 中国临床解剖学杂志，31（4）：487－488.

张鹏英，2016. 3 月龄草鱼种免疫器官组织学及其免疫后免疫基因的转录差异［J］. 淡水渔业，46（6）：64－71.

张欠欠，马莉，王逢会，等，2011. 电镜技术在临床病理诊断中的应用［J］. 中国医疗前沿，06（4）：65－65.

张锡元，童素红，蒋建桥，等，1989. 草鱼的 βHCG 基因同类物及其染色体定位［J］. 遗传学报，4：299－304.

郑伟，严继舟，2013. 斑马鱼组织石蜡切片质量的优化［J］. 江苏农业科学，41（11）：260－263.

周庚寅，高鹏，2011. 分子病理学的衍生：病理学发展轨迹之必然［J］. 山东大学学报（医学版），49（10）：63－66.

周化民，2000. 斑节对虾白斑综合征杆状病毒（WSSV）感染的组织特异性［J］. 江苏师范大学学报（自然科学版），18（3）：54－56.

周永梅，陈敬文，赖续文，等，2016. 冷冻切片锇酸染色法在脂肪染色中的应用［J］. 临床与实验病理学杂志，4：467－468.

Becerra S C，Roy D C，Sanchez C J，et al.，2016. An optimized staining technique for the detection of Gram positive and Gram negative bacteria within tissue［J］. BMC Research Notes，9（1）：216.

Gregory A，2002. Detection of infectious salmon anaemia virus（ISAV）by *in situ* hybridisation［J］. Diseases of Aquatic Organisms，50（2）：105.

Haase A T，Retzel E F，Staskus K A，1990. Amplification and detection of lentiviral DNA inside cells［J］. Proceedings of the National Academy of Sciences of the United States of America，87（13）：4971－4975.

Hodson R E，Dustman R P，Moran M A，1995. *In situ* PCR for visualization of microscale distribution of specific genes and gene products in prokaryotic communities［J］. Applied & Environmental Microbiology，61（11）：4074.

Hong J R，Lin T L，Hsu L Y，et al.，1998. Apoptosis precedes necrosis of fish cell line with infectious pancreatic necrosis virus infection［J］. Virology，250（1）：76－84.

Huang C H，Zhang X B，Karina Y H，et al.，2004. *In situ* hybridization of a marine fish virus，Singapore grouper iridovirus with a nucleic acid probe of major capsid protein［J］. Journal of Virological Methods，117：123－128.

Ludwig M, Palha N, Torhy C, et al., 2011. Whole-body analysis of a viral infection: Vascular endothelium is a primary target of infectious hematopoietic necrosis virus in zebrafish larvae [J]. PLoS Pathogens, 7 (2): e1001269.

Puttinaowarat S, Thompson K D, Kolk A, et al., 2002. 24. Detection and identification of aquatic *Mycobacterium* spp. using FLISA, IHC, PCR and *in situ* hybridization [J]. Research in Veterinary Science, 72 (02): 9.

Tian J Y, Xie H X, Zhang Y A, et al., 2009. Ontogeny of IgM-producing cells in the mandarin fish Siniperca chuatsi identified by in situ hybridisation [J]. Veterinary Immunology & Immunopathology, 132 (2): 146-152.

Titford M, 2006. A Short History of Histopathology Technique [J]. Journal of Histotechnology, 29 (2): 99-110.

Vizziano D, Randuineau G, Baron D, et al., 2007. Characterization of early molecular sex differentiation in rainbow trout, *Oncorhynchus mykiss* [J]. Developmental Dynamics, 236 (8): 2198-2206.

Wu J L, Zhang J L, Du X X, et al., 2015. Evaluation of the distribution of adipose tissues in fish using magnetic resonance imaging (MRI) [J]. Aquaculture, 448: 112-122.

# 附　录

## 附录 1　主要试剂配制方法

### 1. 福尔马林固定液

（1）10%福尔马林固定液

| 药　品 | 用　量（1 L） |
| --- | --- |
| 40% 甲醛（HCHO） | 100 mL |
| 水 | 900 mL |

（2）中性缓冲福尔马林固定液

| 药　品 | 用　量（1 L） |
| --- | --- |
| 40%甲醛（HCHO） | 100 mL |
| 磷酸二氢钠（$NaH_2PO_4$） | 4 g |
| 磷酸氢二钠（$Na_2HPO_4$） | 6.5 g |
| 蒸馏水（$H_2O$） | 900 mL |

（3）4%多聚甲醛固定液

| 药　品 | 用　量（1 L） |
| --- | --- |
| 多聚甲醛 | 40 g |
| 磷酸二氢钠 | 2.965 g |
| 磷酸氢二钠 | 29 g |
| 水 | 定容至 1 L |

### 2. 80%～90%乙醇固定液

| 药　品 | 体积比 |
| --- | --- |
| 100% 乙醇（$C_2H_5OH$） | 80%～90% |
| 蒸馏水（$H_2O$） | 10%～20% |

### 3. 波恩氏固定液

| 药　品 | 用　量 |
| --- | --- |
| 苦味酸（$C_6H_3N_3O_7$）饱和溶液（1.22%） | 75 mL |
| 甲醛（HCHO） | 25 mL |
| 冰醋酸（$CH_3COOH$） | 5 mL |

### 4. Davidson's AFA 固定液

| 药品 | 用量（1 L） |
| --- | --- |
| 95%乙醇（$C_2H_5OH$） | 330 mL |
| 40%甲醛（HCHO） | 220 mL |
| 冰醋酸（$CH_3COOH$） | 115 mL |
| 水 | 定容至 1 L |

### 5. 不同浓度的戊二醛固定液

| 药品 | 用量 | | | | | | |
| --- | --- | --- | --- | --- | --- | --- | --- |
| 0.2 mol/L 磷酸缓冲液或二甲胂酸钠缓冲液（mL） | 50 | 50 | 50 | 50 | 50 | 50 | 50 |
| 25%戊二醛水溶液（mL） | 4 | 6 | 8 | 10 | 12 | 16 | 20 |
| 双蒸水定容至（mL） | 100 | 100 | 100 | 100 | 100 | 100 | 100 |
| 戊二醛最终浓度（%） | 1.0 | 1.5 | 2.0 | 2.5 | 3.0 | 4.0 | 5.0 |

### 6. 2%多聚甲醛-2.5%戊二醛固定液

| 药品 | 用量 |
| --- | --- |
| 0.2 mol/L 磷酸盐缓冲液或二甲胂酸钠缓冲液 | 50 mL |
| 10%多聚甲醛水溶液 | 20 mL |
| 25%戊二醛水溶液 | 10 mL |
| 双蒸水定容至 | 100 mL |

### 7. 1%四氧化锇固定液

| A 液：2%四氧化锇水溶液 | | B 液：葡萄糖磷酸缓冲液 | |
| --- | --- | --- | --- |
| 药品 | 用量 | 药品 | 用量 |
| 四氧化锇结晶 | 1 g | 磷酸缓冲液 | 45 mL |
| 蒸馏水 | 定容至 50 mL | 10.8%葡萄糖 | 5 mL |
| 将 A 液与 B 液 1∶1 混合制成 1%四氧化锇固定液 | | | |

### 8. 苏木精染液

（1）改良 Lillie-Mayer 苏木精

| 药品 | 用量 |
| --- | --- |
| 苏木精 | 5.0 g |
| 100%乙醇 | 10 mL |
| 硫酸铝钾 | 50 g |
| 蒸馏水 | 650 mL |
| 碘酸钠 | 500 mg |
| 甘油 | 300 mL |
| 冰醋酸 | 20 mL |

将硫酸铝钾溶于蒸馏水，加热至40～50 ℃，使硫酸铝钾充分溶解，冷却至室温备用。将苏木精溶于无水乙醇，再将硫酸铝钾水溶液与苏木精无水乙醇液充分混合，加入碘酸钠，最后加入甘油和冰醋酸充分溶解混合。

（2）Harris苏木精

| 药 品 | 用 量 |
|---|---|
| 苏木精 | 1.0 g |
| 100%乙醇 | 10 mL |
| 硫酸铝钾 | 20 g |
| 蒸馏水 | 200 mL |
| 氧化汞 | 0.5 g |
| 冰醋酸 | 10 mL |

将苏木精溶于无水乙醇中，充分搅拌至完全溶解后备用。将硫酸铝钾溶于蒸馏水中，加热至完全溶解。将硫酸铝钾水溶液与苏木精醇溶液混匀，煮沸1 min。稍冷却，向混合液中缓慢加入氧化汞0.5 g，加热溶解后，溶液变为紫红色。将上述溶液迅速冷却、过滤并加入冰醋酸（每100 mL溶液加入冰醋酸5 mL）即可使用。

（3）Mayer苏木精

| 药 品 | 用 量 |
|---|---|
| 苏木精 | 1.0 g |
| 蒸馏水 | 1 000 mL |
| 碘酸钠 | 0.2 g |
| 硫酸铝铵 | 50 g |
| 柠檬酸 | 1 g |
| 水合氯醛 | 50 g |

将蒸馏水加热至40～50 ℃，加入苏木精使彻底溶解，再加入碘酸钠和硫酸铝铵，玻璃棒搅拌至彻底溶解。加入柠檬酸和水合氯醛，混匀后将溶液过滤，置于4 ℃冰箱保存备用。

（4）Ehrlich苏木精

| 药 品 | 用 量 |
|---|---|
| 苏木精 | 2 g |
| 95%乙醇 | 100 mL |
| 硫酸铝钾 | 25 g |
| 甘油 | 100 mL |
| 蒸馏水 | 100 mL |
| 冰醋酸 | 5 mL |

将苏木精溶于95%乙醇，溶解后依次加入蒸馏水、甘油、硫酸铝钾和冰醋酸，充分混合均匀后，置

于容器中，密封。经常摇动容器，2～3个月自然氧化成熟，溶液为红褐色，过滤即可使用。

（5）Gill 苏木精

| 药　品 | 用　量 |
| --- | --- |
| 苏木精 | 2 g |
| 乙二醇 | 250 mL |
| 硫酸铝 | 17.6 g |
| 蒸馏水 | 730 mL |
| 碘酸钠 | 0.2 g |
| 冰醋酸 | 20 mL |

将苏木精溶于乙二醇，硫酸铝溶于蒸馏水，待彻底溶解后将两者混匀，再加入碘酸钠和冰醋酸充分混匀。

（6）Carazzi 苏木精

| 药　品 | 用　量 |
| --- | --- |
| 苏木精 | 1 g |
| 硫酸铝钾 | 50 g |
| 甘油 | 200 mL |
| 蒸馏水 | 800 mL |
| 碘酸钾 | 5 mL |

将苏木精充分溶于甘油，硫酸铝钾溶于少量蒸馏水，彻底溶解后将两者混匀。再将碘酸钾加入余下的蒸馏水中，待彻底溶解后，与上述混合液混合，摇匀即可使用。

**9. 盐酸酒精分化液**

| 药　品 | 用　量 |
| --- | --- |
| 浓盐酸 | 0.5～1 mL |
| 75%酒精 | 99～99.5 mL |

**10. 返蓝液**

| 药　品 | 用　量 |
| --- | --- |
| 氢氧化铵 | 1 mL |
| 蒸馏水 | 99 mL |

**11. 伊红染液**

| 药　品 | 用　量 |
| --- | --- |
| 伊红 Y | 1 g |
| 蒸馏水 | 200 mL |
| 冰醋酸 | 1 滴 |
| 甲醛 | 数滴 |

## 12. Masson 三色染色液

(1) Masson 复合染色液

| 药 品 | 用 量 |
|---|---|
| 酸性复红 | 1 g |
| 丽春红 | 2 g |
| 橘黄 G | 2 g |
| 0.25%醋酸 | 300 mL |

(2) 亮绿染色液

| 药 品 | 用 量 |
|---|---|
| 亮绿干粉 | 0.1 g |
| 0.2%醋酸 | 100 mL |

## 13. 改良 James 染液

(1) 酸性 $KMnO_4$ 溶液

| 3% $KMnO_4$ | | 0.3% $H_2SO_4$ | |
|---|---|---|---|
| 药 品 | 用 量 | 药 品 | 用 量 |
| $KMnO_4$ | 3 g | $H_2SO_4$ | 300 μL |
| $ddH_2O$ | 定容至 100 mL | $ddH_2O$ | 定容至 100 mL |
| 将等体积的 3% $KMnO_4$ 与 0.3% $H_2SO_4$ 混合，即为酸性 $KMnO_4$ | | | |

(2) 二胺银液

| 药 品 | 用 量 |
|---|---|
| 第 1 步，制成 10 % $AgNO_3$ 溶液 | |
| $AgNO_3$ | 10 g |
| $ddH_2O$ | 定容至 100 mL |
| 第 2 步，配制二胺银液 | |
| 10 % $AgNO_3$ 溶液 | 20 mL |
| 浓氨水 | 直至沉淀恰好完全溶解 |
| $ddH_2O$ | 20 mL |

(3) 5%草酸

| 药 品 | 用 量 |
|---|---|
| 草酸 | 5 g |
| $ddH_2O$ | 定容至 100 mL |

（4）5%甲醛

| 药　品 | 用　量 |
| --- | --- |
| 甲醛 | 5 mL |
| $ddH_2O$ | 95 mL |

**14. AB－PAS 染色法**

（1）阿利新蓝染色液（pH 2.6～3.0）

| 药　品 | 用　量 |
| --- | --- |
| 阿利新蓝 | 1 g |
| 冰醋酸 | 3 mL |
| 蒸馏水 | 97 mL |

（2）Schiff 试剂

| 药　品 | 用　量 |
| --- | --- |
| 碱性复红 | 1 g |
| 1 mol/L 盐酸 | 20 mL |
| 重亚硫酸钠 | 2 g |
| 蒸馏水 | 200 mL |

先将碱性复红溶于 80 ℃的蒸馏水，再加热煮沸片刻，并充分搅拌 5 min，冷至 50 ℃时过滤，将盐酸加入滤液内，冷至 35 ℃时加入重亚硫酸钠，封口，用棕色瓶贮存于 4 ℃冰箱中备用。

**15. 苏丹Ⅲ染色液**

| 药　品 | 用　量 |
| --- | --- |
| 苏丹Ⅲ | 0.15 g |
| 70%乙醇 | 100 mL |

**16. Gram 染色液**

（1）结晶紫液

| 药　品 | 用　量 |
| --- | --- |
| 草酸铵 | 1 g |
| 95%乙醇 | 20 mL |
| 结晶紫 | 2 g |
| 蒸馏水 | 80 mL |

结晶紫溶于乙醇，草酸铵溶于蒸馏水，然后将二液混合均匀，置于室温下 24 h 后过滤即可，长期保存可放于 4 ℃冰箱中。

（2）鲁戈氏碘液

| 药 品 | 用 量 |
| --- | --- |
| 碘片 | 1 g |
| 碘化钾 | 2 g |
| 蒸馏水 | 定容至 300 mL |

将碘化钾溶于少量蒸馏水，再加入碘片搅拌至充分溶解，蒸馏水标定至 300 mL 即可，存放于棕色瓶内备用，若液体变黄则不可使用。

（3）番红液

| 药 品 | 用 量 |
| --- | --- |
| 番红 O | 2.5 g |
| 95%乙醇 | 100 mL |

将番红 O 溶解于乙醇中，制成储备液存于密闭棕色瓶中。用时，取 20 mL 储备液与 80 mL 蒸馏水混合即可。

**17. 抗酸染色**

（1）石炭酸碱性复红染液

| 药 品 | 用 量 |
| --- | --- |
| 碱性品红 | 0.3 g |
| 95%乙醇 | 10 mL |
| 5%苯酚溶液 | 90 mL |

（2）3%盐酸-乙醇液

| 药 品 | 用 量 |
| --- | --- |
| 浓盐酸 | 3 mL |
| 95%乙醇 | 97 mL |

（3）亚甲蓝染液

| 药 品 | 用 量 |
| --- | --- |
| 亚甲蓝 | 0.3 g |
| 95%乙醇 | 30 mL |
| 0.01%氢氧化钾 | 100 mL |

**18. SSC（4×）**

| 药 品 | 用 量 |
| --- | --- |
| 蒸馏水 | 1 000 mL |
| 氯化钠 | 35.2 g |
| 柠檬酸三钠（$C_6H_5Na_3O_7 \cdot 2H_2O$） | 17.6 g |

## 19. TBS（0.5 mol/L）

| 药　品 | 用　量 |
| --- | --- |
| 蒸馏水 | 1 000 mL |
| 氯化钠 | 30 g |
| Tris | 1.2 g |
| 纯乙酸 | 0.4～0.5 mL |
| 调 pH 至 7.2～7.6 | |

## 20. DNA ladder 消化液

| 药　品 | 浓　度 |
| --- | --- |
| NaCl | 100 mmol/L |
| Tris－HCl（pH 8.0） | 10 mmol/L |
| EDTA（pH 8.0） | 25 mmol/L |
| 蛋白酶 K | 0.2 mg/mL |

# 附录 2　水生动物剖检调查样表

<table>
<tr><td colspan="3">收样单位：________<br>电话：________；传真：________</td><td>样品编号</td><td colspan="3"></td></tr>
<tr><td colspan="3">样品种类</td><td>客户编号</td><td colspan="3"></td></tr>
<tr><td>整体 ☐</td><td>组织 ☐</td><td>组织蜡块 ☐</td><td>送样人</td><td colspan="3"></td></tr>
<tr><td>送样数量：____</td><td>☐ 新鲜<br>☐ 固定<br>☐ 冰冻</td><td>蜡块数量：____</td><td>报告发送地址</td><td colspan="3"></td></tr>
<tr><td>☐ 活体</td><td colspan="2">固定种类：________</td><td>客户电话</td><td colspan="3"></td></tr>
<tr><td>☐ 死亡</td><td colspan="2">固定时间：________</td><td>客户传真</td><td colspan="3"></td></tr>
<tr><td colspan="3" rowspan="4">送样时间：____年__月__日__时<br>收样时间：____年__月__日__时</td><td>品种</td><td colspan="3"></td></tr>
<tr><td>养殖面积</td><td colspan="3"></td></tr>
<tr><td>养殖方式</td><td colspan="3"></td></tr>
<tr><td>体重</td><td></td><td>体长</td><td></td></tr>
<tr><td colspan="7">养殖情况</td></tr>
<tr><td colspan="7">养殖类型：☐ 精养　☐ 混养　☐ 稻田　☐ 野外　☐ 其他</td></tr>
<tr><td colspan="7">养殖类型、编号、数量：☐ 网箱　☐ 池塘　☐ 循环水　☐ 其他　　规格：</td></tr>
<tr><td colspan="7">水质情况：水温：________；pH：________；溶解氧：________；氨氮：________；亚硝酸氮：________；盐度：________；透明度：________；总硬度：________；总碱度：________<br>农药使用情况：____________</td></tr>
<tr><td colspan="7">饲料：饲料品牌：________　☐ 干料　☐ 湿料　☐ 半干料　☐ 药饵料（特殊饲料）　☐ 其他________<br>日投饵率：________%（☐ 自动投饵机　☐ 人工投喂）；蛋白含量：________</td></tr>
</table>

<table>
<tr><td colspan="2">发病史</td></tr>
<tr><td>最早发病时间：</td><td>最近是否引进外来物种：☐ 是　　☐否</td></tr>
<tr><td>累计死亡率：</td><td>苗种引进时间：</td></tr>
<tr><td>最近每天死亡率：</td><td>苗种引进地：</td></tr>
<tr><td>是否治疗：　☐ 是　　☐ 否　治疗时间：</td><td>使用过的药物：</td></tr>
<tr><td>是否用过疫苗：☐ 是　　☐ 否　使用时间：</td><td>使用过的疫苗：</td></tr>
<tr><td colspan="2">病史：<br><br>临床发病症状：</td></tr>
</table>

<table>
<tr><td>尸检</td><td colspan="5">☐ 组织病理　要求切片数量：</td></tr>
<tr><td>细胞病理学</td><td>☐ 细菌学</td><td>☐ 病毒学</td><td>☐ 真菌学</td><td>☐ 毒理学</td><td>☐ 寄生虫学</td></tr>
<tr><td>临床病理学</td><td>☐ 血清学</td><td>☐ 药敏试验</td><td colspan="3">☐ 其他（请详述）：</td></tr>
</table>

大体剖检症状：

# 附录3　水生动物脏器取材标准参考样表

| 序号 | 脏器名称 | 取材数量 | 取材点位置 | 取材组织块大小 |
|---|---|---|---|---|
| 1. 鱼类 | | | | |
| 1 | 鳍条 | 2 | 病变处、溃烂处边缘、其他疑似病变的任意位置 | 1.5 cm×1.5 cm×0.5 cm |
| 2 | 鳃 | 2 | 疑似病变的任意一段 | 0.5～1片 |
| 3 | 心脏 | 1 | 全部，需包含动脉球和静脉窦 | 1 cm×1 cm×0.5 cm |
| 4 | 肝胰腺 | 2 | 疑似病变的任意位置 | 1.5 cm×1.5 cm×0.5 cm |
| 5 | 肠道 | 3 | 前、中、后肠各一段 | 1.5 cm/段 |
| 6 | 胃 | 1 | 疑似病变的任意一段 | 1.5 cm/段 |
| 7 | 幽门盲囊 | 1 | 疑似病变的任意一段 | 1 cm×1 cm×1 cm |
| 8 | 肠袢 | 1 | 疑似病变的任意一段 | 1 cm×1 cm×1 cm |
| 9 | 脾 | 1 | 疑似病变的任意位置 | 1.5 cm×1.5 cm×0.5 cm |
| 10 | 鳔 | 1 | 整体/疑似病变的任意一段 | 3 cm×3 cm×单层 |
| 11 | 性腺 | 2 | 左、右各取一段 | 1 cm×1 cm×1 cm |
| 12 | 头肾 | 2 | 左、右任意位置 | 1.5 cm×1.5 cm×0.5 cm |
| 13 | 中肾 | 2 | 左、右任意位置 | 1.5 cm×1.5 cm×0.5 cm |
| 14 | 脑 | 1 | 整体 | 1.5 cm×1.5 cm×0.5 cm |
| 15 | 皮肤、肌肉 | 2～$n$ | 病变处、溃烂处边缘、其他疑似病变的任意位置 | 1.5 cm×1.5 cm×0.5 cm |
| 16 | 眼球 | 2 | 整体，保留一定长度的视神经 | |
| 2. 虾蟹类 | | | | |
| 1 | 心脏 | 1 | 全部 | 1 cm×1 cm×0.5 cm |
| 2 | 肝胰腺 | 2 | 肝胰腺任意一叶 | 1.5 cm×1.5 cm×1 cm |
| 3 | 肠 | 2 | 中肠、后肠各取一段 | 1 cm/段 |
| 4 | 性腺 | 1 | 任意一段，样品较小时取全部 | 1.5 cm×1.5 cm×0.5 cm |
| 5 | 神经 | 1 | 全部 | 1 cm×1 cm×0.5 cm |
| 6 | 鳃 | 2 | 鳃丝 | 整段 |
| 7 | 肌肉 | 2 | 步足肌、内骨骼肌/腹部肌肉各一段 | 1.5 cm×1.5 cm×0.5 cm |
| 8 | 眼 | 2 | 整个眼区 | 整段 |
| 9 | 其他 | 1 | 背甲前端1/3处（包含胃及其他组织） | 2 cm×2 cm×1 cm |
| 3. 两栖类及龟鳖类爬行动物 | | | | |
| 1 | 心脏 | 1 | 全部，需包含动脉球和静脉窦 | 1 cm×1 cm×0.5 cm |
| 2 | 肺 | 1 | 任意一段 | 3 cm×3 cm×单层 |
| 3 | 肝 | 2 | 任意位置 | 1.5 cm×1.5 cm×0.5 cm |

（续）

| 序号 | 脏器名称 | 取材数量 | 取材点位置 | 取材组织块大小 |
| --- | --- | --- | --- | --- |
| 3. 两栖类及龟鳖类爬行动物 | | | | |
| 4 | 胃 | 1 | 任意一段 | 1.5 cm / 段 |
| 5 | 肠道 | 3 | 前、中、后肠各一段 | 1.5 cm / 段 |
| 6 | 脾 | 1 | 任意一段，样品较小时取全部 | 1.5 cm×1.5 cm×0.5 cm |
| 7 | 性腺 | 2 | 左、右各取一段 | 1 cm×1 cm×1 cm |
| 8 | 肾 | 2 | 左、右任意位置 | 1.5 cm×1.5 cm×0.5 cm |
| 9 | 脑 | 1 | 全部或左右任取一半 | 1.5 cm×1.5 cm×0.5 cm |
| 10 | 皮肤、肌肉 | 2～$n$ | 病变处、溃烂处边缘、其他任意位置 | 1.5 cm×1.5 cm×0.5 cm |
| 11 | 眼球 | 1 | 全部，保留一定长度的视神经 | |

# 索 引

## A



## B



## C



## D

## F



## G



## H

J



K



L

**T**

## W



## X



## Y

Z